國際市場營銷

主　編　○ 魯匯、李新忠
副主編　○ 陳子清、龔峰、劉夢瑋

前 言

　　國際市場營銷學是建立在經濟科學、行為科學、現代管理理論基礎之上的應用科學，是與經濟學、行為科學、心理學、社會學、管理學、公共關係學等學科緊密結合的一門綜合性、邊緣性、實踐性的經濟管理學科。國際市場營銷學是市場營銷專業的專業課程，也是國際貿易專業的專業課程。國際市場營銷學主要介紹企業在國際市場中開展跨國營銷的基本理論、基本知識和基本技巧。國際市場營銷學的任務是幫助學生瞭解和掌握國際市場營銷的基本原理與應用方法，為今后更好地解決國際市場營銷相關問題打下理論基礎和技能基礎。

　　本書共分九章，主要內容包括國際市場營銷導論、國際市場營銷環境、國際市場營銷調研、國際市場進入戰略、國際市場營銷戰略以及國際市場營銷的產品策略、價格策略、渠道策略和促銷策略。在編寫方式上，為方便教師授課和學生學習，每章開頭設置了「引例」來導入新內容；每節內容中輔以「營銷透視」進行相關知識點的拓展，以引導啓發學生進行思考；在每章末尾附有復習題，以對本章知識點進行梳理和總結；思考與實踐題的編寫突出引導學生將理論應用於實際問題的分析，培養學生的創造性；在每章最後選取了一到兩個針對性較強的國際市場營銷案例分析，以對本章內容的理論與企業的營銷實踐進行融合和昇華，並通過案例討論，幫助學生形成國際市場營銷邏輯體系和分析解決問題的思路。

　　本書是多位一線教師根據多年從事國際市場營銷教學工作的經驗和體會編寫而成。無論是對新的教學方法的探索，還是對新的教學模式的嘗試；無論是對國內外最新理論的追蹤，還是對中國企業國際營銷實踐的描述和分析，都是在集前人豐碩成果的基

礎上完成的，是集體智慧的結晶。

參加本書編寫的人員有：魯匯、李新忠、陳子清、龔峰、劉夢瑋。本書由魯匯、李新忠擔任主編，負責統編與定稿，由陳子清、龔峰、劉夢瑋擔任副主編。在本書的編寫過程中，我們參閱了大量的文獻資料，借鑑了國內外營銷學者的豐富研究成果，在此向專家、學者、教師與作者致謝！

編者

目 錄

第一章 國際市場營銷導論 …………………………………………… (1)
　　第一節 市場營銷學的回顧 ……………………………………… (2)
　　第二節 國際市場營銷概述 ……………………………………… (10)

第二章 國際市場營銷環境 …………………………………………… (26)
　　第一節 國際市場營銷與環境 …………………………………… (27)
　　第二節 國際市場營銷的政治和法律環境 ……………………… (31)
　　第三節 國際市場營銷的經濟環境 ……………………………… (40)
　　第四節 國際市場營銷的科技環境 ……………………………… (47)
　　第五節 國際市場營銷的社會文化環境 ………………………… (51)

第三章 國際市場營銷調研 …………………………………………… (64)
　　第一節 國際市場營銷調研概論 ………………………………… (65)
　　第二節 國際市場營銷調研的方法與步驟 ……………………… (71)
　　第三節 國際營銷信息系統 ……………………………………… (78)
　　第四節 國際市場營銷調研的挑戰 ……………………………… (82)

第四章 國際市場進入戰略 …………………………………………… (89)
　　第一節 貿易進入模式 …………………………………………… (90)
　　第二節 契約進入模式 …………………………………………… (93)
　　第三節 對外直接投資模式 ……………………………………… (98)
　　第四節 國際市場進入方式的比較和選擇 ……………………… (103)

第五章 國際市場營銷戰略 …………………………………………… (112)
　　第一節 國際市場細分 …………………………………………… (115)
　　第二節 國際目標市場選擇 ……………………………………… (123)
　　第三節 國際市場定位 …………………………………………… (127)

第六章　國際市場營銷的產品策略 …………………………………（139）
　　第一節　國際產品和產品組合策略 …………………………………（140）
　　第二節　國際市場的新產品開發 ……………………………………（149）
　　第三節　國際產品生命週期 …………………………………………（152）
　　第四節　國際市場營銷的品牌策略 …………………………………（156）

第七章　國際市場營銷的價格策略 …………………………………（174）
　　第一節　國際產品價格的影響因素 …………………………………（175）
　　第二節　國際市場營銷定價方法 ……………………………………（180）
　　第三節　國際市場營銷的定價策略 …………………………………（184）
　　第四節　國際定價中的幾個問題 ……………………………………（188）

第八章　國際市場營銷的渠道策略 …………………………………（196）
　　第一節　國際市場營銷渠道模式 ……………………………………（197）
　　第二節　國際市場營銷渠道的決策 …………………………………（201）
　　第三節　國際分銷渠道的管理 ………………………………………（208）
　　第四節　電子商務 ……………………………………………………（209）
　　第五節　國際物流 ……………………………………………………（211）

第九章　國際市場營銷的促銷策略 …………………………………（218）
　　第一節　國際促銷與整合營銷 ………………………………………（220）
　　第二節　國際廣告 ……………………………………………………（221）
　　第三節　國際公共關係 ………………………………………………（229）
　　第四節　國際市場人員推銷 …………………………………………（233）
　　第五節　國際市場營業推廣 …………………………………………（238）

綜合案例一：星巴克在中國如何作秀 …………………………………（249）

綜合案例二：五大行業領導者的全球化之路 …………………………（255）

第一章　國際市場營銷導論

引例

福特汽車公司的昨天與今天

一、福特汽車公司的昨天

亨利·福特製造出了 100% 的美國自產汽車。福特在密歇根州迪爾本的工廠建於 1919 年，生產美國第一代 T 型汽車。該廠在同一個廠區擁有自己的鋼鐵廠、玻璃廠和另外 32 家製造廠。T 型汽車的唯一外國材料是來自馬來西亞的橡膠。亨利·福特還曾經試圖種植橡膠樹，可謂英雄之舉，但告徒然。直到 20 世紀 40 年代出現了合成橡膠，福特汽車才成為 100% 的美國貨，轎車全部在羅杰工廠生產。該廠是當時世界上最大的工業聯合企業。

20 世紀 60 年代初期，形勢開始發生變化。一份福特汽車公司的備忘錄記載著這樣一段話：「為了進一步擴大我們在世界範圍內的業務，在採購活動中應考慮在世界各地選擇貨源。」福特汽車公司的備忘錄預示了美國公司的未來。

二、福特汽車公司的今天

在全世界開發、製造和組裝世界汽車，在全世界銷售汽車，已經成為現實。福特汽車公司的水星汽車（Mercury Tracer）由福特汽車公司設計，在墨西哥的赫默斯洛（Hermosillo）的馬自達（Mazda）生產平臺上製造，採用在墨西哥製造的福特汽車引擎和來自臺灣地區的零部件。隨著新興國家進入汽車市場，福特汽車公司又開發了兩種低成本的「價值車輛」，一種是小型客車，另一種是小型多用途車，陸續進入印度、中國、巴西和俄羅斯等國市場。福特汽車公司的汽車正在以不同的方式出現在世界各地。

如今，福特汽車公司已經成為全球最大的卡車製造商，全球第二大轎車製造商。在全球銷售 80 多種不同的汽車，包括福特、林肯、水星、捷豹、阿斯頓·馬丁及馬自達等品牌。

福特汽車從「昨天」追求 100% 的美國貨，到「今天」實現汽車在全球範圍內的研發、製造和銷售，反應了其經營理念發生了怎樣的變化？又是什麼原因驅使這種變化的產生呢？

資料來源：菲利普·R.凱特奧拉，約翰·L.格雷厄姆. 國際市場營銷 [M]. 10 版. 周組成，等，譯. 北京：機械工業出版社，2007：4.

國際市場營銷是企業跨國界的市場營銷活動，其發展的發達形式是全球市場營銷。國際市場營銷不同於國內市場營銷，其在營銷環境分析、目標市場選擇、市場進入、市場營銷戰略以及營銷策略等方面，都具有鮮明的國際特點。中國加入世界貿易組織后，廣大企業直接面對經濟全球化的洶湧浪潮以及國內市場國際化、國際競爭國內化的嚴峻現實。如何更好地把握國際市場營銷的特徵，積極開展國際市場營銷活動，對於企業開拓國際市場、擴大規模經濟、贏得核心競爭優勢，具有極為重要的意義。

本章作為全書概述性的一章，首先回顧了市場營銷學的基本概念和理論，接下來闡述了國際市場營銷的基本含義、研究範疇和研究背景，在此基礎上，進一步分析了國際市場營銷活動的動因、階段和觀念，最后闡述了國際市場營銷與國際貿易等課程之間的聯繫與區別。

第一節　市場營銷學的回顧

一、市場營銷和市場營銷學

市場營銷學於 20 世紀初期產生於美國。幾十年來，隨著社會經濟及市場經濟的發展，市場營銷學發生了根本性的變化，從傳統市場營銷學演變為現代市場營銷學，其應用從營利組織擴展到非營利組織，從國內擴展到國外。當今，市場營銷學已成為同企業管理相結合，並同經濟學、行為科學、人類學、數學等學科相結合的應用邊緣管理學科。西方市場營銷學的產生與發展同商品經濟的發展、企業經營哲學的演變是密切相關的。

市場營銷的英文是 Marketing，伴隨著營銷理論和實踐的不斷發展創新，市場營銷的概念在不同時期有著不同的表述。

美國市場營銷協會（AMA）在 1960 年對市場營銷的定義是：市場營銷是引導貨物或勞務從生產者流向消費者或用戶所進行的一切企業活動。這一定義將市場營銷界定為商品流通過程中的企業活動。在此定義下，「營銷」等同於「銷售」，只是企業在產品生產出來以後，為產品的銷售而做出的各種努力。

1985 年，美國市場營銷協會重新界定了市場營銷的定義，即市場營銷是計劃和執行關於產品、服務和創意的構想、定價、促銷和分銷的過程，目的是完成交換並實現個人及組織的目標。根據這一定義，市場營銷活動已經超越了流通過程，是一個包含了分析、計劃、執行與控制等活動的營銷管理過程。

2004 年 8 月，美國市場營銷協會在營銷研討會上公布了市場營銷的新定義，即市場營銷既是一種組織職能，也是為了組織自身及利益相關者的利益而創造、傳播、維繫顧客價值，管理客戶關係的一系列過程。

現代著名營銷學家、美國西北大學教授菲利普·科特勒對市場營銷的定義是：市場營銷是通過創造和交換產品及價值，從而使個人或群體滿足慾望和需要的社會過程和管理過程。

根據這一定義，可以將市場營銷概念具體歸納為下列要點：

第一，市場營銷的最終目標是「使個人或群體滿足慾望和需要」。企業必須通過滿足顧客的需求來實現企業的經營目標。

第二，「交換」是市場營銷的核心。交換過程是一個主動、積極尋找機會，滿足雙方需要和慾望的過程。

第三，營銷是一種創造性的實踐活動。一方面要探求尋找已存在的需要並滿足它，另一方面要激發和解決顧客並未提出的潛在的需求。

第四，營銷是一個系統化的管理過程，包括收集信息、市場調研、分析市場機會、選擇目標市場、設計開發新產品、定價、渠道選擇、廣告、促銷等系列活動。

第五，營銷是企業參與社會的紐帶。企業在開展經營和營銷活動的同時要兼顧和權衡企業利益、顧客需要和社會利益。

科特勒認為市場營銷這個定義基於這樣的一些核心概念和因素，即需要、慾望和需求；產品（商品、服務和創意）；價值、成本和滿意；交換和交易；關係和網絡；市場；營銷人員和顧客。圖1.1比較直觀地顯示了市場營銷及其基本過程。

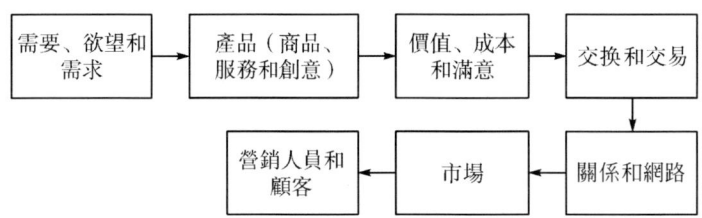

圖1.1　市場營銷的核心概念和過程

二、市場營銷學的研究對象和內容

市場營銷學是一門實踐科學，它是通過對參與市場經營活動的成功企業家的經營思想和經營理念的概括和總結，在吸收管理科學、行為學、經濟學、數學等理論基礎上，形成的一門對企業的經營實踐具有指導作用的、自成體系的應用性學科。

市場營銷學研究市場營銷活動及其發展變化規律。市場營銷學以瞭解消費者需求為起點，以滿足消費者需求為終點，研究企業如何在特定的營銷環境中，設計營銷戰略，制定並實施以產品、定價、渠道、促銷為核心內容的市場營銷策略，以使企業在滿足消費者需求的過程中實現利潤目標，在激烈競爭的市場上求得生存和發展。

市場營銷學為什麼要以消費者的研究為中心內容呢？這是因為企業生產和經營的目的是為了獲取利潤，但利潤是否實現，不取決於企業的主觀願望，而取決於消費者是否購買企業的產品。因此，美國的企業家指出消費者是市場的主人，日本的企業家則宣稱「顧客第一」和「顧客是上帝」的理念。一個企業要能夠在市場上生存和發展，就必須使自己的生產和經營適應消費者的需要。

市場營銷學以消費者研究為基礎，通過環境分析和營銷調研，制定營銷戰略，即通過市場細分（Segmentation），選擇目標市場（Targeting），進行市場定位

(Positioning)，據此來制定和執行營銷策略，即產品（Product）、價格（Price）、渠道（Place）和促銷（Promotion），簡稱市場營銷4P組合。

三、市場營銷觀念

市場營銷觀念是指企業進行經營決策、組織和開展市場營銷活動的基本指導思想，是一種思維方式，是一種態度，屬於工商企業的經營哲學（Business Philosophy）的範疇。任何企業的市場經營活動，都是在特定的思想或觀念指導下進行的。樹立正確的市場營銷觀念，對企業的經營成敗具有決定性意義。

市場營銷觀念是在市場營銷實踐的基礎上產生的，是隨著生產力的發展和市場形勢的變化而不斷發展演變的。概括地說，市場營銷觀念大體上經歷了以下演變階段：

（一）生產觀念（Production Concept）

生產觀念是一種最古老的營銷觀念。生產觀念認為，消費者總是喜歡那些可以隨處買得到，而且價格低廉的產品。因此，企業應致力於提高生產效率和擴大分銷範圍，以便增加產量，降低成本。以生產觀念指導營銷管理活動的企業，稱為生產導向型企業，其典型的口號是「我生產什麼，就賣什麼」。

1914年，福特汽車公司開始生產黑色T型車，當時美國汽車大王亨利·福特傲慢地宣稱：「不管顧客需要什麼顏色的汽車，我只有一種黑色的。」在福特的生產導向經營觀念指導下，T型車生產效率趨於完善，生產一輛車從十幾個小時降為幾個小時，價格從850美元降到265美元。1921年，福特T型車在美國汽車市場上的佔有率達到56%。1924年，平均7個美國人擁有一輛T型車，這成為亨利·福特在20世紀前創造的奇跡。

生產觀念盛行於19世紀末20世紀初。當時，資本主義國家處於工業化初期，市場需求旺盛，整個社會產品供應能力相應不足。企業只要提高產量，降低成本，便可獲得豐厚的利潤。因此，企業的中心問題是擴大生產價廉物美的產品，而不必過多關注市場需求差異。

生產觀念是一種重生產、輕市場的思想，企業經營哲學不是從消費者需求出發，而是從企業生產出發。在物資緊缺的年代或許能創造輝煌，但隨著生產的發展與供求形勢的變化，這種觀念必然使企業陷入困境。

（二）產品觀念（Product Concept）

產品觀念是與生產觀念並存的一種市場觀念。產品觀念認為，消費者最喜歡高質量、多功能和具有特色的產品。因此，企業應集中一切力量致力於生產優質產品，開發產品功能，並不斷加以改進，精益求精。「酒香不怕巷子深」就是這種觀念的形象說明。

美國愛琴鐘表公司（Elgin National Watch Company）自1869年創立到20世紀50年代，一直被認為是美國最好的鐘表製造商之一，其產品以優質而享有盛譽。1958年之前，愛琴鐘表公司銷售額始終呈上升趨勢，但此后其銷售額和市場佔有率開始下降。造成這種狀況的主要原因是市場形勢發生了變化：消費者對手錶的需求已由注重準確轉變為方便、經濟和式樣新穎。這時，其他製造商迎合消費者需要，開始生產低檔手

錶，並通過廉價商店、超級市場等大眾分銷渠道積極推銷，從而奪得了大部分的市場份額。愛琴鐘表公司沒有注意到市場形勢的變化，依然迷戀於生產精美的傳統樣式手錶，仍舊借助傳統渠道銷售，認為自己的產品質量好，顧客必然會找上門，結果致使企業經營遭受重大挫折。

持產品觀念的企業常常迷戀於自己的產品，而不太關注市場是否歡迎，它們在設計產品時只依賴工程技術人員而極少讓消費者介入。因此，企業容易導致「營銷近視症」，即過分注重產品而忽視消費者需求，孤芳自賞、閉門造車，看不到市場需求的變化，看不到顧客需求的變化，缺乏遠見而最終坐失良機，甚至使企業經營陷入困境。

(三) 推銷觀念（Selling Concept）

推銷觀念認為，消費者通常表現出一種購買惰性或抗衡心理，如果順其自然的話，消費者一般不會主動積極購買某一企業的產品。因此，企業必須積極推銷和大力促銷，以刺激消費者大量購買本企業產品。推銷觀念的口號是「我賣什麼，顧客就買什麼」。

推銷觀念盛行於20世紀30、40年代，產生於資本主義國家由「賣方市場」向「買方市場」過渡的階段。1920—1945年，由於科學技術的進步，科學管理和大規模生產的推廣，產品產量迅速增加，出現了供過於求、競爭激烈的市場形勢。尤其是在1929—1933年的經濟危機期間，大量產品銷售不出去，迫使企業重視採用廣告術與推銷術來推銷產品。例如，在1930年前後，美國皮爾斯堡面粉公司發現有些中間商開始從其他廠家進貨，公司的口號由「本公司旨在製造面粉」改為「本公司旨在推銷面粉」，並第一次在公司內部成立了市場調研部門，派出大量推銷人員從事推銷業務。同一時期，美國汽車開始供過於求，每當顧客走進汽車陳列室，推銷人員會笑臉相迎，主動介紹產品，有時甚至使用帶有強迫性的推銷手段促成交易。此時，許多企業家感到：即使有物美價廉的產品，也未必能賣得出去；企業要在日益激烈的市場競爭中求得生存和發展，就必須重視推銷。

在推銷觀念指導下，企業的產品是「賣出去的」，而不是「被買去的」。企業致力於產品的推廣和廣告活動，以求說服甚至強制消費者購買。與前兩種觀念一樣，其實質仍然是以生產為中心的，關注的是賣方的需要，而不是消費者的需要。

推銷觀念在現代市場經濟條件下大量用於推銷那些非渴求物品，即購買者一般不會主動積極地想到要去購買的產品或服務。許多企業在產品過剩時，也常常奉行推銷觀念。

(四) 市場營銷觀念（Marketing Concept）

以消費者為中心的觀念稱為市場營銷觀念。這種觀念認為，企業的一切計劃與策略應以消費者為中心，正確確定目標市場的需要與慾望，比競爭者更有效地滿足顧客需求，即「顧客需要什麼，我們就生產什麼」。

市場營銷觀念形成於20世紀50年代。第二次世界大戰後，隨著第三次科學技術革命的興起，西方各國企業更加重視研究和開發。大量軍工企業轉向民用生產，新產品競相上市，社會產品供應量迅速增加，西方各國相繼推行高福利、高工資、高消費政策，消費者有了較多的可支配收入和閒暇時間，消費需要變得多樣化，購買選擇更加精明，要求也更加苛刻。這種形式迫使企業改變了以賣方為中心的思維方式，將重心

轉向認真研究消費需求，正確選擇為之服務的目標市場，以滿足目標顧客的需要，即從以企業為中心轉變到以消費者為中心。

美國皮爾斯堡面粉公司根據第二次世界大戰后美國生活方式的變化，如家庭主婦採購食品更多喜歡半成品或成品，而代替購買面粉回家自做的習慣，皮爾斯堡面粉公司轉而開發各種半成品、成品來滿足消費者的需要。福特汽車公司也改變了單一顏色和單一款式的汽車，生產出各種牌子、型號和不同顏色的汽車，以迎合顧客需求的變化。

市場營銷觀念的出現，使企業經營觀念發生了根本性變化，也使市場營銷學發生了一次革命。營銷專家西奧多·萊維特曾對推銷觀念和市場營銷觀念進行過深刻的比較，他指出：推銷觀念注重賣方需要，市場營銷觀念則注重買方需要；推銷觀念以賣方需要為出發點，考慮如何把產品變成現金，市場營銷觀念則考慮如何通過製造、傳送產品以及與最終消費產品有關的所有事物來滿足顧客的需要。

市場營銷觀念不僅改變了傳統的生產觀念、產品觀念和推銷觀念的邏輯思維方法，而且在經營策略和方法上也有很大突破，突出表現在以下幾個方面：

第一，傳統的市場觀念以生產為中心，以產品為出發點，而市場營銷觀念則以消費者為中心，以顧客需要為出發點。

第二，傳統的市場觀念的手段是注重廣告和推銷，而市場營銷觀念則著眼於市場營銷手段的綜合運用，如產品的設計、生產、定價、分銷和促銷等方法策略的協調運用。

第三，傳統的市場觀念以增加生產或擴大銷售來獲取利潤，而市場營銷觀念則從滿足顧客需要中獲得利潤。思維邏輯由「由內向外」轉向「由外向內」，即要求企業貫徹顧客至上的原則，將營銷管理重心放在首先發現和瞭解「外部」目標顧客的需要，然后再協調企業活動並千方百計去滿足顧客，使顧客滿意。

許多優秀的企業都是奉行市場營銷觀念的。例如，日本本田汽車公司要在美國推出一種雅閣牌新車。在設計新車前，他們派出工程技術人員專程到洛杉磯地區考察高速公路的情況，實地丈量路長、路寬，採集高速公路的柏油，拍攝進出口道路的設計。回到日本后，他們專門修了一條 14.5 千米長的高速公路，就連路標和告示牌都與美國公路上的一模一樣。在設計行李箱時，設計人員意見具有分歧，他們就到停車場看了一個下午，看人們如何放取行李。這樣一來，意見馬上統一起來。結果本田公司的雅閣牌汽車一到美國就備受歡迎，被稱為是全世界都能接受的好車。

從本質上說，市場營銷觀念是一種以顧客需要和慾望為導向的哲學，是消費者主權論在企業市場營銷管理中的體現。執行市場營銷觀念的企業稱為市場導向型企業。市場營銷觀念將過去「一切從企業出發」的經營思想轉變為「一切從顧客出發」的經營思想，即企業的一切活動都圍繞消費者需要來進行。

直至今天，有些人仍然簡單地認為市場營銷就是推銷，但是從以上的對比可以看出推銷只是營銷活動「冰山的一角」。市場營銷包括產前和售后在內的一系列活動，通過充分的市場調研，瞭解消費者需求，研製開發出符合消費者需求的產品，並能夠綜合合理地運用各種營銷策略，那麼消費者就會樂於接受這種產品，因此產品的推銷也

就變得不那麼重要了。美國管理學家彼得・德魯克甚至認為，市場營銷的目標是讓銷售變成多余。

營銷透視

讓銷售變得多余

什麼叫市場營銷？是能說會道挨家挨戶上門推銷嗎？還是設計玉米片的包裝？或是用免費玩具吸引你買歡樂套餐？或是購物時給你積分卡？

科特勒說：「市場營銷最簡短的解釋是：發現還沒有被滿足的需求並滿足它。」

「人們經常把市場營銷和銷售混為一談。不過彼得・德魯克的《經營權威》裡面一段著名的話說得好：『市場營銷的目標是讓銷售變成多余。』——這就是說，如果你真能找到沒有被滿足的需求，並做好滿足需求的工作，就不用在銷售上下太多功夫。」

換句話說，市場營銷的目的不是像在50年前或100年前那樣為了把已經生產的產品銷出去。相反，製造產品是為了支持市場營銷。一家公司總可以在外面採購其所需的產品，但使其繁榮的卻是市場營銷的理念和做法。公司的其他職能，如製造、研發、採購和財務，都是為了支持公司在市場的運作而存在的。

理論上是如此，但為什麼時刻想著「消費者」的公司那麼少？為什麼那麼多企業承認提供良好消費者服務的重要性卻屢屢做不到呢？

「這就好像用電話錄音代替接電話的人」科特勒教授說。問題是，用電話錄音節約的錢比較容易計算出來，而沮喪的客戶可能會轉向競爭對手的代價卻不容易計算。當你失去一個客戶的時候，「你失去的不僅是一次交易，而是那位客戶的終生客戶價值」。不過，如果沒有好的產品，再好的服務都等於零。

在這個后工業化、后物質化社會中，至少主要的消費者產品市場中大多數人的需求已經被滿足了。這怎麼辦呢？科特勒教授說，已被推動的市場和推動中的市場是不一樣的。特別在技術領域中的公司，都遵循索尼老總盛田昭夫的格言：「我們不是為市場服務，我們是創造市場。」的確，在錄像機、攝像機、傳真機和個人數碼用品面世前，誰想得到自己會有這種需求呢？

資料來源：讓銷售變得多余——營銷大師科特勒談營銷理念［N］. 金融時報，2006-05-29.

(五) 社會營銷觀念 (Societal Markting Concept)

企業是一種營利性的組織，處於經濟循環系統之中。然而企業又不可避免地屬於社會的一員，處於整個社會系統之中。因此，企業的經營活動不僅要受到經濟規律的制約，也會受到社會規律的制約。社會營銷觀念認為，企業提供的產品和服務不僅要滿足消費者的需求和慾望，而且還要符合消費者和整個社會的長遠利益。

20世紀70年代，為了抵制工商企業在市場中以次充好、虛假宣傳、欺騙顧客、危害消費者利益的現象，西方許多國家消費者保護運動興起。例如，在美國，人們對有關行業和產品進行了如下評論：麥當勞公司根據消費者的需求和願望決定漢堡包的生產和服務方式，在迎合美國人希望有一種快速、價廉、美味食物的慾望上是成功的，但由於快餐食品熱量過多，吃多了會使人發胖；汽車行業滿足了人們對交通方便的需

求，但同時產生燃料的高消耗、嚴重的環境污染、更多的交通傷亡事故以及更高的汽車購買和維修費用；軟飲料滿足了人們對方便的需求，但大量包裝瓶的使用實際上是社會財富的浪費；清潔劑工業滿足了人們洗滌衣服的需要，但同時嚴重地污染了江河，大量殺傷魚類，危及生態平衡。

隨著全球環境破壞、資源短缺、人口爆炸、通貨膨脹和失業增加等問題日益嚴重，要求企業顧及消費者整體利益與長遠利益的呼聲越來越高。西方營銷學界提出了一系列新的觀念，如人類觀念、理智消費觀念和生態準則觀念，其共同點是認為企業生產經營不僅要考慮消費者的需要，還要考慮消費者和整個社會的長遠利益。這類觀念可統稱為社會營銷觀念。

社會營銷觀念是對市場營銷觀念的補充和修正。社會營銷觀念認為，企業和組織的任務是確定目標市場的需要、慾望和利益，然後向顧客提供超值的服務和產品，以維護與增進顧客和社會的福利。隨著企業經營活動的發展，企業行為對於社會的影響會變得越來越大。如果企業在其經營活動中不顧社會利益，造成社會利益的損害，就必然會受到社會公眾和輿論的壓力而影響企業的進一步發展。近年來社會對於環境保護和健康消費的重視，也使得政府的政策對於有損社會利益的生產行為和消費行為的約束越來越嚴厲，從而迫使企業不得不通過樹立良好的社會形象和主動協調各方面的關係來改善自己的經營環境。社會營銷觀念也是隨著企業經營實踐的發展而逐步為企業所接受的，企業在其經營活動中必須承擔起相應的社會責任，以保持企業利益、消費者利益同社會利益的一致。

四、市場營銷學的基本研究理論

20世紀60年代，美國營銷學者麥卡錫創立了4P營銷理論，奠定了現代營銷理論的基礎。20世紀80年代，美國的勞特朋教授在4P營銷理論的基礎上，提出了4C營銷理論。20世紀90年代，美國營銷學者唐·舒爾茨在4C營銷理論的基礎上又提出4R營銷理論。期間，不論是阿爾·里斯關於市場定位的思想，還是巴巴·本德·杰克遜的關係營銷，都將市場營銷理論的研究推向繁榮發展。

（一）以滿足市場需求為目標的4P理論

美國營銷學學者麥卡錫教授在20世紀的60年代提出了著名的4P營銷組合策略，即產品（Product）、價格（Price）、渠道（Place）和促銷（Promotion）。麥卡錫認為，一次成功和完整的市場營銷活動，意味著以適當的產品、適當的價格、適當的渠道和適當的促銷手段，將適當的產品和服務投放到特定市場的行為。

20世紀的60年代，當時的市場正處於賣方市場向買方市場轉變的過程中，市場競爭遠沒有現在激烈。那時候產生的4P理論主要是從供方出發來研究市場的需求與變化以及如何在競爭中取勝。4P理論重視產品導向而非消費者導向，以滿足市場需求為目標。4P理論是營銷學的基本理論，最早將複雜的市場營銷活動加以簡單化、抽象化和體系化，構建了營銷學的基本框架，促進了市場營銷理論的發展與普及。4P理論在營銷實踐中得到了廣泛的應用，至今仍然是人們思考營銷問題的基本模式。

營銷透視
大市場營銷理論——市場營銷 6P 組合

1984 年，菲利普·科特勒根據國際市場及國內市場貿易保護主義抬頭，出現封閉市場的狀況，提出了大市場營銷理論。科特勒在原來的 4P 組合加上了兩個「P」，即政治權力（Political Power）與公共關係（Public Relations），形成了市場營銷 6P 組合。

科特勒認為，一個公司可能有精湛的優質產品、完美的營銷方案，但要進入某個特定的地理區域時，可能面臨各種政治壁壘和公眾輿論方面的障礙。當代的營銷者要想有效地開展營銷工作，需要借助政治力量和公共關係力量。大市場的營銷理論提出了企業不應只被動地適應外部環境，而且也應該主動積極地影響企業的外部環境的戰略思想。

(二) 以追求顧客滿意為目標的 4C 理論

4C 理論是由美國營銷專家勞特朋教授在 1990 年提出的，該理論以消費者需求為導向，重新設定了以下四個市場營銷組合的基本要素：

消費者（Consumer）。強調企業首先應該把追求顧客滿意放在第一位。從產品到消費者的轉變，指導企業「不要賣你所能製造的產品，而是賣那些顧客想購買的產品，真正重視消費者」。

成本（Cost）。強調企業應努力降低顧客的購買成本。從價格到成本的轉變，指導企業「暫不考慮定價策略，而去瞭解消費者為滿足其需要與欲求而付出的成本」。

便利（Convenience）。強調企業應充分注意到顧客購買過程中的便利性。從渠道到便利的轉變，指導企業「暫不考慮渠道策略，應當思考如何給消費者方便以購得商品」。

溝通（Communication）。強調企業應以消費者為中心實施有效的營銷溝通。從促銷到溝通的轉變，指導企業「暫不考慮怎樣促銷，而應當考慮怎樣與消費者溝通」。

與產品導向的 4P 理論相比，4C 理論重視顧客導向，以追求顧客滿意為目標，這實際上是當今消費者在營銷中越來越居主動地位的市場對企業的必然要求。在 4C 理論的指導下，越來越多的企業更加關注市場和消費者，與顧客建立一種更為密切的和動態的關係。1999 年 5 月，微軟公司在其首席執行官巴爾默的主持下，也開始了一次全面的戰略調整，使微軟公司不再只跟著公司技術專家的指揮棒轉，而是更加關注市場和客戶的需求。中國的聯想集團等企業通過營銷變革，實施以 4C 策略為理論基礎的整合營銷方式，成為了 4C 理論實踐的先行者和受益者。

(三) 以建立顧客忠誠為目標的 4R 理論

20 世紀 80 年代以來，全球範圍內服務業興起，服務業在國民經濟中扮演了重要角色，出現了工業服務化和服務工業化的趨勢。隨著人們對服務業的顧客滿意度調查研究，發現了以下幾個事實：吸引一個新顧客的成本是保持一個滿意的老顧客的 5 倍；對盈利率來說，吸引一個新顧客與喪失一個老顧客相差 15 倍；企業 80% 的業務來自 20% 的顧客；一個公司如果將其顧客流失率降低 5%，其利潤就能增加 25%~85%；一個滿意的顧客會告訴 3~5 個朋友他的感受，但是一個不滿意的顧客會告訴 10~20 個人

他的糟糕的感覺。

　　學界和業界正是注意到上述事實，提出了企業的營銷活動的目標應該是建立並維護長期顧客關係，而這種關係是建立在顧客忠誠的基礎之上。忠誠的顧客不僅重複購買產品或服務，也降低了對價格的敏感性，而且能夠為企業帶來良好的口碑。在這樣的情況下，4R 理論應運而生。該理論由美國學者舒爾茲提出，4R 具體指市場反應（Reaction）、顧客關聯（Relativity）、關係營銷（Relationship）、利益回報（Retribution）。

　　企業是一個相對獨立的開放系統，它與周圍環境發生著互動關係，4R 理論最突出的特點是強調用系統觀點來開展營銷活動。首先，該理論通過交叉銷售為顧客提供一攬子的、集成化的整套解決方案，以解決顧客多樣化的需要，改變過去那種交易營銷模式，著眼於建立起關係營銷模式。其次，該理論一改過去僅僅從企業或顧客的角度，而是從利益相關者的角度考察。顧客、供應商、分銷商都在企業價值鏈中扮演了重要的角色，只有通過整合企業價值鏈才能建立競爭優勢。政府機構是企業的管制機構，是市場法規的頒布者，對企業的營銷活動產生重大影響。社會組織往往充當了意見領袖的角色，對消費者的購買決策產生不可估量的影響。最後，4R 理論強調了 4 個滿意，即顧客滿意、社會滿意、員工滿意、企業滿意，體現出了較強的社會營銷觀念。

　　這些市場營銷組合的理論各有所長，而且隨著社會的發展將不斷得到豐富。這些豐富多樣的市場營銷組合理念為我們提供了廣闊的思考空間。在未來的市場營銷發展過程中也將不斷出現更新的理念，只有將它們與企業自身的情況相結合，才能更好地發揮其理論作用。

第二節　國際市場營銷概述

一、國際市場營銷的基本範疇

　　國際市場營銷（International Marketing）是指商品和勞務流入一個以上國家的消費者或用戶手中的過程。換而言之，國際市場營銷是一種跨國界的社會和管理過程，是企業通過計劃、定價、促銷和引導，創造產品和價值並在國際市場上進行交換，以滿足多國消費者的需要和獲取利潤的活動。

　　國際市場營銷屬於管理學的範疇，是市場營銷主體內容的延伸。幾十年來，國際市場營銷一直受到全世界的廣泛關注，因為它能夠創造財富，並使國家和個人受益。無論企業大小，經營何種商品，市場營銷人員有責任通過他們的專業知識幫助企業瞭解全球的消費對象，在不同的市場內競爭，從而提高企業的銷售額。

　　發展到今天的國際市場營銷學包含兩個範疇：一是對國際市場領域的研究，如市場調研、消費者行為研究等；另一個是對國際市場競爭的研究，如各種市場營銷組合策略等。國際市場營銷研究的主要內容包括市場分析、產品營銷、物流管理、定價、促銷、廣告等。學習國際市場營銷知識可以提高企業在國際市場中的競爭意識和競爭

能力。國際市場營銷學的研究對象主要是跨國公司的市場營銷活動的規律，研究企業的產品或服務如何轉移到消費者手中的過程，探討企業在生產領域、流通領域和消費領域內，如何運用有效的原理、方法和策略不斷拓展市場。

二、國際市場營銷產生的背景

隨著經濟全球化趨勢不斷上升，國際間交往日益密切，國際市場營銷也變得越來越重要。在討論國際市場營銷活動之前，需要瞭解國際市場營銷活動產生的重要時代背景，即跨國公司、全球化和新興市場。

（一）跨國公司（Multi-national Enterprise）

跨國公司（Multi-national Enterprise，MNE）或稱跨國企業（Transnational Corporation，TNC）。20世紀70年代初，聯合國經濟及社會理事會組成了由知名人士參加的小組，較為全面地考察了跨國公司的各種準則和定義後，於1974年做出決議，決定聯合國統一採用「跨國公司」這一名稱。

跨國公司是指由兩個或兩個以上國家的經濟實體所組成，並從事生產、銷售和其他經營活動的國際性大型企業。跨國公司主要是指發達資本主義國家的壟斷企業，以本國為基地，通過對外直接投資，在世界各地設立分支機構或子公司，從事國際化生產和經營活動的壟斷企業。聯合國跨國公司委員會認為跨國公司應具備以下三要素：

（1）跨國公司是指一個工商企業，組成這個企業的實體在兩個或兩個以上的國家內經營業務，而不論其採取何種法律形式經營，也不論其在哪一經濟部門經營。

（2）這種企業有一個中央決策體系，因而具有共同的政策，此類政策可能反應企業的全球戰略目標。

（3）這種企業的各個實體分享資源、信息以及分擔責任。

跨國公司的主要特徵如下：

（1）一般都有一個實力雄厚的大型公司為主體，通過對外直接投資或收購當地企業的方式，在許多國家建立有子公司或分公司。

（2）一般都有一個完整的決策體系和最高的決策中心，各子公司或分公司雖各自都有自己的決策機構，都可以根據自己經營的領域和不同特點進行決策活動，但其決策必須服從於最高決策中心。

（3）一般都從全球戰略出發安排自己的經營活動，在世界範圍內尋求市場和合理的生產佈局，定點專業生產，定點銷售產品，以獲取最大的利潤。

（4）一般都因有強大的經濟和技術實力，有快速的信息傳遞以及資金快速跨國轉移等方面的優勢，因此在國際上都有較強的競爭力。

（5）許多大的跨國公司由於經濟、技術實力或在某些產品生產上的優勢，或對某些產品、或在某些地區，都帶有不同程度的壟斷性。

第二次世界大戰後，跨國公司得到迅速發展。美國跨國公司的數目、規模、國外生產和銷售額均居世界之首。1987年，600家世界最大跨國公司的銷售總額高達4萬億美元，其中美國占42%，西歐占32%，日本占18%，發展中國家和地區僅占2%。1993年，全球跨國公司已達37,000家，其海外附屬公司總計達17萬家。1992年，全

球跨國公司海外銷售額總計達5.5萬億美元，比商品出口額高出1.5萬億美元。由此可見，跨國公司的海外投資在世界經濟中發揮著比國際貿易更大的作用。事實上，跨國公司已成為當代國際經濟、科學技術和國際貿易中最活躍、最有影響力的力量，而這種力量隨著跨國公司投資總體的上升趨勢還會得到增強。

跨國公司不僅能為發達國家帶來好處，也能為發展中國家帶來好處。以中國為例，20世紀90年代以前，中國吸收國際轉移的產業以勞動密集型的紡織、服裝、食品、低端消費類電子行業為主。20世紀90年代以後，外商投資開始大規模進入中國的製造業，帶動了中國製造業生產和出口規模的持續擴大，使中國製造業在國際分工中的地位不斷上升。中國加入世界貿易組織後，跨國公司對華產業轉移進入了新的階段。世界500強紛紛加強了對中國製造環節的投資。同時，面對世界潛力最大的中國市場，跨國公司在華的研發活動也日趨活躍，其研發、採購和管理的本土化趨勢顯著增強。隨著開放程度的加大和加大服務貿易呼聲的提高，中國服務業對外開放程度也明顯提高，跨國公司對中國的服務業轉移開始提速。據聯合國貿發會議統計，中國吸引外資已連續10多年居發展中國家首位，2006年居全球第四位。目前全球500強企業中已有480多家在中國投資設立了企業，跨國公司在中國設立的研發中心近1000家，地區總部近40家。在短短20多年的時間內，中國已成為亞太地區FDI存量規模最大的國家。

營銷透視

跨國公司觸角伸及全球

跨國公司以世界市場為大舞臺，在多數國家進行投資，利用全球資源，在世界大多數國家開展市場營銷活動。

例如，可口可樂公司，其產品暢銷全球155個國家和地區，在全世界建有1200多家瓶裝廠，每天售出2億多瓶，其海外銷售額占70%，利潤則80%來自海外。麥當勞公司已經在全球121個國家擁有28,000家快餐店，每天為4300萬人提供服務。肯德基公司在世界73個國家和地區擁有9000多家分店，來自海外的銷售額占52%。

據統計，全球最大的100家企業中，海外銷售額占總銷售額50%以上的企業多達一半以上，而其中雀巢公司和飛利浦公司這一比例高達90%以上。沃爾瑪百貨公司在2001財政年度的收入可達2220多億美元，將取代石油巨頭埃可森公司成為《財富》一年一度全世界最大公司排名榜上名列榜首的公司。現在沃爾瑪百貨公司在美國擁有108萬名雇員，在海外有30.3萬名雇員，它在全球有4150多個店鋪，並專門開發了世界上最先進的電腦管理系統、衛星定位系統和電視調度系統等先進技術，還同休斯公司合作，發射了專用衛星，用於全球店鋪的信息傳送與運輸車輛的定位及聯絡。

資料來源：陳慶修．跨國公司對全世界的挑戰 [J/OL]．http://www.globalview.cn/ReadNews.asp? NewsID=446．

2. 全球化（Globalization）

全球化是20世紀80年代以來在世界範圍日益凸現的新現象，是當今時代的基本特徵之一。

全球化還沒有統一的定義，一般來講，從物質形態看，全球化是指貨物與資本的越境流動，經歷了跨國化、局部的國際化以及全球化這幾個發展階段。貨物與資本的跨國流動是全球化的最初形態。在此過程中，出現了相應的地區性、國際性的經濟管理組織與經濟實體以及文化、生活方式、價值觀念、意識形態等精神力量的跨國交流、碰撞、衝突與融合。

總的來看，全球化是一個以經濟全球化為核心，包含各國、各民族、各地區在政治、文化、科技、軍事、安全、意識形態、生活方式、價值觀念等多層次、多領域的相互聯繫、影響、制約的多元概念。全球化可概括為科技、經濟、政治、法治、管理、組織、文化、思想觀念、人際交往、國際關係十個方面的全球化。

國際貨幣基金組織指出，全球化是指跨國商品與服務貿易及資本流動規模和形式的增加以及技術的廣泛迅速傳播使世界各國經濟的相互依賴性增強。經濟合作與發展組織（OECD）認為，經濟全球化可以被看作是一個過程，在這個過程中，經濟、市場、技術與通信形式都越來越具有全球特徵，民族性和地方性在減少。

全球化的主要體現是市場經濟體系在全世界的擴張。經濟全球化特指國際經濟活動的延伸和擴張，其中既包括國際貿易的繁榮、國際投資的增加，也包括國際併購的頻繁發生，同時伴隨著科技的不斷創新。在經濟領域裡，全球化強調的是貿易，特別是自由貿易的影響。但是，全球化不僅僅體現在經濟領域裡，還包括物質產品的交流，精神產品的交流以及人員的流動。

20世紀90年代以來，全球化現象已經引起了人們的廣泛關注，尤其隨著跨國公司在世界經濟中的地位不斷得到提升，全球化也越來越不可忽視。目前，發展中國家經濟增長速度加快，也縮短了與發達國家在經濟上的差距。聯合國發布的《2008年世界經濟形勢與展望》報告指出，2008年世界經濟增長率降至3.4%，發展中國家經濟增速可能適度放緩，但仍將繼續保持較高增速。2007年，發展中國家的經濟增長率仍然保持了6.9%的強勁勢頭，其中非洲國家2007年經濟增長接近6%。

該報告指出，目前其他主要發達國家仍無法代替美國作為「全球經濟增長引擎」的地位。儘管近幾年來許多發展中國家經濟發展迅速，但發展中國家作為一個整體對主要發達國家的市場需求依賴程度仍然很高。

中國作為世界經濟發展的重要推動力之一，在全球化的過程中扮演著重要角色。法國《世界報》發表題為《如果沒有中國，我們該怎麼辦》的文章，讚揚中國對世界經濟的貢獻。同時，全球化也為中國帶來了很多貿易機會，成為中國經濟增長的重要外在動力。

在未來，全球化的趨勢會越來越顯著，以中國為代表的發展中國家將面臨更多的機遇和挑戰。由此引發的問題也已經成為當今社會討論的焦點。全球化加速發展促進了許多國家和地區的發展繁榮、技術進步、信息溝通和人員流動，增加了政府透明度，促進了各國之間的經濟合作，降低了戰爭的危險，提高了政治衝突的門檻。但是，全球化的負面影響近年來表現得越來越明顯，伴隨經濟增長和物質財富的增加出現的是能源和其他自然資源的高消耗、對地球生態環境的破壞、財富的高度集中與貧富懸殊的擴大以及資本與人力資源加速流通所帶來的更為複雜的社會矛盾。金融動盪、糧食

短缺、能源緊張、環境污染、氣候變化、非法移民、跨境犯罪、恐怖活動、傳染疾病、產品安全等諸多非傳統安全問題，已經成為世界政治的中心議題。

營銷透視

近 2/3 的歐盟公民贊成經濟全球化

2003 年 10 月，7515 人接受了訪問。結果顯示，除希臘外，其他歐盟成員國的公民支持全球化的人數都超過反對全球化的人數。支持率最高的國家是荷蘭，達到 78%。其次為愛爾蘭和德國，均為 71%。支持率較低的國家有希臘 (47%)、西班牙 (51%) 和奧地利 (52%)。

在回答「如果未來全球化進一步加深，你認為這會給你和你的家庭帶來更多好處，還是相反」的問題時，52% 的受訪者的回答是肯定的。愛爾蘭人最為樂觀，有 66% 的人對全球化前景充滿信心。其次是葡萄牙人和英國人，對全球化前景充滿信心的比例，分別為 63% 和 61%。最為悲觀的是希臘人，只有 33% 的人認為全球化的利大於弊，奧地利人的這一比例為 34%。在比利時和法國民眾中也均只有 43% 的人認為全球化會給個人帶來更多利益。

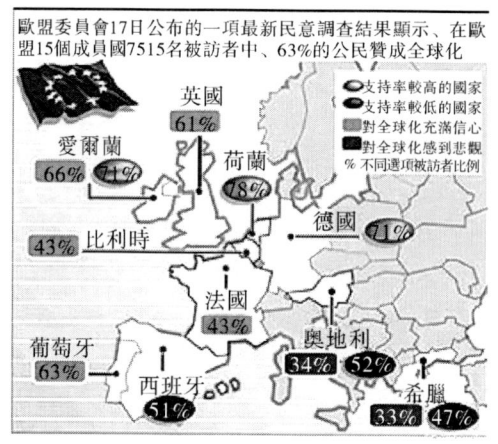

資料來源：近三分之二的歐盟公民贊成經濟全球化 [N]. 人民日報, 2003-11-19 (7).

(三) 新興市場 (Emerging Markets)

新興市場是與成熟市場 (Emerged Markets) 相對，泛指一些正在發展中的國家和地區，如中國、印度、巴西、南非、俄羅斯及土耳其等，借助發達國家和地區在當地的投資獲得先進的生產技術，推動經濟發展；或者借助發達國家為其提供的低關稅優惠措施，提高經濟發展；或者依靠國際金融組織（國際貨幣基金組織或世界銀行）的扶持加速經濟發展。當今所說的新興市場國家是在 20 世紀 90 年代后興起的。這些新興市場國家的興起與過去歷次興起相比大不相同。這些新興市場國家廣泛分佈在亞洲、非洲、拉丁美洲以及東歐、中亞、中東等地區，且都是各地區的主要國家和各自地區經濟組織的核心成員，如被稱為「金磚四國」的中國、印度、俄羅斯、巴西以及南非、

越南、土耳其等國家。

相對而言，成熟市場則是指高收入國家或地區，即以美國、日本為代表的發達國家或地區以及歐盟成員國。

新興市場主要有以下幾個特點：

第一，勞動力成本低，天然資源豐富。發達國家會將生產線設在新興市場國家和地區，利用當地廉價的勞動成本以增強其競爭力。

第二，新興市場經濟總量不足，但發展迅速。例如，1988—1997年和1998—2007年這兩個十年間，世界實際生產總值年增長率分別為3.4%和4.1%，而包括新興市場國家在內的發展中國家國內生產總值增長率分別為4.1%和5.9%，均明顯高於世界平均水平。

第三，新興市場之間聯繫緊密。例如，俄羅斯是產油大國，巴西自然資源豐富，因此中國和印度對原材料和能源的需求，給作為石油大國的俄羅斯和擁有自然資源的巴西提供了利潤增長的機會。

在當今全球經濟中，新興市場發揮著如下重要作用：

第一，新興市場是全球經濟增長的重要動力。20世紀80年代，人們認為世界經濟的火車頭是美國和日本，20世紀90年代主要是美國。進入21世紀以來，美國對全球經濟的推動力也已明顯減弱，而新興市場的國家，特別是中國這一最大和增長最快的新興市場國家所起的支撐和推動作用顯著加強。

第二，新興市場是巨大的商品供應國和銷售市場。新興市場國家在世界貿易中所佔的份額正迅速提高，在過去十年中，已從約27%增長到33%以上。新興市場國家向發達國家提供發達國家所需的原材料、能源和價廉物美的各種製成品，又從發達國家大量進口自身所需的生產資料和消費品，從這種商品貿易中，雙方都獲益匪淺。特別是對最大的消費國美國來說，廉價商品的進口不僅滿足了其消費需求，且對其通貨膨脹起到一定抑製作用。至於經濟長期低迷的日本，近年來經濟的復甦，也與它同中國和東亞其他新興經濟體發展進出口貿易是分不開的。新興市場國家生產的快速增長，對能源及各種金屬和非金屬原材料的需求日益增加，這必然對世界能源和原材料市場的供求關係帶來新的變化，特別是中國、印度等新興市場大國，正在一方面採取措施，開發國內資源；另一方面與石油和原材料生產國，主要是其他新興市場國家和其他發展中的國家中的石油和原材料生產國加強合作，這種合作對促進經濟的發展是十分必要的。

第三，新興市場國家和地區是全球資本的重要流入對象。據耶魯大學教授的分析，自1997年以來的十年間，流入新興市場國家和地區市場的資本性質在發生變化。與20世紀90年代不同，這一次不是股票債券投機，而是國外直接投資。據國際貨幣基金組織表示，近年來，這些國家和地區淨外來投資增加了92%，股票債券的淨投資額略有下降。目前以世界500強為代表的大跨國公司紛紛計劃今后大幅增加在中國、印度、巴西等新興市場國家的直接投資。西方大企業將業務外包給新興市場國家已成為一種常規現象。

新興市場國家的高增長率所帶來的貿易和投資的獲利機會，已經促進很多工業大

國審慎衡量它們在新興市場國家的利益，積極調整自己在世界市場中的佈局、策略以鞏固其自身的地位。

1993年9月，美國總統克林頓推出「國家出口戰略」時曾提到美國將以經濟增長最快、市場潛力最大的10個新興市場國家為主要貿易對象，它們是墨西哥、阿根廷、巴西、南非、波蘭、土耳其、中國、印度、印度尼西亞、韓國。進入21世紀以來，西方媒體和經濟學家論及新興市場國家時，所提到的國家就更多了。例如，英國《經濟學家》周刊（2006年）載文提到近幾年快速增長的新興市場國家有32個；美國《紐約時報》（2007年）載文稱，新興市場國家有26個；美國《國際先驅論壇報》（2007年6月）發表世界銀行前行長詹姆斯·沃爾芬森的文章稱，新興經濟體「包括大約30個中等收入或貧困國家」；等等。值得注意的是，這些估計不是像克林頓當年從美國與之發展對外貿易關係的角度，而是從世界力量對比、世界格局的變化和全球治理的角度提出的。

不論新興經濟體數目有多少，特別受到重視的僅是其中幾個大國，即中國、印度、巴西、俄羅斯、墨西哥及南非等。早在2001年，美國高盛公司的經濟學家們就把四個最大的新興市場國家，即巴西、俄羅斯、印度和中國專門提出，並冠以BRICs（即「金磚四國」）的稱號。這些國家皆具有人口眾多、經濟規模和市場潛力巨大的特徵。這些國家的快速增長，對世界經濟影響之巨不言而喻。

如前所述，新興市場的快速發展和充滿活力是由它們進行改革開放推進和激發的。但是改革開放不可能一蹴而就。隨著經濟的發展，不斷會有新問題和新困難出現。必須進一步深入進行改革，採取應對措施，加以解決。新興市場國家普遍存在著社會分配不公，不同階層、不同社會群體之間收入差距擴大，社會保障體系不完善，貧困人口大量存在，城鄉差別和地區差別擴大，教育和醫療落後等問題，而且官僚主義和貪腐現象、環境惡化、資源浪費等問題相當普遍，如任其發展，勢必會導致各方面矛盾激化，阻礙經濟穩定、快速、健康和持續的發展。這些問題在新興市場國家和地區已引起重視，隨著經濟社會的發展和改革的深入，有可能逐步得到減輕和解決。

三、國際市場營銷的階段和觀念

(一) 國際市場營銷的階段

一個企業進入國際市場，由於營銷目標、經濟實力以及營銷經驗不同，國際營銷開展的程度也不同，為此可以把國際市場營銷分為以下四個階段：

1. 出口營銷階段

出口營銷（Export Marketing）是國際市場營銷的初級階段。出口營銷最初產生於國外客戶或國內出口機構的訂單，出口營銷企業的起初目標市場仍然在國內，一般也不設立對外出口的機構，而是通過出口代理機構或間接出口的方式開展產品的出口業務。在累積了相當的國際市場營銷經驗以後，企業認識到開拓國際市場的價值和意義，採取了更為積極的態度，成立專門的出口機構開展國際市場營銷。當然，企業在這一階段認為國際市場僅僅是國內市場地理邊界上的延伸，企業營銷活動的重點在國內市場，供應國際市場的產品一般來自國內的製造點，與國內銷售的產品沒有什麼差異。

2. 跨國營銷階段

跨國營銷（International Marketing）是國際市場營銷的成長階段。進行跨國營銷的企業，其目標市場確定為國際市場，把本國出口導向的國際市場營銷轉向國際市場導向階段，即把國內市場和國際市場作為一個整體看待，側重於發現國際市場機會，往往採取在東道國投資、生產和銷售的形式。進行跨國營銷的企業一般在本國設立公司總部，制定國際市場營銷戰略，在國外成立分銷機構，甚至發展參股比例不等的子公司，專門開發國外消費者所需的產品，針對國際市場營銷環境，制定國際市場營銷組合策略，參與國際競爭，渴望在國際市場上建立持久的市場地位，把國際市場的開拓作為企業持續的目標取向。

3. 多國營銷階段

多國營銷（Multinational Marketing）是國際市場營銷的高級階段。多國營銷的早期稱為多母國營銷，即在多個國家建立較為獨立的子公司，各子公司獨立運作，在不同的國別市場上形成不同的產品線及營銷策略。這一階段，企業選擇若干不同國別、不同地區、不同細分市場的國外市場作為其國際營銷的目標市場，並分別制定不同的營銷組合，通常在不同市場地域分別生產適應當地市場需求的產品。

4. 全球營銷階段

全球營銷（Global Marketing）是國際市場營銷的最高級階段。這一時期由於科技的迅速發展，各國市場的同質化趨勢加強，全球對外直接投資急遽增加。在這種情況下，國際市場營銷進入全球營銷階段，進入全球營銷的企業把全球市場作為一個統一的市場，綜合利用全球各個市場的資源優勢，進一步摒棄多國營銷中的高成本、低成效和重複勞動，實行全球範圍內的資源整合，以求全球範圍內的收益最大化。全球營銷是以全球文化的共同性和差異性為前提，主要側重於文化的共同性和一般性，實行統一營銷戰略的同時也注意各國需求的差異性，而實行本土化營銷戰略導向。

營銷透視

中國企業國際市場營銷發展階段特徵對比

階段	主要進入方式	主要的公司戰略	主導的營銷策略
1979—1990年 出口營銷階段	出口貿易	・代工生產（Original Equipment Manufacturer，OEM） ・通過外貿公司或利用海外營銷渠道	・訂單生產 ・推的策略
1991—2001年 跨國營銷階段	出口、合資、海外直接投資	・OEM+自有品牌 ・自建渠道 ・海外設廠	・價格和規模競爭 ・當地化營銷 ・推與拉的策略並行
2002年至今 全球營銷階段	出口、合資、海外直接投資、國際戰略聯盟	・OEM+反向OEM+自由品牌 ・跨國併購 ・海外上市	・品牌收購 ・品牌識別國際化 ・差異化營銷 ・拉的策略地位上升

資料來源：何佳訊. 中國企業國際市場營銷進展：階段特徵與戰略轉變［J］. 國際商務研究，2005（2）.

(二) 國際市場營銷的觀念

隨著企業國際化經營程度的加深，企業的營銷觀念也隨之發生了變化，可以概括為國內市場延伸觀念、國別市場營銷觀念和全球市場營銷觀念，並據此引導著企業的營銷策略。

1. 國內市場延伸觀念

國內市場延伸觀念是企業力圖將在國內銷售的產品銷售到國外市場上去。秉承這一觀念開展國際市場營銷活動的企業把開拓國際市場看作第二位的業務，視其為國內市場業務的延伸，主要目的是解決生產能力過剩而出現的國內市場銷售問題。在確立企業市場營銷戰略和營銷方案時，國內市場業務得到優先考慮，國外市場業務被視為國內市場業務有利可圖的延伸。企業一般很少開展針對國際市場的調查和分析工作，也很少單獨做出針對國際市場的詳細的市場營銷組合方案。企業的市場營銷導向就是以國內市場同樣的銷售方式將產品銷售給國外客戶。在確定國際目標市場時，以尋找與國內市場需求相似的國外市場，使產品更容易被市場接受，並以最小的成本獲得最大的目標利潤。

2. 國別市場營銷觀念

在國際市場業務不斷擴大，企業意識到海外市場的重要性、差異性及海外業務的重要性時，跨國企業的國際市場業務導向可能會轉變為國別市場策略。以這一觀念作為國際市場營銷導向的企業，高度地意識到不同國家的市場大不相同，需要對每一個國家制訂幾乎獨立的市場營銷計劃，針對每一個國家分別採取不同的營銷策略，才能取得銷售成功。企業在確立國際市場營銷計劃和目標時，國內市場和海外每個國家的市場都有單獨的營銷組合方案，彼此之間幾乎沒有影響。在每個市場上調整產品、制定價格、確定銷售渠道、開展促銷活動（即市場營銷活動當地化）時，不考慮與其他國家市場的協調問題，強調當地市場的特殊性和營銷計劃、方案的個性化。針對不同國家市場上的子公司或分公司下放營銷控製權，以創造公司在每個國家市場上營銷活動的靈活性，爭取企業在國際市場上最大的成功機會。

3. 全球市場營銷觀念

全球營銷與傳統的多國營銷不同，企業在全球性的營銷活動中通過標準化產品創造和引導消費需求，進一步取得競爭優勢。隨著科技的進步，交通和通信的發展，各國之間的交往日益頻繁，世界經濟社會一體化趨勢進一步加強，全球在眾多方面具有越來越多的共同性，各國市場之間的需求也越來越具有相似性。就某些產品而言，各國市場之間的差異性甚至將完全消失。企業要想在激烈的優勝劣汰競爭中贏得生存和發展，就必須以世界市場為導向，採取全球營銷戰略。

以全球營銷觀念為指導的跨國企業通常稱為全球公司，其營銷活動是全球性的，市場範圍是整個世界市場。實施全球營銷策略的企業追求規模效益，開發具有可靠質量的標準化產品，以適中的價格銷往全球市場，即採用相同的市場營銷組合，以近乎

相同的方式滿足市場需求和慾望。可口可樂公司、福特汽車公司、通用汽車公司等可以稱為全球公司。

全球營銷觀念把整個世界市場視為一個整體，把具有相似需求的潛在購買者群體歸入一個全球細分市場，只要成本低、文化上可行，就可將產品標準化，制訂標準化的市場營銷計劃，通過統一佈局與協調，從而獲得全球性競爭優勢。但是這並不意味著在全球任何一個國家市場上的營銷策略沒有一點區別，企業的全球營銷計劃應包括標準化的產品和因地而異的廣告；可以採用標準化的廣告主題，但根據不同國家和地區的不同文化背景做一些形式上的調整；可以採用標準化的品牌和形象，調整產品以滿足特定國家顧客的需求等。也就是說，從企業全球營銷的角度制訂國際市場營銷計劃和營銷組合方案，只要營銷組合可行，就尋求標準化的效益，只要有文化上的獨特性要求，就調整產品和產品形象。總之，只要可行，企業就將其產品、工藝、包裝、標示、大部分廣告、店面裝潢和佈局等標準化。為了迎合不同國家和地區消費者的口味和習俗，我們會看到在泰國有豬肉漢堡、在新德里有蔬菜漢堡、在馬尼拉有菲律賓風格的香辣漢堡等。

全球化是一種觀念，是一種尋求市場共性的實行跨地區或跨國標準化的方式。全球營銷戰略集中表現在以下幾種產品市場：

一是有全球相似的消費需求的產品。許多工業品、消費品在所有市場存在相似的需求，如汽車、軟飲料、農產品、化妝品等。

二是某國生產具有優勢的奢侈品。某些奢侈品的聲譽是建立在某國生產的優勢基礎上的。如果不在原產國製造，如法國香檳、蘇格蘭花呢、瑞典家具，其魅力就會大減。

三是技術標準化，如電視機、收音機、錄像機、音響等價格競爭激烈的產品，採用相同的技術標準就會大大降低生產和銷售成本。

四是研究開發成本高的技術密集型產品。這類產品必須實行全球標準化以補償初期的巨額投入，如飛機、超級計算機、藥品的研究開發成本一直在不斷上漲。20世紀70年代開發一種新藥品大約需要0.16億美元，現在則增加到2.5億~5億美元。

儘管世界並沒有成為一個大同市場，然而確實有證據表明存在跨越國界、價值觀、需求和行為方式相似的消費者群體。同時，當今各國市場之間仍然存在相當大的差異，這些差異也應在企業制定國際營銷戰略時給予充分重視，但是採取統一的營銷組合計劃確實具有巨大的盈利潛力。如果產品具有世界性的吸引力，就應該盡量在各國市場上採取標準化營銷組合。世界市場全球化的進程正在不斷加快，採取全球營銷戰略是企業在國際市場中獲取更多競爭優勢並取得成功的一種戰略性選擇。

四、國際市場營銷的特點及其基本程序

(一) 國際市場營銷與國際貿易的比較

國際市場營銷是一門微觀科學，是管理學的一個分支，著重研究企業所進行的跨

國界營銷活動。國際貿易是一門宏觀學科，是經濟學的一個分支，其研究對象是國與國之間的商品交換，即進出口活動。

國際營銷與國際貿易存在以下差別：

1. 行為主體的差異性

國際貿易的活動主體是國家；國際營銷的主體是企業。

2. 產品轉移的差異性

在國際貿易活動中，產品必須實現跨越國界的轉移；在國際營銷活動中，產品不一定跨越國界轉移。

3. 活動內容的差異性

國際貿易活動除了進行產品買賣、實體運輸及定價活動以外，一般不進行市場調研、產品開發、分銷管理、促銷宣傳等活動，而這些活動正是國際營銷的重要內容。

(二) 國際市場營銷與國內營銷的比較

國際市場營銷與國內營銷相比，具有以下特點：

1. 營銷環境的差異性

各國在經濟、政治、文化等方面都存在一定的差異，因此市場需求千差萬別，要求營銷決策應因地制宜。

2. 營銷系統的複雜性

構成國際營銷系統的參與者既有來自本國的，又有來自東道國的，還有來自第三國的，它們比國內營銷更為複雜。

3. 營銷過程的不確定性

由於環境的差異，國際營銷人員無法確切地把握國外市場的情況，難以開展有效的營銷活動。

4. 營銷管理的困難性

國際營銷活動中需要對各國的營銷業務進行統一的規劃、控制與協調，使母公司與分散在全球各國的子公司的營銷活動成為一個整體，實現總體利益最大化。

國際市場營銷比國內營銷的複雜程度提高，不確定性更高，在經營實踐中，應遵循市場營銷學的基本思想，以消費者和市場為出發點，通過環境分析和營銷調研，制定營銷戰略，通過市場細分，選擇目標市場，進行市場定位，據此來制定和執行營銷策略組合，即產品、價格、渠道和促銷。

(三) 國際市場營銷的基本程序

國際市場營銷有五個基本程序，如圖1.2所示：

圖 1.2　國際市場營銷的基本程序

　　企業進入國際市場的第一步是對國際市場營銷環境進行分析，包括企業對當前形勢的把握和理解以及決定是否進入國際市場。在企業決定進入國際市場後，第二步是選擇進入哪個市場以及如何進入該市場。從國際市場營銷戰略的角度來看，包括國際市場細分、選擇目標市場和市場定位。接下來企業進入第三步程序，也就是研究進入國際市場的戰略，即企業以何種方式進入國際市場。第四步是制定所選定進入的目標市場的營銷組合策略，本書將以傳統的 4P 營銷組合理論為基礎進行深入展開。第五步是企業對國際市場營銷的控製與管理。

復習題

1. 什麼是市場營銷？市場營銷有哪些核心概念？
2. 市場營銷觀念的演進過程如何？舉例說明什麼是市場營銷觀念和社會營銷觀念？
3. 市場營銷的 4P 理論和 4C 理論分別是什麼？
4. 你如何看待全球化？
5. 何謂新興市場？舉例說明新興市場的特點。
6. 國際市場營銷的概念、特徵、程度和指導觀念分別如何？
7. 國際市場營銷活動與國內市場營銷、國際貿易的聯繫與區別在哪裡？

思考與實踐題

1. 為什麼有些企業要選擇在國際市場上銷售它們的產品或者服務？哪些因素會影響企業在國際市場上的競爭？在國際市場上企業應如何制定它們的市場營銷策略？
2. 中國作為重要的新興市場國家對世界經濟的發展起到了哪些作用？

案例分析一

中興通訊：國際化步伐彰顯企業智慧

改革開放 30 年來，中國通信業無論從基礎建設、網絡營運還是設備製造領域取得的成就在世界通信史上都堪稱奇跡。伴隨國家通信需求不斷增長、通信能力日益增強，國內的通信企業迎來了市場黃金期，但當許多國內通信設備企業沉浸於豐厚的市場利潤時，中興通訊已經在謀劃著依靠累積企業資本，將產品國際化，「搶灘」國外通信市場。

四階段回顧 13 載海外營運路

「創建世界級卓越企業，成為行業的領先者是中興通訊的奮鬥目標。中興通訊的全系列產品已經進入包括多個發達國家在內的 140 余個國家和地區的市場。」中興通訊董事長侯為貴表示。

以亞非拉地區作為挺進國家市場的突破口，憑藉技術前瞻性、產品多元化將戰線不斷延伸至印度、巴西，並通過與跨國營運商的緊密合作，最終撬動了西歐、北美等發達地區的通信市場。在實施海外發展戰略的 13 年來，中興通訊經歷四個時期完成了其獨有的國際化佈局。

第一階段（1995—1997 年）為海外探索期。作為中國企業最早「走出去」的代表之一，中興通訊在 1995 年首次參加日內瓦 ITU 世界電信展，並將目光聚焦海外市場。

對於如何切入國際市場，中興通訊當時選取了國際通信設備廠商壟斷程度相對弱的第三世界國家作為突破口，南亞和非洲等國家也便成為中興通訊發端的「福地」。隨后，中興通訊陸續小規模將產品出口至印尼、馬來西亞等國家。同時，中興通訊也在一些國家設立了「據點」來摸索國際市場中的運行規則。這一時期，中興通訊確立了進軍國際市場的戰略，部分產品在海外市場實現突破。

第二階段（1998—2001 年）為規模突破期。通過進行大規模海外電信工程承包，多元化的通信產品輸出，中興通訊陸續挺進南亞、非洲等多個第三世界國家，對海外市場完成了由「點」到「面」的突破。

1998 年，中興通訊先后中標孟加拉國、巴基斯坦交換總承包項目，其中巴基斯坦交換總承包項目金額達 9700 萬美元，是當時中國通信製造企業在海外獲得的最大一個通信「交鑰匙」工程項目。而在 2001 年，中興通訊則獲得聯通 110 萬線碼分多址（CDMA）合同，打破國外壟斷，將成功經驗推向海外市場。時至今日，中興通訊 CDMA 出貨量和合同數仍然保持了全球領先水平。

第三階段（2002—2004 年）為全面推進期。中興通訊國際化戰略開始在市場、人才、資本三個方面全方位實現推進。伴隨國際化戰略的發展和完善，中興通訊不僅在亞洲、非洲等地區打下了堅實的市場基礎，同時還擁有了較高品牌影響力，躋身主流的國際設備廠商行列。

國際化的又一突破口是中興通訊進入了印度、俄羅斯、巴西等市場潛力巨大且人

口眾多的國家市場，至此海外市場逐步進入穩定發展階段，為進軍歐美高端市場奠定了基礎。2004年12月，中興通訊公司在香港聯交所成功掛牌上市。在此背景下，如何將國際市場向更高層次邁進，使公司在未來市場發展中保持可持續發展，成為了擺在中興通訊面前的首要任務。

第四階段（從2005年至今）為高端突破期。中興通訊借助有效的「本地化」及跨國營運商（MTO）戰略，通過與全球跨國營運商開展全面、深入的合作，實現對西歐、北美等發達市場的全面突破。

2006年年初，中興通訊提出MTO戰略，在銷售體系內部設立多達500人的「MTO部」，一方面開始向歐美成熟市場挺進，另一方面在新興市場與跨國營運商合作，中興通訊在這一年基本完成了全球營銷佈局，強調寬泛的布點戰略。2007年，中興通訊的海外部署重點除了繼續對潛力國家增加覆蓋以外，還把注意力集中在跨國營運商、特別是全球排名前10的營運商的開拓上。

在不斷加強市場戰略佈局外，中興通訊還對營銷組織結構進行了重組，將國內眾多營銷骨幹抽調至海外市場用於新興市場的開拓，並大力推行海外本地化隊伍建設。目前，中興通訊在全球的公司本地化率已超過65%，在印度和法國還提拔當地人進入管理層。近年來，中興通訊已逐漸實現從新興市場、地方營運商市場向發達國家、跨國營運商市場的跨越。

厚積薄發凝聚「走出去」戰略智慧

面對海外的通信巨頭，中興通訊意識到，只有同競爭對手一樣在全球範圍內配置資源，才能取得競爭的優勢，國際化成為中興通訊保持其持續發展動力的必由之路。因此，在1996年，中興通訊國際部成立，開始著手在海外新興市場尋找商機。

從2005年的36%、2006年的44%到2007年的57%，中興通訊的國際收入在主營業務收入中的比例逐年攀升。目前，中興通訊的產品已進入全世界140個國家和地區，為500多家營運商提供優質、高性價比的產品和服務，海外市場的銷售收入已經占公司總銷售收入的60%左右。

事實證明，「走出去」戰略為中興通訊贏得了持續發展的動力，縮小了與跨國企業的差距，在國際化競爭中獲得主動權。由於之前國內通信業發展速度過快，導致近幾年增長速度有所放緩，中興通訊也利用國際化戰略將市場重心轉移，保持了企業持續高速發展，這都要歸功於當年提出「走出去」的策略。厚積才能薄發，中興通訊在海外拓展中始終堅持量力而行、循序漸進的原則，極大體現了企業的戰略智慧。

國際市場是一個高投入、高風險的市場，企業在國際化進程只有權衡好財務風險和市場風險之間的關係，才不會卷進資金的漩渦。中興通訊做出穩健發展策略，在企業實力及國際化管理經驗等方面完成了足夠的累積後，才漸漸將觸角伸向海外市場，為公司長遠發展奠定了基礎。而「三個國際化」也一直是中興通訊所遵循的發展原則，市場國際化、人才國際化、資本國際化的發展思路，使得中興通訊經歷了從本土企業向國際化企業發展的蛻變。

資料來源：根據新華社關於中興通訊的報導和《經濟觀察報》相關報導整理。

討論題

1. 結合本章所學內容，試分析中興通訊進行國際化經營的動因。
2. 結合案例，分析中興通訊國際市場營銷的發展階段和歷程。

案例分析二

上汽海外併購陷入「雙龍陷阱」 42億投入已損失大半

TCL集團海外折戟的重要原因之一或許是忽視了對海外市場的瞭解和把握。這樣的事情一再發生，在上海汽車集團（以下簡稱上汽）身上則又演變成了一出「敗局」。

2004年10月28日，上汽以5億美元的價格高調收購了韓國雙龍汽車公司（以下簡稱雙龍）48.92%的股權。上汽借此鞏固了其世界500強地位。這是國內汽車企業第一次以控股方身分兼併國外龍頭汽車公司。這一汽車業最大的海外併購事件，被看作是中國汽車業跨國經營的標誌性事件。根據雙方協議，上汽將保留和改善雙龍現有的設備，引進技術，並在未來對雙龍進行必要的投資。上汽將幫助雙龍拓展其在韓國的業務，還將幫助雙龍汽車拓展中國和其他海外市場。當時看來，上汽與雙龍達到了一種雙贏的跨國經營的局面。

上汽併購雙龍的時候，雙龍剛剛扭虧為盈，以生產運動型多用途汽車（SUV）型汽車為主，還算是有一定知名度的品牌。2007年之后，隨著國際油價的走高，SUV由於耗油量大，被稱為「油老虎」，開始不被消費者看好，雙龍在韓國的銷售業績一直在走下坡路。上汽幫助雙龍將多款汽車進口到了中國，並幫助建立了中國的銷售渠道，然而中國消費者並不認可雙龍品牌，沒有打開銷路。

隨后爆發的華爾街金融危機更是雪上加霜，到2008年年底韓國汽車行業也遭受重創，包括雙龍在內的現代、起亞、通用大宇和雷諾三星等韓國主要汽車企業在這次金融危機席捲之下均面臨危機，紛紛減產、裁員。此時，雙龍現金流幾近枯竭，已經到了發不出員工薪酬的境地。為了維持企業的正常運轉，上汽與雙龍管理層一起提出了減員增效、收縮戰線的方案，卻遭到了雙龍工會的反對。由於工會成員擔心取消新車推出計劃將直接影響到職工收入，2008年12月17日，雙龍工會成員在平澤工廠，以外泄核心技術為由，扣留了中方的管理人員。最終雙龍汽車公司不得不放棄整改方案，同時宣布，已無力支付原定於當月24日發放的韓國工廠全體員工的月薪，並且停止招聘，暫停員工福利，以度過經濟危機。

雖然在2009年1月5日上汽緊急調撥4500萬美元注入雙龍，用於支付員工工資，上汽提出援助條件是雙龍公司要從生產一線裁員2000人，但工會堅持不裁員使得上汽無法接受，其2億美元的救濟性資金援助也暫時擱淺。救不救雙龍，一時間讓上汽陷入兩難境地。2009年1月9日，上海汽車向韓國首爾法庭申請雙龍破產保護，以應對銷量下滑和債務攀升的局面。2009年2月6日，韓國法院宣布雙龍汽車進入破產重組程序。這意味著雙龍的大股東上汽集團永遠失去了對雙龍的控制權。

在併購雙龍的5年時間裡，上汽累計砸進42億元人民幣之多，目前已損失大半。

2004年是中國企業海外大躍進的一年，TCL集團和上汽都掉進了同樣的陷阱。而此前有美國克萊斯勒和德國戴姆勒整合失敗的先例。如果上汽早一點體會出「車型和技術上的融合其實非常容易，但文化上的巨大隔閡是阻止雙方走得更近的關鍵」背後的深意，或者留意到早在收購之初，雙龍工會強烈抗議韓國政府將公司賣給中國企業的信號，也許一心想做大做強的上汽，會對收購有一個更審慎的判斷。

然而，世上沒有后悔藥。中國企業迫切地在國際同行裡做出成就的心理，導致了這個收購行動由開始的考慮不足，逐步演化為一個慘烈的經營敗局。

上汽收購雙龍，本以為可以借此迅速提升技術，利用雙龍的品牌和研發實力，加快實現自主品牌汽車生產的步伐。實際上，雙龍並非是值得上汽如此期待的強勢品牌，上汽過高估計了收購后的收益。例如，雙龍汽車只是韓國第四大汽車廠商，雖然擁有自己的研發隊伍，在技術和研發上比中國企業要好，但缺少市場。同時，上汽低估了收購后整合的難度。例如，韓國人的民族自豪感和韓國工會的強勢力量等。

其實上汽早在2002年就收購了雙龍的一條生產線，但兩年之后仍沒有看清楚雙龍的真實價值，這就很難用準備不足作為失敗的理由了。

中國企業併購的對象多為經營陷入困境的國外企業，需要更強的管理和整合能力。併購首先要解決企業文化差距和相互認同的障礙，雙龍儘管是韓國企業，與中國企業同屬於亞洲文化圈，但雙龍和上汽之間的認同感仍然不高。併購后的雙方確實存在何方企業文化為主的選擇。

一般而言，較強勢企業的文化往往也是最后合併后的企業文化主體。這種現象就使得處於相對劣勢的中國企業在併購比自己更強勢的企業之后，實際上無法將自己的文化導入，獲得主導話語權。這種文化差異是客觀存在的，併購最后的勝者並不一定就是財大氣粗的一方。上汽一直被詬病為雙龍的「提款機」，而在管理上並沒有很強的主導力量，前期雙方關係更像是貌合神離，而一旦陷入危機，上汽無法真正控製雙龍，終於導致反目成仇。

中國企業缺少併購整合的經歷或成功經驗，對於併購企業的文化、國外商業環境和法律制度不瞭解，併購對象的規模和複雜度超過控製能力是常見問題。這導致了併購后的無所作為或手忙腳亂，最后以被併購企業無法脫離困境而黯然收場，甚至併購者自己的業績也被大幅拖累。

從更高層面分析，中國企業收購發達國家企業，面臨的問題在於如何以不發達的商業文化和管理水平的低位勢，去適應、容納乃至統領處於較高位勢的被收購對象。中國企業應該通過國際化市場競爭瞭解先進的商業文化和環境，在競爭中學習，提升自身的素質，逐步介入跨國併購活動。

資料來源：鄭磊.上汽海外併購陷入雙龍陷阱 42億投入已損失大半［N］.第一財經日報，2009-08-24.

討論題

1. 結合案例資料，分析上汽海外併購失敗的原因。

2. 查找相關資料，分析中國企業的國際併購的動機有哪些？併購前、併購中和併購后的風險分別有哪些？如何防範和解決？

第二章　國際市場營銷環境

引例

日本跨國公司的全球化經營戰略

　　日本由於資源短缺、市場相對狹小，因而其經濟對國際市場的依賴勝較強。在世界市場趨於一體化、經濟全球化的進程中，日本跨國公司近年來積極推進全球化經營戰略，主要舉措是：將日本的總公司變為世界範圍的總公司；在世界範圍內設置生產據點和銷售點；架構國際信息網絡；在全球範圍內實行國際分工；建立全球研究開發體系等。其具體內容有以下幾個方面：

以美國和亞洲為戰略目標

　　日本跨國公司從全球角度出發，並根據自己的具體情況，確定了兩大戰略目標：一是發達國家，重點是美國。其主要目的是獲得技術和市場，減少貿易摩擦。目前日本在美國直接投資建廠的數量和規模都已達到相當程度，其中著名的企業有家電業的索尼、松下、三洋等公司，汽車業的豐田、日產、本田等公司，鋼鐵業的日本鋼管、川崎制鐵等公司。二是發展中國家，重點是亞洲。其主要目的是為了獲取廉價勞動力和原材料。日本在亞洲的投資重點是製造業，日本跨國公司已將大部分普及型、附加價值低的製造業，如彩電、空調、汽車音響、軸承等轉移到了這一地區。

研究開發國際化

　　為了在世界各地設立工廠，進行設計與生產，製造真正意義上的「國際產品」，跨國公司就必須在技術研究與產品開發方面實現國際化。日本跨國公司近年來紛紛在國外設立研究與開發基地，聘用國外科技人才，與國外的科研機構、高等院校和大公司合作。例如，日立、松下、東芝等公司平均每年向美國亞利桑納大學等提供高達 6 億美元的巨額科研經費。東芝公司還與美國國際商業機器公司（IBM）等公司合作，開展計算機芯片研究。

經營資源國際化

　　經營資源一般指特定的無形資產，主要包括經營者及其經營管理知識和經驗、技術專利和訣竅、營銷方法、融資渠道、商標、信譽、信息網絡、管理組織等。經營資源的國際性合理轉移是跨國公司跨國經營成功的重要條件。日本跨國公司主要是通過教育研修制度（特別是派往日本母公司進行研修的制度）來實現的。據有關資料統計，日本設在歐美的子公司，有 70% 的公司曾派遣經理赴日研修，讓當地管理人員親臨日本體驗、領悟日本獨特的社會文化背景，加強當地管理人員運用日本獨特的經營資源的能力。

海外公司當地化

這是通過海外公司對所在國的社會經濟發展有所貢獻，以贏得所在國政府和公眾的好感與支持，提高企業的形象和競爭地位。當地化戰略一般包括：銷售當地化，即在所在國銷售產品；生產當地化，即在生產中提高使用當地原材料、各部件的比重；資本當地化，即在當地籌資，利潤投資於當地；管理當地化，即錄用當地人擔任企業管理工作，進而把他們培養成為企業的高層管理人員；研究開發當地化，即在所在國設立研究開發機構，設計當地市場所需的產品。

目前日本跨國公司海外子公司的當地化已大大加強了。例如，日產公司設在西班牙的伊比利亞汽車公司，生產、銷售和財務等部門的主管人員都是當地職工，該公司在當地採購零部件的比例高達 80%，日產公司還將自己所擁有的股份主動由 90% 降至 67%。

設立區域統管公司

隨著跨國經營向縱深推進，目前日立、東芝、松下、本田、佳能等著名跨國公司推行了「全球四總社制」的組織體制，即除日本國內保留總公司外，還在北美、西歐、亞洲建立獨資的區域統管公司，下設若干生產、銷售、金融子公司，技術開發研究所，零部件採購中心等，以達到弱化事業部職能、強化地區決策、協調全球行動之目的。各區域統管公司實行一元化領導和自主經營，統一指揮各區域統管公司的技術開發、採購、生產、銷售等；在資金籌措和運用上亦可自主決定；國內總公司與各區域統管公司之間以信息網絡相連，以便相互採購產品、零部件和交換技術情報等。日本跨國公司推行「全球四總社制」的實踐表明，這種組織體制有利於公司對各區域統管公司在生產經營方面實施戰略性指導，實現產銷最佳配置，並使科研成果盡快轉化為生產力。

資料來源：車駕明. 日本跨國公司的全球化經營戰略 [J]. 外向經濟，1997（6）．

當前的國際政治、經濟形勢複雜多變，對企業提出了更高的要求。作為營銷者，要想在複雜多變的市場競爭中立於不敗之地，應當保持對市場的敏感，能在他人之前發現某種變化和前兆，從而在他人之前對市場做出反應。敏感性的建立源於對市場環境的熟悉及深層次的把握。「優勝劣汰，適者生存」是自然界的生存法則，表明了環境具有不可控性。在市場經濟活動中，企業的環境同樣是企業無法控制的，企業的營銷活動只能主動地適應並利用客觀環境。市場營銷環境一直在不斷地產生危機和創造新機會。保持對環境的監視，通過對環境的分析，實現趨利避害，對企業的生存具有重要的意義。

第一節　國際市場營銷與環境

國際市場營銷面臨著與國內市場營銷差異很大的環境因素，各國的進口限制政策、關稅等經濟政策均有所不同，對企業而言，幾乎都是不可控制的因素。企業的生存和

發展，取決於適應環境變化的能力。在進行國際市場營銷活動時，企業必須以環境為依據，主動地去適應不斷變化的環境，同時通過營銷努力去影響外部環境，使環境相對有利於企業營銷目標的實現。為此，重視研究環境、認識環境、適應環境，是企業參與國際競爭的永恆話題。

一、國際市場營銷環境的含義和構成

國際市場營銷環境（International Marketing Environment）是各種直接或間接影響和制約國際市場營銷的外部因素的集合。企業的國際市場營銷環境，是環繞在企業周圍對其國際市場營銷活動具有潛在影響力的所有因素，即國際市場營銷的外部條件。

菲利普·科特勒認為：營銷環境由營銷以外的那些能夠影響與目標顧客建立和維持成功關係的營銷管理能力的參與者和各種力量所組成。營銷環境同時提供機會和威脅。

國際市場營銷環境包括國際市場營銷宏觀環境和微觀環境，如圖 2.1 所示。宏觀環境是指企業在從事國際營銷活動中難以控制也較難影響的營銷大環境，也稱為間接營銷環境，主要包括政治法律、社會文化、人口、經濟和自然、科學等因素；微觀環境也稱直接營銷環境，是與企業在不同國家和地區的目標市場進行營銷活動有著直接緊密聯繫的外部組織和個人，主要包括企業本身、資源供應者、營銷仲介、競爭者、顧客和社會公眾。

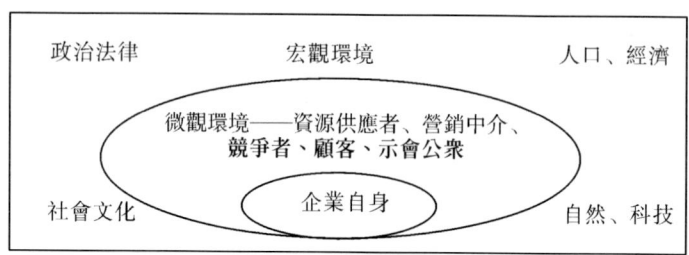

圖 2.1 國際市場營銷環境的構成

二、國際市場營銷環境的特徵

國際市場營銷環境一般具有以下特徵：

（一）客觀性

市場營銷環境作為一種客觀存在，是不以企業的意志為轉移的，有著自己的運行規律和發展趨勢，對企業營銷活動的影響具有強制性和不可控製的特點。對營銷環境變化的主觀臆斷必然會導致營銷決策的盲目與失誤。營銷管理者的任務在於適當安排營銷組合，使之與客觀存在的外部環境相適應。

（二）關聯性

構成營銷環境的各種因素和力量是相互聯繫、相互依賴的。例如，經濟因素不能脫離政治因素而單獨存在；同樣，政治因素也要通過經濟因素來體現。

（三）層次性

從空間上看，營銷環境因素是個多層次的集合。第一層次是企業所在的地區環境，如當地的市場條件和地理位置。第二層次是整個國家的政策法規、社會經濟因素，包括國情特點、全國市場條件等。第三層次是國際環境因素。這幾個層次的外界環境因素與企業發生聯繫的緊密程度是不相同的。

（四）差異性

營銷環境的差異主要因為企業所處的地理環境、生產經營的性質、政府管理制度等方面存在差異，不僅表現在不同企業受不同環境的影響，而且同樣一種環境對不同企業的影響也不盡相同。

（五）動態性

外界環境隨著時間的推移經常處於變化之中。例如，外界環境利益主體的行為變化和人均收入的提高均會引起購買行為的變化，影響企業營銷活動的內容；外部環境各種因素結合方式的不同也會影響和制約企業營銷活動的內容和形式。

（六）不可控性

影響市場營銷環境的因素是多方面的，也是複雜的，並表現出企業不可控性。例如，一個國家的政治法律制度、人口增長及一些社會文化習俗等，企業不可能隨意改變。

菲利普・科特勒的「大市場營銷」理論認為，企業為成功地進入特定的市場，在策略上應協調地使用經濟的、心理的、政治的和公共關係的手段，以獲得外國的或地方的各有關方面的合作與支持，消除壁壘很高的封閉型或保護型的市場存在的障礙，為企業從事營銷活動創造一個寬鬆的外部環境。

就微觀環境而言，直接影響企業營銷能力的各種參與者，事實上都是企業的利益共同體。即使是競爭者，也存在互相學習、互相促進的因素，在競爭中，有時也會採取聯合行動，甚至成為合作者。按市場營銷的「雙贏」原則，企業營銷活動的成功，應為顧客、供應商和營銷中間商帶來利益，並造福社會公眾。

三、國際市場營銷環境的分析與評估

國際市場營銷環境是企業營銷活動的制約因素，營銷活動依賴於這些環境才得以正常進行。重視研究環境、認識環境，是為了更好地適應環境。分析和評估國際市場營銷環境的本質是分析市場機會和判斷環境威脅，據此幫助企業制定正確的營銷戰略，以把握和利用機會，規避和減少威脅，對於提高國際市場營銷管理的水平，發揮競爭優勢，開拓更廣泛的市場有著重要的戰略意義。

（一）SWOT分析法

市場營銷環境分析常用的方法為SWOT分析法，SWOT分析法應該算是一個眾所周知的工具。SWOT分析法於20世紀80年代初由美國舊金山大學的管理學教授韋里克提出，經常被用於企業戰略制定、競爭對手分析等。SWOT分析法分析企業自身的優勢（Strengths）和劣勢（Weaknesses），分析環境中的機會（Opportunities）和威脅（Threats）。

1. 機會與威脅分析

隨著經濟、科技等諸多方面的迅速發展，特別是世界經濟全球化、一體化過程的加快，全球信息網絡的建立和消費需求的多樣化，企業所處的環境更為開放和動盪。這種變化幾乎對所有企業都產生了深刻的影響。正因為如此，環境分析成為一種日益重要的企業職能。

環境發展趨勢分為兩大類：一類表示環境威脅，另一類表示環境機會。環境威脅指的是環境中一種不利的發展趨勢所形成的挑戰，如果不採取果斷的戰略行為，這種不利趨勢將導致公司的競爭地位受到削弱。環境機會就是對公司行為富有吸引力的領域，在這一領域中，該公司將擁有競爭優勢。

對環境的分析也可以有不同的角度。例如，一種簡明扼要的方法就是 PEST 分析（宏觀環境分析），另外一種比較常見的方法就是波特的五力模型分析。

2. 優勢與劣勢分析

識別環境中有吸引力的機會是一回事，擁有在機會中成功所必需的競爭能力是另一回事。兩個企業處在同一市場或者說它們都有能力向同一顧客群體提供產品和服務時，如果其中一個企業有更高的盈利率或盈利潛力，那麼，我們就認為這個企業比另外一個企業更具有競爭優勢。換句話說，所謂競爭優勢是指一個企業超越其競爭對手的能力，這種能力有助於實現企業的主要目標——盈利。

競爭優勢可以指消費者眼中一個企業或它的產品有別於其競爭對手的任何優越的東西。競爭優勢可以是產品線的寬度、產品的大小、質量、可靠性、適用性、風格和形象以及服務的及時、態度的熱情等。雖然競爭優勢實際上指的是一個企業比其競爭對手有較強的綜合優勢，但是明確企業究竟在哪一個方面具有優勢更有意義，因為只有這樣，才可以揚長避短，或者以實擊虛。

由於企業是一個整體，而且競爭性優勢來源十分廣泛，所以在做優劣勢分析時必須從整個價值鏈的每個環節上，將企業與競爭對手做詳細的對比。如產品是否新穎，製造工藝是否複雜，銷售渠道是否暢通，以及價格是否具有競爭性等。如果一個企業在某一個方面或幾個方面的優勢正是該行業企業應具備的關鍵成功要素，那麼該企業的綜合競爭優勢也許就強一些。需要指出的是，衡量一個企業及其產品是否具有競爭優勢，只能站在現有潛在用戶角度上，而不是站在企業的角度上。

(二) 企業應對營銷環境的策略

一般說來，營銷部門無法擺脫和控制國際市場營銷環境，特別是宏觀環境，企業難以按自身的要求和意願隨意改變它。但是，強調企業對所處環境的反應和適應，並不意味著企業對於環境是無能為力或束手無策的，也不能只是消極地、被動地改變自己以適應環境。營銷管理者應採取積極、主動的態度能動地去適應營銷環境，制定並不斷調整市場營銷策略。在國際環境評估的基礎上，針對企業所處的環境類型（見圖 2.2），可以分別採取不同的對策。

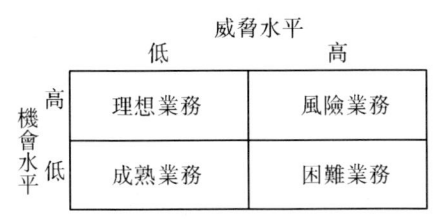

	威脅水平	
	低	高
機會水平 高	理想業務	風險業務
機會水平 低	成熟業務	困難業務

圖 2.2　環境分析綜合評價圖

第一，對理想業務，應看到機會難得，甚至轉瞬即逝，必須抓住機遇，迅速行動；否則，喪失戰機，將后悔莫及。

第二，對風險業務，面對高利潤與高風險，即不宜盲目冒進，也不宜遲疑不決、坐失良機，應全面分析自身的優勢與劣勢，揚長避短，創造條件，爭取突破性的發展。

第三，對成熟業務，機會與威脅均處於較低水平，可作為企業的常規業務，用以維持企業的正常運轉，並為開展理想業務和冒險業務準備必要的條件。

第四，對困難業務，要麼是努力改變環境，走出困境或減輕威脅，要麼是立即轉移，擺脫無法扭轉的困境。

企業的生存和發展始終離不開外界環境的影響和制約。通過市場調查研究，充分瞭解環境的變化，掌握環境變化的趨勢，及時發現現實的和潛在的對企業發展不利的一些特徵和變化；通過企業預警系統，合理安排規避和降低風險的手段和措施，制訂出切實可行的、科學的決策方案，及時調整企業的經營戰略與營銷策略。

第二節　國際市場營銷的政治和法律環境

政治與法律環境是影響企業營銷的重要的宏觀環境因素，包括社會的政治制度、法制建設情況。政治因素像是一只無形之手、調節著企業營銷活動的方向，法律則為企業規定營銷活動的行為準則。政治與法律相互聯繫，共同對企業的營銷活動發揮影響和作用。

一、國際市場營銷的政治環境

國際市場營銷的政治環境指各種直接或間接影響和制約國際營銷的政治因素的集合，包括全球的國際政治環境和東道國的政治環境，它們對企業的國際營銷活動產生重大的影響和制約作用。

（一）國際市場營銷的政治環境因素

國家是國際法的最重要的主體，也是國際交往中最基本的單位。國家作為國際關係的基本主體影響著國際政治局勢的同時，也受到國際政治局勢的影響。進入 21 世紀以來，國際政治局勢與 20 世紀相比平靜了許多，和平與發展人仍然是當今時代的主題，世界多極化和經濟全球化的趨勢繼續在曲折中前進，科技進步日新月異。這些情況為各國發展帶來了新的機遇，但也帶來了很多問題，這些問題包括影響和平與發展

的不穩定、不確定因素，如地區衝突、恐怖主義、南北差距、環境惡化、貿易壁壘等。

影響國際市場營銷的國際政治環境因素主要是國際政治局勢、國際關係和民族主義。

1. 國際政治局勢

國際政治局勢的變化和國家之間關係的變化會對世界經濟產生直接的影響。和平的國際政治局勢有利於世界經濟的發展，國際政治局勢的動盪會直接影響經濟領域的穩定。在諸多影響和平發展的因素中，地區衝突問題是非常突出的且長期懸而未決的問題。例如，伊朗核計劃一直是西方國家關注的重點，伊朗與西方，尤其是美國之間的關係也因此緊張。伊朗是世界第四大石油出口國，市場擔心伊朗與西方的這種緊張關係一旦導致衝突，必將危及伊朗的石油出口，從而使市場的石油供給保障受到損害。2011年年底伊朗在霍爾木茲海峽進行軍演，目的在於展現自己的實力。歐盟外交官於2012年1月4日透露，歐盟各國就禁運伊朗石油初步達成共識，但何時正式通過禁令並實施還未決定。此消息一經披露，國際市場迅速做出反應，國際油價、金價聞聲上漲。

國際政治局勢中，目前影響最大的當屬國際恐怖主義問題。恐怖主義問題是進入21世紀之后人類面臨的新的突出問題。恐怖主義（Terrorism）並沒有一個準確的全球性的定義，美國國家反恐怖報告將恐怖主義定義為有預謀的、出於政治目的把暴力襲擊的目標鎖定在非戰鬥人員的政黨和秘密組織的活動。

從2001年9月的紐約，到2005年7月的倫敦，再到2011年的巴基斯坦。近年來，全球範圍的各種恐怖主義活動不僅沒有隨著打擊力度的加強而消失，反而不斷增加，而且有逐漸擴大的趨勢。近年來，針對外國公司和外國人的恐怖襲擊越來越多，有些中東地區的恐怖組織除了綁架外國人質以外，還直接以外國的經濟實體為打擊目標。對於投資者來說，恐怖襲擊會增加企業的營運資本。美國的公司尤其如此，他們的公司經常是恐怖襲擊的首選對象。近些年來，中國工程師等工作人員在巴基斯坦、肯尼亞及阿富汗等地都曾遭遇當地武裝力量的襲擊，應該引起中國企業的足夠重視。

2. 國際關係

國際關係是指國家之間的政治、經濟、文化、軍事關係。發展國際經濟合作和貿易關係是人類社會發展的必然趨勢，企業在其生產經營過程中，都可能會或多或少地與其他國家發生往來，開拓國際市場營銷的企業更是如此。因此，國家間的關係也就必然會影響企業的營銷活動。

國際關係，特別是企業母國與東道國之間的國家關係，對營銷活動的業績和前途會產生直接而強烈的影響。兩國友好，經濟往來頻繁，就能給營銷活動創造較為寬鬆的國際關係環境；相反，兩國敵對，相互封鎖，管制、禁運、壁壘森嚴，就會給營銷活動設置障礙，增加風險。例如，在尼克松訪華前後、在中日邦交正常化前後，中國與美國、中國與日本的雙邊貿易都發生了巨大的變化。在1960年以前，古巴是美國公司國際市場營銷的一個主要目標，古巴領導人卡斯特羅一上臺，這些商務活動馬上就中止了。

營銷者還必須關注東道國與其他國家的關係。如果該國是某一區域性組織（如歐洲聯盟、東南亞國家聯盟等）的成員方，企業應認真分析這個事實及可能產生的影響，

然后對是否進行貿易或投資做出決策。如果某國有特別友好的或特別敵視的國家，企業應認真研究該國進出口貿易的方向，從而調整相應的營銷策略。例如，大多數阿拉伯國家不與以色列進行貿易，而且聯合抵制在以色列投資設廠的任何一個國家的企業，因為他們認為跨國公司在以色列的投資有利於以色列的經濟發展，福特汽車公司、可口可樂公司、施樂公司等均被列入過被抵制的黑名單中。

3. 民族主義

民族主義（Nationalism）是一種意識形態，這種信念是建立在國家、種族的劃分和民族統一性基礎上的。民族主義也指某些民族為實現特定的理想而採取的極端民族主義運動。種族的劃分建立在特定的標準上，包括共同的語言、共同的文化、共同的價值觀以及民族認同感。經濟領域的民族主義表現在很多方面，如進口限制、限制性關稅及其他貿易壁壘。

20世紀80年代以來，在國際經濟活動中，以貿易保護主義為代表的一股新的經濟民族主義浪潮席捲全球，成為國際企業經營活動的一大障礙。即使在號稱最開放、最自由的美國，20世紀90年代以來貿易保護主義也十分盛行。美國政府先後採取多種不符合國際慣例的手段，限制中國紡織品的進入；先後多次施加壓力，要求日本企業減少對美國的出口，而放鬆對美國公司產品進入日本的管制。雖然很多人認為經濟民族主義思想不利於世界經濟一體化，但國際企業必須清醒地認識到，這種思想將長時期地存在下去。

營銷透視

外媒稱中國網民掀起了「經濟民族主義」

可口可樂公司計劃以24億美元收購匯源果汁一事不斷升級，先是有調查顯示中國近8成網友反對這起收購，後又有消息稱多家中國企業擬聯名上書抵制。一時間，一場「反可口可樂收購匯源」風潮掀起軒然大波。有歐洲商業組織還表示，外企現在也在緊盯這一事態的發展，因為他們擔心「經濟民族主義」正在中國抬頭。

據法新社9日報導，中國歐盟商會（European Union Chamber of Commerce in China）主席伍德克（Joerg Wuttke）在2008年歐盟商會意見書中提到：「『經濟民族主義』在中國已經日益成為需要關注的現象。當然，『企業合併』和『企業收購』是非常艱難的。因此，我們對可口可樂收購匯源一事非常關注。」

法新社稱，國外企業在中國經常會被排除在與中國民族企業的競爭中，即使它們能夠提供更先進的技術和更低廉的成本。中國歐盟商會主席伍德克認為：「『經濟民族主義』最初是由相關利益團體挑起的，他們試圖將外國人排除在外，以免受到競爭的煩惱。」

對於可口可樂公司收購匯源而引發的反對風潮，英國路透社也表示非常驚訝。路透社稱，在某網站所進行的調查中，有逾8成網民都對此次收購表示反對。中國網友認為可口可樂公司收購匯源「涉嫌對民族品牌的消滅」和「影響民族品牌的發展」。報導稱，易凱資本首席執行官王冉認為，「在民眾情緒和政治因素的介入下」，不排除該併購案無法通過反壟斷審查的可能性。

資料來源：外媒非常驚訝：稱中國網民掀起了「經濟民族主義」！［N］.環球時報，2008-09-10.

(二) 目標市場國的國內政治環境因素

國際法上的國家必須包含四個要素,即必須有定居的居民、確定的領土、對居民和領土進行管理的政府和國家主權。主權是國家的基本屬性,是國家獨立自主地處理對內對外事務的權力。國家有權通過制定政策、法律對國家進行管理。政治活動會影響一國內部的政治環境。對目標市場國的政治環境有基本的瞭解和掌握,才能更好地制定戰略策略、調整策略並取得預期的效果。

1. 政治的穩定性

一個國家的政局穩定與否會給企業的營銷活動帶來重大的影響。如果政局穩定,生產發展,人們安居樂業,就會為企業造就良好的營銷環境。相反,政局不穩,社會矛盾尖銳,秩序混亂,這不僅會影響經濟發展和人們的購買力,而且對企業的營銷心理也有重大的影響。戰爭、暴亂、罷工、政權更替等政治事件都可能對企業的營銷活動產生不利影響。因此,社會是否安定對企業的營銷活動影響極大,特別是在對外營銷活動中,一定要考慮東道國政局變動和社會穩定情況對市場營銷活動可能造成的影響。

營銷透視

中國企業在利比亞受損 200 億美元

儘管國內出口企業「走出去」前景被看好,但海外危機四伏令投資風險如影相隨。北非和西亞局勢持續動盪,出口貿易以及投資項目無不令人擔憂。這一局勢直接影響中國對當地的投資熱情,2011 年前兩月在非洲地區承包工程業務同比減半,其中在利比亞新簽合同額同比減少 45.3%。利比亞遭空襲以來,中國在當地新建項目和在建項目被戰爭夢魘所籠罩。

據悉,國內 75 家企業,包括 13 家央企在利比亞有投資項目。國資委此前披露消息顯示,央企在利比亞的項目全部暫停,這些投資主要集中在基建、電信領域。戰爭肆虐之下,無法重建的工程損失將陸續浮出水面。

「利比亞政局的動盪確實對中資企業造成了相當大的影響。」3 月下旬,在商務部例行新聞發布會上,發言人姚堅透露,目前中國在利比亞承包的大型項目一共有 50 個,涉及合同金額 188 億美元(約 1200 億元人民幣)。在大部分中資企業人員撤出利比亞之後,商務部已經會同相關部門著手評估中資企業在利比亞的損失,妥善處理相關的後續事項。相關專家估計,中資企業在利比亞的損失主要有固定資產、原材料等的損失,難以追回的工程墊付款,撤離人員安置費用,預計 200 億美元資金在利比亞「打水漂」。

專家:「走出去」關注政治風險

商務部表示,在中國企業「走出去」後的諸多風險中,最突出的還是政治風險、法律風險和財務風險。其中,政治風險與東道國的政府政策變化等行為有關,包括徵收、國有化、戰爭以及恐怖活動等政治暴力事件,還表現為政府徵收、政府違約和延遲支付等。

對外經濟貿易大學國際經濟與貿易學院博士賽格還認為,長期以來,政治風險導

致在國外投資的中國企業遭受了巨大經濟損失，成為中國企業「走出去」的瓶頸。

政治風險防不勝防，但如何防範政治風險逐漸成為出口企業亟待解決的難題。中國社科院西亞非洲研究所研究員李智彪提出，這就需要中國企業在進入當地前要充分做好準備工作，瞭解當地習俗，對員工進行專業培訓、系統管理等，並且通過政府引導，提供及時準確的信息，同時加強領事館同當地政府的溝通，密切關注局勢變化，以便做好應對措施。「企業一定要提高風險意識，充分利用信用保險產品來規避海外風險。」

據悉，2011年年初，中國出口信用保險公司發布《國家風險分析報告》，將國家風險分為1—9級，數字越高意味著風險越大，利比亞在非洲地區風險水平居中，在利比亞出險之後，位於第9級國家阿富汗、布隆迪、乍得、科摩羅等目前的保險費率已經由平均水平的2%上升至4%左右，安哥拉等一些國家已經不予承保。

資料來源：中國企業在利比亞工程受損200億美元［N］.北京商報，2011-04-25.

2. 政府、政策及其政策的連續性

政府行為的目標取決於政府自身的利益或者國家利益。一國政府通常持有以下國家目標：主權和自我保護目標以強調國家主權的完整，避免喪失對國家主權的控制；安全目標以保護本國基礎設施、國防工業和重要領域的安全；繁榮目標以改善國民生活水平；聲譽目標以著力提高本國知名度。

政府在經濟中的作用表現在：通過制定各種經濟政策干預或者調節本國的經濟運行；政府通常是經濟事務的參與者；政府會壟斷某些重要的國計民生相關行業的發展；政府也是一些產品和服務的最大買主。例如，在日本和瑞士，政府支出占國內生產總值的比重約為19%，美國的這一比例為25%，比利時和荷蘭的這一比例高達58%。

政府制定經濟政策和法規，影響市場的需求，改變資源的供給，扶持和促進某些行業的發展，同時又限制另一些行業和產品的發展。例如，制定國家的貨幣政策和財政政策；規定外來企業的經營方式、經營範圍；限制企業的營銷組合策略的運用；一國持有的對外開放態度和制定的外商投資相關政策。

這些政策的連續性直接影響到外國企業投資的信心和投資方式。國家保持政策在相當長的時間內的穩定性，對於吸引海外的投資有積極的促進作用。中國自改革開放以來，一直將鼓勵外國投資作為基本的經濟政策。經過了30多年，中國政府保持了外商投資政策的連續性和穩定性，使得外國投資者對中國的投資政策樹立了信心，在中國投資的數額逐年增加。

3. 行政干預

政府對經濟的干預程度是另外一個重要的問題。政府和企業之間既相互依賴，又相互牽制。例如，2011年，面對樓市價格過高，中國政府出抬了一系列的行政措施干預房價上漲。國家用行政手段對經濟的適當干預有助於穩定市場秩序、維護良好的經營環境、保護經營者的利益。但是國家對經濟干預過多，會妨礙市場對經濟的調節，影響和限制企業在市場的活動。改革開放之前，中國企業受到的行政干預過多，企業遇到問題只能「找市長」，企業的活力受到嚴重的制約。

4. 行政效率

政府的行政高效率會促進外國投資者的進入，政府行政效率低下會加大企業的營運成本，影響企業的收益。中國在改革開放之初，為吸引外資採取了一系列提高政府績效的措施，簡化外資進入的程序，加快外資進入的步伐。

(三) 政治風險的構成

企業在進行全球經營的過程中，會遭遇來自各個國家的政治風險。政治風險包括了各種衝突和能夠使外國公司收益和正常運作產生困難的政府政策的變化，分為進入風險、經營風險和轉移風險。

1. 進入風險（Entry Risks）

全球經濟聯繫日益緊密的今天，很多國家的某些市場仍然是不開放的。對企業來說，要進入該目標市場國非常困難。例如，由於政治的原因，朝鮮長期嚴格限制外國資本的進入，市場開放極其有限。即使對於允許外資進入的國家，某些領域也是禁止外資進入的。例如，很多國家都禁止外資進入廣播電視市場。有的國家的開放是逐漸的，企業即使能夠進入，也要面臨目標市場國苛刻的准入條件。例如，政府常常要求進入目標市場國投資者與當地企業合作、使用當地原材料、進行出口銷售等。國際市場營銷活動必須遵循目標市場國的規定，在制定投資策略時必須考慮進入目標市場國的風險。

2. 經營風險（Operation Risks）

企業在國際市場營銷中，可能遭遇的東道國政治干預帶來的經營風險如下：

(1) 沒收、徵用和國有化。

①沒收（Confiscation），即對沒收的外國企業不給予任何的補償。

②徵用（Expropriation），即對徵用的外國資產給予一定的補償，可能將外國企業交由本國私人企業接管。

③國有化（Nationalization），屬於政府接管。政府實行國有化，主要考慮國防、國家主權、國民福利和經濟增長等目標對企業所有權採取的集中措施，最容易被沒收的領域有公共事業、某些自然資源的開採業，如煤炭、石油等。

歷史上曾經發生過的著名的沒收、徵用和國有化事件有：1937 年，墨西哥政府接管了外國人經營的鐵路；1953 年，危地馬拉政府接管外國人在該國的香蕉種植園；1960 年，古巴政府實行國有化；1962 年，巴西政府接管美國在巴西擁有的發電廠；1969 年，秘魯政府沒收了美國在該國的標準石油公司；1983 年，法國政府將在該國的所有銀行收歸國有。近年來，國際社會沒收、徵用和國有化事件越來越少。

(2) 本國化（Indigenization）。本國化是指東道國政府通過各種手段對外國企業在經營活動中進行控制，以達到本國政府和產業利益，如進口限制、地方含量要求和勞動力問題上的限制等。

①進口限制：有選擇地對外國企業所使用的原材料、機器及零配件等產品的進口進行限制。

②地方含量法律：各國常常要求外國企業的產品滿足一定的當地含量要求。

③勞動力使用限制：在外國雇員人數上的限制直接導致外資企業必須聘用相當部

分的當地員工。

（3）稅收管制（Tax Control）。對政府限制的行業徵收特別稅收。政府在稅收方面的措施會對企業的營銷活動產生影響。例如，對某些產品徵收特別稅或高額稅，則會對經營這些產品的企業在效益方面帶來一定影響。

（4）價格管制（Price Control）。一國政府通常對土地、石油、電力、郵電、通信有明確的價格管理，價格管制直接干預了企業的定價決策。同時，當一個國家發生了經濟問題時，如經濟危機、通貨膨脹等，政府會對某種重要物資，以至所有產品採取價格管制措施。如一國政府為了減少通貨膨脹壓力，規定產品的價格上限和下限，對生活必需品進行價格管理。

（5）進口限制（Import Restriction）。進口限制是指政府所採取的限制進口的各種措施，如許可制度、外匯管制、關稅、配額等。進口限制包括兩類：一類是限制進口數量的各種措施；另一類是限制外國產品在本國市場上銷售的措施。政府進行進口限制的主要目的在於保護本國工業，確保本國企業在市場上的競爭優勢。

3. 轉移風險（Transition Risks）

外匯管制（Foreign Control）是政府對進出本國資金的一種規制。一國政府通過法律、法令、條例等形式授權有關金融機構，對境內外匯資金的收付、買賣、借貸和轉移以及本國貨幣對外匯率所實行的干預和控製措施。東道國實行外匯管制的主要原因是外匯短缺，為防止國際收支的嚴重失衡，維護本國貨幣對外匯率的穩定，政府不得不進行嚴格的控製。外匯管制至少在兩個方面影響國際企業：一是企業的利潤和資本不能自由地匯出東道國；二是企業生產所需的原材料、機器設備、零部件以及其他物品不能自由進口，因為東道國政府限制企業自由買進外匯。

（四）政治風險的防範

對企業來說，規避和減少政治風險是非常重要的。企業在進入一國市場之前必須對目標市場國可能存在的政治風險進行評估，以確定是否進入該市場、以何種方式進入該市場、進入該市場之後的營運中應如何規避和減少政治風險。

企業與目標市場國之間建立積極的互惠關係，通過向目標市場國轉讓資本、技術會增加目標市場國的經濟與科技實力；通過在目標市場國開辦企業，會為目標市場國提供更多的市場機會；納稅會增加目標市場國的收入。這些互惠行為有助於企業在目標市場國樹立良好的口碑。

企業還可以通過積極的行為影響國際經營中的政治環境，如美國的化妝品公司——雅芳公司，早在1955年就設立了「雅芳全球基金會」。雅芳‧中國在該基金會成立50周年的紀念活動中與中國癌症研究基金會合作，沿著萬里長城舉辦了大型的義診活動。通過一系列公關活動，雅芳公司在中國市場中樹立了良好的企業形象。

二、國際市場營銷的法律環境

法律環境與政治環境緊密相連。國際企業的法律環境是指本國和東道國頒布的各種法規，主要是經濟法規，如投資法、商標法、廣告法等。國際法律環境由國際法律環境、東道國法律環境和本國法律環境三個部分組成。

(一) 國際法

國際法是調整交往中國家間相互關係並規定其權利和義務的原則和制度。國際法的主體即權利和義務的承擔者是國家，依據是國際條約、國際慣例、國際組織的決議、有關國際問題的判例。

對國際市場營銷活動影響較大的國際經濟法有保護消費者利益的立法（國際產品責任法），確定生產者和銷售者對其生產或出售的產品所應承擔的責任，保護消費者的合法權益；保護生產製造者和銷售者的立法（工業產權法），包括專利法和商標法；保護公平競爭的立法，如國際反托拉斯法、限制性商業慣例、保護競爭法；調整國際間經濟貿易行為的立法，包括各種國際公約、條約、慣例、協定、議定書、規則等。

營銷透視

中國輪胎業頻遭貿易保護主義大棒

「國外貿易保護主義情緒蔓延，中國輪胎出口將面臨更嚴峻的考驗。」中國橡膠工業協會常務副會長、秘書長鄧雅俐在11月8日的一次行業會議上如此表示。

事實上，中國輪胎行業在過去7年裡已經承受了來自8個國家的16場反傾銷、反補貼和特保案調查。

2009年4月20日，美國鋼鐵工人聯合會向美國國際貿易委員會（ITC）提出針對中國輸美商用輪胎採取「特保」措施的申請，要求美國政府對中國出口的用於客車、輕型卡車、迷你麵包車和運動型汽車的2100萬個輪胎實施進口配額限制。

所謂「特保」，是指《中國加入世界貿易組織議定書》第16條「特定產品過渡性保障機制」第1款和第4款規定：中國產品在出口有關世界貿易組織成員方時，如果數量增加幅度過大，以致對這些成員方相關產品造成威脅或市場擾亂，則這些成員方可針對中國產品採取限制進口的特殊保障措施。這是自2001年中國加入世界貿易組織以來，美國第一次運用「特保條款」對中國產品徵收懲罰性關稅。

2009年4月，中國商務部、行業協會、輪胎企業快速反應，做了大量舉證工作，聘請律師和遊說團，從多層面和美方反覆磋商，甚至給美國總統奧巴馬寫公開信。但這些動作仍未能阻止美國國際貿易委員會的申請。2009年6月29日，美國國際貿易委員會建議對中國輸美輪胎連續3年加徵關稅，中方代表團赴美交涉無果。2009年9月11日，奧巴馬簽字徵收中國輸美乘用輪胎三年高關稅，最高稅額達35%。

在奧巴馬簽字特保案3天后，中國政府啟動了世界貿易組織爭端解決程序，第一次以獨立的原告方身分，提請成立專家組調查。2011年5月24日，中國政府通知世界貿易組織仲裁機構，決定對中美輪胎特保措施世界貿易組織爭端案專家組的裁決提出上訴。2011年9月5日，世界貿易組織上訴機構在日內瓦發布關於中美輪胎貿易糾紛案的裁決結果，判定美國對中國輸美輪胎徵收懲罰性關稅符合世貿規則，中方第二次失意。

中國乘用車輪胎生產商在2012年9月重新恢復出口。但事實上，中國輪胎行業受到的損傷是嚴重的。據中國橡膠工業協會介紹，特保案造成國內30家左右的輪胎企業減產或停產，影響中國輪胎產業22億美元的產值，並有10萬左右的輪胎工人就業受到

影響。

更壞的效應是，在美國發起特保案后，其他國家亦效仿跟進，印度、阿根廷、巴西等國都立案或有意發動對華產品的特保案、反傾銷案。

資料來源：王潔. 7年16場戰役：中國輪胎業反貿易摩擦之路［N］. 21世紀經濟報導，2011-11-19.

(二) 東道國法律

雖然國際上有對國家之間或其他實體之間交往的國際規則，但國際市場營銷活動歸根到底要深入到具體的某一國家或地區。由於歷史、地理和文化等原因，各國的法律並不相同。英美法系與大陸法系是當今世界的兩大主要法系，涵蓋了世界上一些主要的國家。

1. 普通法系

普通法系（Common Law System），又稱英美法系，主要常見於英國、美國、加拿大、澳大利亞等國家。英美法系的法律淵源既包括各種制定法，也包括判例，而且判例所構成的判例法在整個法律體系中佔有非常重要的地位。近幾十年來，英美法系國家也制定了大量成文法以作為對習慣法的補充。

2. 成文法系

成文法系（Civil Law System），又稱大陸法系，是承襲古羅馬法的傳統發展而來的。歐洲大陸上的法、德、意、荷蘭、西班牙、葡萄牙等國和拉丁美洲、亞洲的許多國家的法律都屬於大陸法系。大陸法系的最重要的特點就是以法典為第一法律淵源，法典是各部門法典的系統的、綜合的、首尾一貫的成文法匯編。世界上大約有70個國家法律屬成文法系，主要分佈在歐洲大陸及受其影響的其他一些國家。

營銷透視

聯想集團換標適應國際化

聯想集團的一次重大戰略調整——更換「Legend」標示行動啓動，此舉成為聯想集團國際化進程之前站。

來自聯想集團內部有關人士的消息證實：聯想集團已確定要更換「Legend」英文標示，更換的原因是該標示在國際上一些國家已有註冊，由此聯想集團的國際品牌推廣線路受阻。聯想集團新標示裡面沒有中文「聯想」字樣，原來的外方內圓的標示也將被換掉，而原英文標示「Legend」（傳奇）將被新的英文標示「Lenovo」（創新）所取代。

在使用「Legend」這個標示的過去歲月中，恰如這個單詞的英文原意「傳奇」一樣，聯想集團也演繹了一個傳奇般的故事，現在的疑問是，聯想集團換標，傳奇能否再續？

「聯想更換標示是其未來若干重大戰略調整的第一步，是為國際化戰略鋪路。」一位熟悉聯想集團業務現狀的人士說。

資料來源：聯想換標適應國際化 廈新換標淡化地域性［N］. 北京青年報，2003-04-11.

東道國法律是影響國際市場營銷活動最經常、最直接的因素,東道國法律對國際營銷的影響主要體現在產品標準、定價限制、分銷方式和渠道的法律規定和促銷法規限制。

例如,在設計產品的物理性能和化學性能時,必須注意到各國在安全性能、純度、功能等各個方面所規定的要求。比方說,美國規定了嚴格的防污染法,向美國出口的汽車,必須要裝有防污染裝置,而且在廢氣排放量上要符合其標準。

又如,廣告在促銷活動當中是最容易引起法律爭議的環節,許多國家都訂立了與廣告有關的法律法規,而且在每一個國家的廣告從業者之間,也會依據法律自訂共同遵守的條款。許多國家是不允許做比較廣告的,不允許在廣告中使用「最好」一類的字眼,當然更不允許做虛假廣告;許多國家對某些產品的廣告要實行限制,菸酒廣告在很多國家都是禁止的;芬蘭不允許政治團體、宗教團體、酒類、減肥藥品和不道德的文學作品在電視和報紙上做廣告;在德國,一個電視頻道每天播放廣告的時間被限制為40分鐘,通常在一天中集中播放幾次,每次約10分鐘;義大利在20世紀90年代通過一項法律,禁止本國電視臺在播放電影中間插播廣告。

對企業來說,法律是評判企業營銷活動的準則,只有依法進行的各種營銷活動,才能受到國家法律的有效保護。企業開展市場營銷活動,必須瞭解並遵守國家頒布的有關經營、貿易、投資等方面的法律法規。如果從事國際市場營銷活動,企業既要遵守本國的法律制度,還要瞭解和遵守目標市場國家的法律制度和有關的國際法規、國際慣例和準則。在當前中國,《中華人民共和國公司法》《中華人民共和國廣告法》《中華人民共和國商標法》《中華人民共和國經濟合同法》《中華人民共和國反不正當競爭法》《中華人民共和國消費者權益保護法》《中華人民共和國產品質量法》《中華人民共和國外商投資企業法》等法律法規對規範跨國企業的營銷活動起到了重要的作用。

第三節　國際市場營銷的經濟環境

國際市場營銷的經濟環境是各種直接或間接影響和制約國際市場營銷的經濟因素的集合,是國際市場營銷環境的重要組成部分,具有國際市場營銷環境的各種特徵。國際企業所處的環境既受單個國家的經濟環境影響,又受世界經濟環境的影響。第二次世界大戰以來,世界經濟格局發生了巨大變化,而其中最根本的變化就是全球市場的出現和世界經濟一體化的迅猛發展。20世紀初,經濟一體化僅占世界經濟的10%,而今天經濟一體化已占世界經濟的50%以上。

一、國際市場營銷的全球經濟環境

(一) 世界經濟局勢

隨著世界經濟發展的加速,經濟的全球化已經成為一種必然趨勢,國際化已經漸漸成為一種方式。任何國家、企業進行經濟活動時都與世界經濟局勢有千絲萬縷的聯繫,其經濟活動不能獨立存在。為了自身利益,無論是國家還是企業,都必須充分考慮國際環境對自身的影響,對於從事國際市場營銷的企業來說,瞭解世界經濟趨勢是

邁出全球化的第一步。

21世紀世界經濟呈現出以下三個主要特點：

1. 世界經濟穩中趨降

受美國房地產市場降溫和次貸危機的影響，2008年世界經濟增長率略低於2007年，經濟增長勢頭放緩。美國經濟放緩和美元貶值，導致世界部分國家和地區出口增長速度下降，也會導致部分產業的產能過剩矛盾加劇。

2. 國際初級產品價格有所提升

國際市場上石油、金屬等產品價格高位運行，國際糧食價格大幅度上漲。2008年，按美元計價的國際初級產品市場穩中趨升，這也導致以美元為主要貿易貨幣的國家和地區內的食品價格上漲較快，能源、原材料購進價格居高不下。

3. 國際貨幣政策上中性偏松

為了解決次貸危機帶來的流動性匱乏的問題，穩定金融市場，美聯儲、歐洲中央銀行和日本銀行等向市場注入了大量的流動性資金，美國還降低了聯邦基準利率。美國的貨幣政策是全球貨幣政策的風向標，美國降息並不意味著其他國家也會馬上跟隨降息，但全球的加息週期行將結束，全球貨幣政策從適度偏緊調整為中性或中性偏松。

(二) 全球經濟體系

全球範圍內的經濟體系中，資源配置的主導方式分別為市場化配置、支配性配置以及混合型配置。

1. 市場化配置 (Market Allocation)

市場化配置體系是一種依賴消費者來配置資源的分配體系。市場靠消費者決定由誰來生產和生產什麼。市場體系可以說是一種經濟上的民主，人們有權根據自己的「錢包」來選擇購買什麼商品，而政府在市場經濟中的角色只是促進競爭和保護消費者。美國、大多數西歐國家和日本是市場經濟的典型代表。這三者的產品約占全世界產品總量的1/3。市場化配置體系在傳遞人們所需的商品和服務上具有明顯優勢。

2. 支配性配置 (Command Allocation)

支配性配置又稱中央計劃調撥，在該體系裡，政府在為公眾利益服務方面有廣泛的權利。這些權利包括生產什麼以及生產多少。消費者有權決策購買什麼，但是無法決定生產什麼。在政府操作的資源配置過程中，產品差異、廣告和促銷幾乎不起作用。中國和印度都是曾經採用過支配性配置體系幾十年的人口大國。現在兩國都在致力於經濟改革，朝著市場化配置方向大踏步前進。經濟改革無疑為全球化公司的大規模投資創造了機會，1974年被印度政府擠出當地市場的可口可樂公司在20年後再次重返印度就是一個很好的例證。

3. 混合型配置 (Mixed System)

事實上，在世界所有的經濟體中沒有純粹的市場化配置體系或者純粹的支配性配置體系。嚴格意義上講，所有的配置體系都是混合型的，只是不同配置體系中市場化配置部分和計劃配置部分的比例不同而已。在中國，2005年民營經濟在國內生產總值中的比重已經由2000年的55%增長到65%左右。

(三) 經濟發展階段

經濟學家羅斯托（Walt W. Rostow）將世界各國經濟的發展過程分為以下六個階段：

1. 第一階段：傳統社會階段

處於傳統社會階段的國家，生產力水平低，未能採用現代科技方法從事生產，人們的知識文化水平很低，大部分人為文盲或半文盲，甚至有些地方尚處在自給自足的經濟狀態中。

2. 第二階段：起飛準備階段

該階段是經濟起飛階段的過渡時期。在此階段，近代的科學技術知識開始運用於工農業生產。占人口75％以上的勞動力逐漸從農業轉移到工業、交通、商業和服務業。自給自足的社會開始轉變到開放的社會。出生率下降，投資率的增長明顯超過人口增長的水平。這一階段的主導部門有兩個：一是農業與採掘業，二是社會間接資本投資業。運輸、通信、電力、教育、保健等公共事業已開始發展，只是規模不足，不能普遍施行。

3. 第三階段：起飛階段

這一階段大致已形成了經濟成長的雛形，各種社會設施及人力資源的運用已能維持經濟的穩定發展，農業及各項產業逐漸現代化。起飛階段的必要條件是淨投資在國民收入中的比例由5％上升到10％以上。看一個社會是否進入起飛階段的標準是是否具備自我持續發展的能力，其中包括足夠的投資率、主導部門的存在和發展以及相應的和必需的社會、政治體制和結構。

4. 第四階段：趨於成熟階段

處於該階段的國家，不但能維持經濟的長足發展，而且能夠把當時的科學技術應用於大部分經濟活動中，工業向著多元化方向發展，部門結構不斷調整和優化，國際貿易呈現巨大增長，因此能夠多方面參加國際營銷活動。

5. 第五階段：高度消費階段

在這一階段，社會的注意力從供應轉向需求，主要經濟部門開始轉向生產耐用消費品和服務。實際人均收入達到較高水平，大量居民擁有相當規模的可自由支配的收入。這一階段有三個目標：一是國家追求在國外的勢力和影響；二是福利國家；三是提高消費水平。

6. 第六階段：追求生活質量階段

在這一階段，主導部門不再是耐用消費品工業，而是為提高生活質量的行業，如教育、保健、醫療、社會福利、文化娛樂、旅遊等部門。

依據羅斯托的六階段劃分，在傳統社會階段，以自給自足為主，有剩余產品才用於交換，進口的需要和可能性都不大；起飛準備階段，經濟增長較快，急需進口大量的先進技術和機器設備以實現經濟起飛，但其出口能力小，主要出口資源和勞動密集型產品，外匯收入不能滿足進口需要，因此進口的可能性小；在起飛階段，出口能力趨於成熟階段，國際交換擴大，主要進口資源密集型或勞動密集型產品，出口資本或技術密集型產品；在高度消費階段，一個國家的各種資源得到有效的配制，進口的需要和出口的能力穩定平衡地增長；在追求生活質量階段，人們不僅僅關心產品的質量

和價格，環境保護、人權等都納入關心的議程。

處於上述不同發展階段的國家，具有不同的經濟特性，代表著不同的生產和營銷體系，其顧客的需求模式也有所不同，因此企業在這些國家中所面臨的營銷機會和問題也有所不同。國際營銷者可以此為依據，將國際市場劃分成若干個不同類型，分析其特點，從而制定相應的營銷策略。

二、目標市場國的經濟環境因素

一個國家所處的經濟發展階段不同，居民收入高低不同，消費者對產品的需求不同，從而直接或間接地影響到國際市場營銷。例如，經濟發展水平較高的國家，其分銷渠道偏重於大規模的自動零售業，如超級市場、購物中心；經濟發展水平較低的國家，其分銷渠道則偏重於家庭式或小規模經營的零售業。目標市場國的經濟因素主要包括人口、消費者收入水平和購買力、消費支出模式和消費結構、基礎設施、城市化程度和自然環境。

(一) 人口

考察一個國家市場時，首先要考慮市場規模。市場是由持有貨幣且有購買慾望的人組成的，因此研究市場規模首要看人口狀況。人口的各種特徵，如人口規模、人口增長率、人口分佈、年齡結構、性別結構、家庭結構等，對市場營銷產生多方面的影響。

1. 人口規模

各國的人口規模決定著世界的潛在市場。許多產品的消費與人口直接有關。人口數量影響到市場容量、市場規模、購買力水平，也影響到生活必需品的需求。世界人口最多的 15 個國家如表 2.1 所示：

表 2.1　　　　　　　　全球人口最多的 15 個國家

排序	國　家	人口總數（人）	報告時間	占世界人口的百分比(%)
	世界總數	7,149,300,000	2014 年 3 月 12 日	100
1	中華人民共和國	1,360,720,000	2013 年 12 月 31 日	19.03
2	印　度	1,241,400,000	2014 年 3 月 12 日	17.4
3	美　國	317,677,000	2014 年 3 月 12 日	4.44
4	印度尼西亞	249,866,000	2013 年 7 月 1 日	3.49
5	巴　西	201,032,714	2013 年 7 月 1 日	2.81
6	巴基斯坦	185,869,000	2014 年 3 月 12 日	2.6
7	尼日利亞	173,615,000	2013 年 7 月 1 日	2.43
8	孟加拉國	152,518,015	2012 年 7 月 16 日	2.13
9	俄羅斯聯邦	143,700,000	2014 年 1 月 1 日	2.01
10	日　本	127,180,000	2014 年 2 月 1 日	1.78
11	墨西哥	118,395,054	2013 年 7 月 1 日	1.66
12	菲律賓	99,250,600	2014 年 3 月 12 日	1.39
13	越　南	89,708,900	2013 年 7 月 1 日	1.25
14	埃塞俄比亞	86,613,986	2013 年 7 月 1 日	1.21
15	埃　及	86,098,900	2014 年 3 月 12 日	1.20

2. 人口的增長率

人口增長率也是一個重要的因素。人口繼續增長，意味著世界市場繼續發展，市場需求總量將進一步擴大。如果人們有足夠的購買能力，人口增長就意味著市場擴大；與此同時，人口增長可能導致人均收入下降和市場吸引力降低，從而阻礙經濟的發展。

西方發達國家表現出低出生率現象。自20世紀60年代以來，「缺乏生育」（Birth Death）已取代了第二次世界大戰后的「嬰兒熱」（Baby Boom）。造成出生減少的原因是人們希望提高自己的生活水平；婦女離家出外工作的人數增多；節育知識的普及和節育技術的改善。

3. 人口分佈

人口分佈狀況對產品需求、促銷方式、分銷渠道都產生不同的影響。人口密度越大的地方，對商品的需求量就越大；相反，人口越稀少的地方，對商品的需求量就越小。例如，美國人口最稠密的地方是大西洋沿岸、五大湖邊緣和加利福尼亞沿海地區，這些地區也是美國最大城市的所在地。該地區對食物的消費相對較少，對汽車的需求量卻明顯高於其他地區，而且還是貴重皮貨、化妝品和藝術品的大量集散地。

4. 年齡結構

消費者的年齡對市場營銷來說，意味著收入的多少、家庭大小以及對商品的不同價值觀和不同需求。不同的年齡層次對商品有不同的需求，從而形成了嬰兒市場、青年人市場和老年人市場等。

5. 性別結構

男性和女性的差別，不僅給市場需求帶來差別，而且兩性的購買動機和購買行為也有所不同。由於女性多操持家務，大多數家庭生活用品經女性採購，而且兒童用品也可歸入婦女用品市場。男士則是汽車、電子產品等的主要購買者。

6. 家庭結構

一個國家或地區家庭單位的多少、家庭成員平均數量、家庭成員結構和家庭決策方式對市場需求的影響很大。近20年來，西方發達國家和一些發展中國家，非家庭住戶的迅速增加，必須引起國際營銷人員的足夠重視。非家庭住戶主要有三種形式，即單身成年人住戶、幾人同居戶和集體住戶。同時，家庭中子女數量減少，在美國將近1/2的家庭沒有18歲以下的子女，兒童用品的需求量大為減少。家庭正在向小型化方向發展，這種趨勢影響到以家庭作為消費單位的商品的市場需求，如對電視機、手錶的需求增加，對小包裝產品需求增加，對幼兒教育的投入也開始提高檔次。

（二）消費者收入水平和購買力

消費者的收入是指消費者個人從各種來源中得到的全部收入，包括消費者個人的工資、退休金、租金、贈予收入。消費者的購買力來自消費者的收入，但消費者並不是把全部收入都用來購買商品或服務，購買力只是收入的一部分。因此，在研究消費者收入時，需要注意以下幾點：

1. 國內生產總值

國內生產總值是衡量一個國家經濟實力與購買力的重要指標。從國內生產總值的增長幅度可以瞭解一個國家經濟發展的狀況和速度。一般來說，工業品的營銷與國內

生產總值有關，而消費品的營銷則與此關係不大。國內生產總值增長越快，對工業品的需求和購買力就越大；反之，則越小。

2. 人均國民收入

人均國民收入是用國民收入除以總人口的比值。人均國民收入大致反應了一個國家人民生活水平的高低，也在一定程度上決定著商品需求的構成。一般來說，人均收入增長越快，對消費品的需求和購買力就越大；反之，則越小。

3. 個人可支配收入

個人可支配收入是個人收入中扣除稅款和非稅性負擔后所得余額，它是個人收入中可以用於消費支出或儲蓄的部分，它構成實際的購買力。

4. 個人可任意支配收入

個人任意可支配收入是在個人可支配收入中減去用於維持個人和家庭生存不可缺少的費用后剩余的部分。這部分收入是消費需求變化中最活躍的因素，也是企業開展營銷活動時所要考慮的主要因素。因為這部分收入主要用於滿足人們基本生活需要之外的開支，一般用於購買高檔耐用消費品、旅遊、儲蓄等，是影響非生活必需品和勞務銷售的主要因素。

5. 家庭收入

很多產品是以家庭為基本消費單位的，如冰箱、洗衣機。因此，家庭收入的高低會影響很多產品的市場需求。一般來講，家庭收入越多，對消費品需求越大，購買力也越大；反之，家庭收入越低，對消費品的需求越小，購買力也越小。

需要注意的是，企業營銷人員在分析消費者收入時，還要區分貨幣收入和實際收入，只有實際收入才影響實際購買力。實際收入和貨幣收入並不完全一致，由於通貨膨脹、失業和稅收等因素的影響，有時貨幣收入增加，而實際收入卻可能下降。實際收入是扣除物價變動因素後實際購買力的反應。

(三) 消費者支出模式和消費結構

隨著消費者收入的變化，消費者支出模式會發生相應變化，進而使一個國家或地區的消費結構也發生變化。消費結構是指消費過程中人們所消耗的各種消費資料（包括勞務）的構成以及各種消費支出占總支出的比例關係。西方一些經濟學家常用恩格爾系數來反應消費結構的變化。這種消費支出模式不僅與消費者收入有關，還受到家庭生命週期的階段和家庭所在地點的影響。

營銷透視

恩格爾系數

早在1857年，德國統計學家恩格爾在研究人們收入增加後支出有何變化時，就已經發現：家庭收入越少，用於食物方面的費用在家庭全部支出中所占的百分比就越大；當家庭所得增加時，用於食物的支出在支出總額中所占百分比就會逐步減少。這一現象后人稱為恩格爾定律。食物支出與全部消費支出之比稱為恩格爾系數，即

恩格爾系數=用於食物的支出/全部消費支出

恩格爾系數反應人們生活富裕程度。按照聯合國的劃分準，恩格爾系數在30%以

下為最富裕，30%～40%為富裕，40%～50%為小康，50%～60%為勉強度日，60%以上為絕對貧困。

(四) 基礎設施

一國的基礎設施主要包括該國的運輸條件、能源供應、通信設施以及各種商業基礎設施。

運輸條件是指多種運輸方式（包括公路、鐵路、航空和水運）的可獲得性（Availability）及其效率。能源供應是指各種能源的可獲得性及其成本。通信設施是指各種信息傳遞媒介的發達程度及其傳遞信息的質量。商業基礎設施是指各種金融機構、廣告代理、分銷渠道、營銷調研組織的可獲得性及其效率。

以通信條件為例，各國電話、報紙、電視、廣播等信息傳遞方式的發達程度差別很大。美國每百人擁有電話78.9部，日本每百人擁有電話47.9部，巴基斯坦每百人擁有電話0.4部，尼日利亞每百人擁有電話0.2部。

(五) 城市化程度

企業進入某國市場時，需要瞭解該國的城市化程度。一般來說，城鄉居民之間存在某種程度的經濟和文化上的差異，進而導致其不同的消費行為。例如，農村居民在衣食住行方面以自給自足為主，而城市居民則主要通過貨幣交換來滿足這些需求。城市的信息傳遞媒介比較發達，受教育程度較高，思想比較開放，容易接受新事物，一些新產品和新技術往往首先在城市被接受。

隨著經濟的發展，農業人口越來越少，從事工業、商業、服務業的城市人口越來越多。世界各國城市化程度差別很大。根據世界銀行1988年的統計，英國城市人口的比重為92%，比利時為96%，荷蘭為88%，美國為74%，印度為25%，中國為22%，泰國為18%，埃塞俄比亞為15%，盧旺達為5%。

(六) 自然環境

一國的自然環境包括該國的自然資源、地形和氣候條件。企業營銷的自然環境因素是指影響企業生產和營銷的物質因素，如企業生產需要的物質資料、企業生產產品過程中對自然環境的影響等。在國際營銷過程中，企業應尋找資源豐富的地方開展國際營銷活動，利用比較優勢原理進行投資。

自然資源指自然界提供給該國的各種形式的財富，比如礦產資源、森林資源、土地資源和水力資源等。某些資源將日益短缺，森林和耕地在逐年減少。「有限又不能更新的資源」如石油、煤、鈾、錫、鋅等礦產資源正在減少。20世紀70年代石油危機爆發，每桶石油價格從1970年的2.23美元上漲到1982年的34美元。以礦產品為原料的企業的生產成本增加，競爭力下降。而新的營銷機會同時出現，如對節能設備需求的增加，積極開發太陽能、核能、風能、地熱等新能源產品和技術，用電動車取代石油為能源的汽車等。

自然資源是有限的並且不能再生，因此如何高效地利用自然資源是全世界各國越來越關注的問題，如何保護自然資源和自然環境，從而達到可持續發展成為全球發展過程中的熱點問題。因此，「綠色營銷」也已經成為市場營銷研究中一個備受矚目的新

課題。消費者態度的變化引發新的營銷策略——「綠色營銷」，即由企業開發、營銷適應環境保護主義的產品。投入「綠色」經營的企業不僅僅追求環境的清潔，而且注重防止污染，真正的「綠色」工廠要求企業實行廢物的三「R」管理，即廢物的減少（Reducing）、再利用（Reusing）、再生（Recycling）。

營銷透視

箭牌的綠色營銷

「在箭牌，可持續發展意味著通過提升人類和整個地球世世代代的福祉，來推動業務表現。」箭牌認為，將良好的環境、社會和經濟操作方式融入箭牌日常的業務決策中，才能確保對可持續發展的承諾成為箭牌行事的準則。

針對生產設施和物流，箭牌採取措施，節約能源、減少溫室氣體、水資源和廢物排放；採用更有效率的交通物流方式；利用高績效的設計，引進新的生產設施和技術，改造現有的生產設施或流程；確保外包生產合作夥伴採取可持續發展的業務操作。

目前箭牌在中國有三個工廠。箭牌上海工廠對所有的換熱器、管道和閥門加裝保溫設備，實現蒸汽系統節能，每年可以減少使用84噸油料、減少二氧化碳排放230噸。箭牌廣州工廠，通過水平衡測試，安裝、改造節水設施，每年減少水資源消耗18680噸，並通過了廣州市政府的「節水企業」審查。

箭牌益達口香糖瓶裝產品被認為是可持續包裝的典範。在國內，這種包裝更耐用、更符合可持續發展，與泡罩裝相比，採用新的包裝方式每粒產品使用的包裝材料重量減少了20%，每年共減少使用2500噸包裝材料。而且，益達口香糖包裝瓶可回收利用。由於採用了一種添入滑石粉作為「填料」的創新方法，使得塑料的使用量減少50%、瓶體重量減少了25%，而包裝效果沒有任何變化。

在與社區溝通方面，箭牌通過慈善和志願者行動支持社區，與環保合作夥伴一起推動環保事業，保護自然資源，教育和推廣「負責任的」產品使用理念，通過各種方式利用遭到棄置的包裝物和產品。

資料來源：2012中國綠色營銷top3：維他奶，時尚「輕」營銷［J/OL］。wisdom.chinaceot.com/news_dteail-classid2-7-id38480-total6-p6.htm。

第四節　國際市場營銷的科技環境

科學技術是人類在生產和科學實踐中累積起來的經驗、知識以及體現這些經驗、知識的勞動資料的總和。1948年出現晶體管淘汰了真空管，目前晶體管又被集成電路替代；合成化學技術導致合成纖維工業、合成橡膠工業、合成藥物工業和合成染料工業的發展；自動化設備和新技術的採用，促進了信息處理、自動化控製、微電子技術、激光、遺傳等新興行業不斷湧現。目前，技術進步的速度越來越快，新技術從構思、發明、實現到推廣的時間越來越短。

現代科學技術是社會生產力中最活躍的因素，它作為重要的營銷環境因素，不僅

直接影響企業內部的生產和經營，而且還與其他環境因素相互依賴、相互作用，影響著企業的營銷活動。

一、科學技術對國際市場營銷的影響

（一）科學技術的發展直接影響企業的經濟活動

在現代社會，生產水平的提高主要依靠設備的技術開發，創造新的生產工藝，新的生產流程。

（二）科學技術的發展和應用影響企業的營銷決策

科學技術的發展使得每天都有新品種、新款式、新功能、新材料的商品在市場上推出。營銷人員在進行決策時，必須考慮科技環境帶來的影響。

（三）科學技術的發明和應用可以推陳出新

科學技術的發明和應用，可以造就一些新的行業、新的市場，同時又使一些舊的行業與市場走向衰落。

營銷透視

比亞迪領先市場的秘密武器

與目前世界上風頭正勁的另外兩款電動車——採用鋰電池的日產聆風和通用雪佛蘭相比，比亞迪是唯一採用鐵電池技術的電動車生產廠家，也是目前全球唯一實現鐵電池大規模商用化的企業。日產聆風的最長行駛里程是 160 千米，完全充電則需要約 8 個小時，而雪佛蘭在純電動模式下只能行駛 40~80 千米，相比之下，比亞迪的工作人員介紹，快充只需要 10 分鐘，能達到 50%的電量，完全充電需要 2~3 個小時，能行駛 300 千米。

與鋰電池相比，鐵電池具有高容量、高安全性、低成本和綠色環保的特點。據介紹，鋰電池在高溫、擠壓的狀況下有可能發生爆炸，而鐵電池則不會。同時，鐵很容易分解，電池回收不會造成污染。尤為重要的是，鐵電池的壽命相對較長，可反覆充電 2000 次，行程 60 萬千米，基本上可與汽車壽命一致。一位受訪的業內人士向記者介紹，世界上其他純電動車的續航里程沒有能達到 160 千米以上的，比亞迪的電動車技術水平領先行業 3 年以上。

資料來源：比亞迪——綠色能源的守望者［J/OL］．http://news.cnautonews.com/2010.11.5

（四）科學技術的發展加快產品更新換代

科學技術的發展使得產品更新換代的速度加快，產品的市場壽命週期不斷縮短。複印機搶走了複寫紙的市場，汽車搶走了鐵路的乘客，電視機部分替代了電影。由於技術進步速度驚人，目前企業在產品方面更加重視小的技術改良活動。

營銷透視

變革與不斷創新的 iPhone

成立於 1976 年的蘋果公司，以「Switch」（變革）為公司口號。蘋果公司每次推出新產品，總能引起市場的變革。

蘋果公司的主要產業包括電腦硬件、電腦軟件、手機和掌上娛樂終端等方面。蘋果公司現在主要經營五條生產線，即 Mac、iPod、iPhone、iPad、iTune。蘋果的 Apple II 於 1970 年助長了個人電腦革命，其后的 Macintosh 接力於 20 世紀 80 年代持續發展。最知名的產品是其出品的 Apple II、Macintosh 電腦、iPod 數位音樂播放器和 iTunes 音樂商店，在高科技企業中以創新而聞名。如今 iPhone 的橫空出世很有可能將引發手機的新一輪革命。

iPhone 由蘋果公司首席執行官史蒂夫·喬布斯在 2007 年 1 月 9 日舉行的 Macworld 宣布推出，2007 年 6 月 29 日在美國上市，將創新的移動電話、可觸摸寬屏 iPod 以及具有桌面級電子郵件、網頁瀏覽、搜索和地圖功能的突破性因特網通信設備這三種產品，完美地融為一體。iPhone 引入了基於大型多觸點顯示屏和領先性新軟件的全新用戶界面，讓用戶用手指即可控制 iPhone。iPhone 還開創了移動設備軟件尖端功能的新紀元，重新定義了移動電話的功能。

手機智能化是移動電話市場的發展趨勢，也是蘋果公司的機會。2007 年 1 月，蘋果公司首次公布 iPhone，正式涉足手機領域。蘋果將 iPhone 定位於搭載了 iPod 功能及網絡瀏覽器的移動電話。2008 年 6 月，蘋果公司發布 iPhone 3G，軟件上的革命使其成為業界標杆。智能手機市場的原有格局在 iPhone 的衝擊下完全瓦解。

進入智能手機時代之后，手機的內涵開始發生深刻變化。通信成為其幾個核心需求之一（而不是唯一的核心需求），音樂、拍照、游戲等非通信相關的核心功能也全面排隊進入手機的核心需求。用戶開始面對一個問題：「我買手機僅僅是用來通話和發短信麼？」一旦用戶回答「NO」之後，就意味著用戶對手機的需求已經從一個通話（短信）處理工具變成一個便攜多媒體通信設備。

iPhone 興起就是這種變革最典型的例證。當你把 iPhone 拿到手後，你能強烈地感覺到這個東西與其說是帶娛樂功能的手機，還不如說是帶通信功能的娛樂機（娛樂機＝iPod＋便攜照相機＋掌上游戲機＋PDA）。手機市場原「龍頭老大」諾基亞正是在這一點上沒有把握到位，導致在智能手機市場上完全落敗於 iPhone。

資料來源：蘋果公司戰略管理分析：以產品 iphone 為例 [J/OL]. http://www.docin.com/ 2011.11.22

（五）科學技術的進步將改變人們的消費模式和需求結構

電腦、電話系統的發展推動了電視購物。打開連接各家商店的終端機，就會出現各種商品的信息，利用電話訂購，按一下自己的銀行存款帳戶的帳號，商店就會將商品送給消費者；未來社會，人們足不出戶就可以用電腦學習，完成工作和享受娛樂活動，查閱公共圖書館的各種資料，接受有關工作指令；技術進步催生了自我服務商店，由於條形碼和無人監控技術的支持，超市銷售日益發展創新。

（六）科學技術的發展為提高營銷效率提供了更新、更好的物質條件

現代計算機技術和手段的發明與運用，可使企業及時對消費者需求及動向進行有效瞭解，從而使企業營銷活動更加切合消費者需求的實際情況。美國商務部在互聯網上設立了一個電子公告，提供數百萬份有關國際貿易的資料，其中 700 多份每日更新

49

一次。該公告有20個專題，內容包括全球的最新經濟動態、經濟發展指數、金融等信息，還提供了分類商品清單等。通過互聯網也可以提供產品質量、顧客意見和其他方面的信息。市場銷售與促銷互聯網的交互性可以使企業迅速收集到產品的有關信息。

營銷透視

新的商業悸動：移動+電子商務

飛機延誤，時間怎麼打發？露西掏出手機，打開軟件，對著機場店中的商品條碼掃描，發現網店的價格遠低於標籤上的價格，立即敲擊按鍵下單。

新一輪掘金潮提前到來了——越來越多的玩家在手機、平板電腦等移動終端平臺上採購時尚商品、買電影票和支付帳單。僅「雙十一」（11月11日）當天，淘寶商城手機版交易額就突破1.5億元；凡客誠品每天來自手機平臺的成交量在1.5萬單左右；京東商城手機下單日交易額已達200萬元。如果沒有大的意外，新獲香港鼎信集團巨額註資的廣東巨群公司將於新年元旦上線的基於互聯網移動化引擎（W2M）模式的拍購網短期內便可吸納超百萬移動電子商務用戶。

據中國電子商務研究中心統計，2010年中國移動電子商務實物交易總額高達26億元，同比增長370%。而到了2011年第三季度，艾瑞諮詢最新數據顯示，中國手機電子商務交易規模已飆升至37.7億元，同比增長508.1%。移動電子商務現在已成為現實，並且增長迅猛。

一個更具財富可想像空間的數字是，中國目前已有9億手機用戶，相信當中很大一部分會轉化成移動電子商務用戶。如果使移動購物的操作方法更加簡單的話，艾瑞預計，2012年中國移動電子商務用戶有望達到2.5億。

2011年以來，京東商城iPhone客戶端上線；凡客誠品推出了手機客戶端和手機網站；手機淘寶開放平臺正式宣布推出；敦煌網、蘭亭集勢、易唐網等外貿網站也已推出了移動商店和移動應用程序。

效果異常明顯，「很多人在乘車上班過程中，看到手機的促銷郵件後，敲擊按鍵進行交易。」一家知名電商服飾產品營運總監顧清告訴南都記者，很多網站的20%的銷售額已經開始通過手機平臺完成。

一時間，每個涉足電商的公司都聲稱，它們在移動電子商務上取得了突破性的進展。但是，「僅將電子商務從WEB（網頁）頁面搬到WAP（無線應用協議）頁面或者智能手機客戶端，讓用戶從操作電腦簡單變化成使用手機，這不是移動電子商務的根本目的。」廣東巨群公司首席執行官黃瑜告訴南都記者：「安卓（Android）跟蘋果互掐，WP7也來湊熱鬧，每個平臺都由自己開發系統，不是一般電商能玩的，更加專業的技術支持是必要的。因此，凡客、淘寶之類的手機客戶端應用更多的是戰略性佈局，不是業務重點。」

資料來源：肖昕. 京東凡客等佈局移動購物 中國目前9億手機用戶［N］. 南方都市報，2011-12-30.

二、互聯網技術與國際市場營銷

(一) 互聯網技術

互聯網是一種計算機交互技術，是高科技的產物。互聯網具有全球性、海量性、開放性和交互性的特點。互聯網作為跨時空傳輸的「超導體」媒體，能夠克服營銷過程中的時空的限制，可以為市場中所有顧客提供及時的服務，同時通過互聯網的交互性可以瞭解不同市場顧客的特定需求並有針對性地提供服務，互聯網可以說是營銷中滿足消費者需求最具魅力的營銷工具之一。互聯網將同以滿足市場需求為目標的 4P（產品、價格、渠道、促銷）和以顧客為中心的 4C（顧客、成本、方便、溝通）相結合對企業的營銷產生深刻影響。

近年來，國際互聯網在全球範圍內獲得飛速發展，其應用範圍已從單純的通信、教育、信息查詢和學術交流向更具效益的商業領域擴展。據美國國際數據集團（IDG）最新調查，家庭用戶、商業用戶已成為互聯網的主要使用者，研究人員和科學家等早期用戶的比例已下降到目前用戶人數的 12%。開發和運用互聯網的商業功能，已成為當今國際經濟競爭的焦點。網上商機無限，如何利用互聯網發展企業已成為國內外大中小公司最關心的問題，互聯網正在給企業創造越來越多的商業機會。

(二) 網絡營銷

網絡營銷是 21 世紀最有代表性的一種低成本、高效率的全新商業形式，是以互聯網為核心平臺，以網絡用戶為中心，以市場需求和認知為導向，利用各種網絡應用手段去實現企業營銷目的一系列行為。雖然網絡營銷以互聯網為核心平臺，但是也可以整合其他的資源形成整合營銷，比如銷售渠道促銷、傳統媒體廣告、地面活動等。互聯網擁有其他任何媒體都不具備的綜合營銷能力，網絡營銷可進行從品牌推廣，到銷售，到服務，到市場調研等一系列的工作，包括電子商務、企業展示、企業公關、品牌推廣、產品推廣、產品促銷、活動推廣、挖掘細分市場、項目招商等方面。這裡所指的網絡不僅包括互聯網（Internet），還應該包括外聯網（Extranet）和內聯網（Intranet），即應用互聯網技術和標準建立的企業內部信息管理和交換平臺。

第五節　國際市場營銷的社會文化環境

社會文化是指一個社會的民族特徵、價值觀念、生活方式、風俗習慣、倫理道德、教育水平、語言文字、社會結構等的總和。社會文化主要由兩部分組成：一是全體社會成員所共有的基本核心文化；二是隨時間變化和外界因素影響而容易改變的社會次文化或亞文化。社會文化因素通過影響消費者的思想和行為來影響企業的市場營銷活動。因此，企業在從事市場營銷活動時，應重視對社會文化的調查研究，並制定適宜的營銷決策。

一、文化及社會文化的含義

文化是人類在社會歷史發展過程中所創造的物質財富和精神財富的總和，包括知識、價值觀、倫理道德、宗教、藝術、風尚習俗等。

在英國，被稱為「人類學之父」的愛德華‧B. 泰勒（Eadward B. Tyler）於 1971 年在其代表作《原始文化》中給文化下的定義是：文化是一個複合的整體，其中包括知識、信仰、藝術、道德、法律、風俗以及作為社會成員而獲得的其他方面的能力和習慣。

羅伯克‧西蒙茲（Robock Simmonds）於 1989 年提出的文化定義是：文化是指一個社會規定人的行動的社會規範及樣式的總的體系。管理學教授杰爾特‧霍夫施耐德把文化稱為「大腦的軟件」，認為文化是人類思想和行為的指南，是解決問題的工具。

社會文化是行為準則、生活方式的總稱，是指人們在一定環境中成長和生活，久而久之形成的行為準則和生活方式的總稱，包括風俗習慣、社會風尚、文化教育等。

作為重要營銷環境的文化具有以下特徵：

（1）文化是學而知之的，文化非遺傳之物，而是由人們后天學習獲得的；

（2）知識、信念、道德、習慣和其他各種文化要素構成相互聯繫、大小各異的總體；

（3）文化是由特定社會集團成員具有理智的行為特徵所構成，不同社會的文化具有差異性；

（4）文化是不斷演進的。

狹義的文化環境包括語言、宗教、社會組織、美學觀念、教育、價值觀念。廣義的文化環境包括所有的宏觀環境因素。

文化差異會為營銷活動的開展帶來困難，但並不是所有的營銷活動都需要通過文化變革才能被接受。實際上，許多成功的、極具競爭性的營銷是通過「文化適應戰略」而完成的。就其本質而言，是用一種盡量適合現存文化的「改良措施」推進「類似產品」的滲透。

在眾多環境中，文化環境是影響國際營銷的核心因素。

第一，文化滲透於營銷活動的各個方面。產品要根據各國文化特點與要求設計，價格要根據各國消費者不同價值觀念及支付能力定價，分銷要根據各國不同文化與習慣選擇分銷渠道，促銷則根據各國文化特點設計廣告。

第二，國際營銷者的活動又構成文化的一個組成部分，其活動推動著文化的發展。國際營銷者的活動既適應了文化又創造新文化，如創造新需求、新的生活方式等。

第三，市場營銷成果的好壞受文化的裁判。消費者對產品接受與否，均是其文化意識的反應。從營銷實踐來看，重視文化環境分析的營銷者往往可以獲得成功，否則多數面臨失敗。

文化不是靜止的，而是運動變化的。適應一國的文化，說起來容易，做起來卻非常困難。這是因為文化環境能在根本上影響人們對世界的看法和社會行為，即人們的行為無時不存在一種自我參照準則。當我們進入異域文化時，自我參照準則就會發生

作用。每一種文化都是獨一無二的，在國際市場營銷中我們應該記住一句話：「文化沒有對與錯、好與壞之分，只有差異。」

二、國際市場營銷的社會文化環境的構成

(一) 語言文字

語言文字是人類交流的工具，是文化的核心組成部分之一。不同國家、不同民族往往都有自己獨特的語言文字，即使同一個國家也可能有多種不同的語言文字，即使語言文字相同，表達和交流的方式也可能不同。語言是文化的鏡子。生活在北極的愛斯基摩人描述雪的詞彙十分豐富，而在阿拉伯語中，有 3000 多個詞彙用來描述駱駝，充分說明駱駝在阿拉伯民族中的重要性。中國的英文單詞 China 原意是瓷器的意思，該詞彙實際上是 Chin 的變形，而 Chin 是中國第一個統一的封建王朝「秦」的發音。

語言差異對國際營銷決策的影響，主要表現在信息溝通和翻譯兩個方面。

1. 信息溝通問題

企業進行跨國界經營活動，必然要與國外的政府、顧客、中間商、雇員等各方面進行溝通，特別是與顧客的溝通。要瞭解顧客的需求，向顧客介紹企業和產品，說服顧客購買。在這個過程中，如果營銷人員能夠熟練使用顧客的母語或顧客熟悉的語言，就能增加對顧客的說服力和影響力。

在掌握口頭語言的同時，還要掌握體態語言的差異。目前世界通行語言是英語，超過 5500 萬人使用的語言有：漢語、英語、法語、西班牙語、俄語、阿拉伯語、世界語。

2. 語言之間的翻譯問題

在企業的國際營銷過程中，廣告（Advertising）、產品目錄（Categories）、產品說明書（Description）、合同（Sales Confirmation）、牌號和談判工作都涉及語言翻譯問題。在完成兩種語言的翻譯時，必須考慮外國和本國語言文化方面的差異。

例如，美國通用汽車公司的 Nova 牌汽車，在西班牙語中的意思是「不走」，這樣品牌的汽車在原來是西班牙殖民地的那些拉丁美洲國家中就難以銷售；美國的軟飲料產品 Coca Cola，20 世紀 20 年代初期，當該種產品剛進中國市場時，翻譯成「口渴口蠟」，后來才翻譯成「可口可樂」；中國的白象牌汽車配件，按照字面翻譯為「White Elephant Auto Parts」，而「White Elephant」在英語中的意思是「廢物」。

在翻譯商標和廣告時，必須注意瞭解各種文字在表達上的特點、忌諱、隱喻等。為了防止忌諱和各種可能的隱喻，最好使產品名稱在世界各地都能發音，而且沒有具體的含義。例如，柯達（Kodak）、埃克森（Exxon）就是兩個成功的商標。企業在開展市場營銷尤其是國際市場營銷時，應盡量瞭解目標市場國的文化背景，掌握其語言文字的差異，這樣才能使營銷活動順利進行。語言是人類進行信息溝通的方式，語言反應了一種文化的實質和價值觀。要瞭解一種文化，應首先瞭解該文化中的語言。

(二) 教育水平

教育水平是指消費者受教育的程度。一個國家、一個地區的教育水平與經濟發展水平往往是一致的。不同的文化修養表現出不同的審美觀，購買商品的選擇原則和方

式也不同。因此，教育水平的高低影響著消費者的心理、消費結構，影響著企業營銷組織策略的選取以及推廣方式、方法的差別。另外，企業的分銷機構和分銷人員受教育的程度，也對企業的市場營銷產生一定的影響。

在受教育程度高的國家，人們的文化素養比較好，在進行高檔文具、藝術品和樂器的營銷過程中，教育普及程度就是較好的市場細分標準。

受教育程度高的國家，產品的複雜程度比較高，技術性能比較高，著重文字說明，產品包裝上的文字以及產品目錄和產品說明書等要求比較詳細。

受教育程度比較高的國家，消費者對商品的鑑別能力強，容易接受廣告宣傳和接受新產品，購買的理性強度高。這有利於利用報紙、雜誌做廣告宣傳。在受教育程度比較低的國家，更加強調電視廣告、無線電廣告和做現場示範廣告。

（三）價值觀念

價值觀念是人們對社會生活中各種事物的態度、評價和看法。不同的文化背景下，人們的價值觀念差別是很大的，而消費者對商品的需求以及購買行為深受其價值觀念的影響。不同的價值觀念在很大程度上決定著人們的生活方式，從而也決定著人們的消費行為。因此，對於不同的價值觀念，企業的營銷人員應採取不同的營銷策略。對於樂於變化、喜歡獵奇、富有冒險精神、較激進的消費者，應重點強調產品的新穎和奇特；對一些注重傳統、喜歡沿襲傳統消費習慣的消費者，應重點強調產品的耐用、實用和安全性能等。企業在制定促銷策略時應把產品與目標市場的文化傳統聯繫起來。

不同國家、不同民族、不同宗教信仰的人，在價值觀上有明顯的差異。就時間觀念來說，不同的國家，各不相同。日本人、德國人與美國人一樣，十分強調時間觀念，認為「時間就是金錢」、「今天能做的事不要拖到明天」；拉丁美洲、中東地區人的時間觀念比較差，一般不能按時赴約。時間觀念不同的國家，消費需求也不相同。時間意識比較強的國家對快餐、快速攝影、成衣、電動剃鬚刀、速溶咖啡需求量比較大，辦事效率比較高。

美國人比較重視決策效率，日本比較重視實施效率。美國重視個人的作用，強調權威，因而決策往往自上而下、由個人或少數領導者做出，決策過程相對簡單、迅速。日本人強調團體合作、集體決策、參與決策，強調意見統一，認識一致，因而決策過程往往花費較長時間。但是，日本人的實施效率很高，很多實施者都參與了決策過程。而美國的企業決策是少數人做出的，實施者多不參與決策，因此對決策的實質領會不深。

（四）宗教信仰和風俗習慣

宗教屬於文化中處於深層次的東西，對人的信仰、價值觀和人生態度的形成影響很大。例如，佛教強調「人生在世，一切皆苦」，造成苦的原因是「業」（由慾望而引起的行為）和「惑」（對佛教意理的無知），因此佛教要求教徒禁止各種慾望。

不同宗教信仰有不同的價值觀和行為準則，影響著人們的消費行為，帶來特殊的市場需求，與企業的營銷活動有密切的關係。在阿拉伯世界，宗教是大多數人的全部生活方式，無論多麼重要的生意，在齋月也不能進行；在許多基督教國家，聖誕節前一個月，居民除了購買食品外，還要大量購買生活用品，如家具、服裝、裝飾品、禮

品和節日特殊用品，一旦過了節日，市場需求會大幅下降。

不同的宗教信仰有不同的文化傾向和戒律。例如，印度教不吃牛肉，連與牛相關的產品也不使用。因此，企業應充分瞭解不同地區、不同民族、不同消費者的宗教信仰，避免觸犯宗教禁忌，失去市場機會，同時開發適合其要求的產品，制定適合其特點的營銷策略。

風俗習慣是人們根據自己的生活內容、生活方式和自然環境，在一定的社會物質生產條件下長期形成並世代相襲而成的一種風尚，由於重複、練習而鞏固下來並變成需要的行動方式的總稱。風俗習慣在飲食、服飾、居住、婚喪、信仰、節日、人際關係等方面，都表現出來獨特的心理特徵、倫理道德、行為方式和生活習慣。

不同的國家、不同的民族往往有不同的風俗習慣。不同的風俗習慣對消費者的消費嗜好、消費模式、消費行為等具有重要的影響。企業營銷者應瞭解和注意不同國家、不同民族的消費習慣和愛好，做到「入鄉隨俗」。可以說，這是企業做好市場營銷尤其是國際市場營銷的重要條件。

不同的國家、民族對圖案、顏色、數字、動植物等都有著不同的喜好和不同的使用習慣。例如，英國人忌用大象、山羊做商品裝潢圖案；中國、日本、美國等國家的人對熊貓特別喜愛，但一些阿拉伯人卻對熊貓很反感；墨西哥人視黃花為死亡，紅花為晦氣而喜愛白花，認為可驅邪；德國人忌用核桃，認為核桃是不祥之物；南亞有一些國家忌用狗做商標；新加坡華人很多，因此對紅、綠、藍色都比較喜好，但視黑色為不吉利；伊拉克人視綠色代表伊斯蘭教，但視藍色為不吉利；等等。

（五）審美觀

美是一種高層次的人類心理需求，是關於美、審美認識的觀念，是文化的重要組成部分。在不同的文化環境中，美有不同的評價標準，人的審美活動如對數字、色彩、圖案、形體、運動、音樂旋律與節奏、建築式樣等藝術表現形式的喜好和忌諱，對產品設計和營銷有很大影響，是營銷活動的重要工具，

國際企業的產品設計有兩種策略：第一，標準化的產品策略。將產品原封不動的進入國際市場。第二，多樣化策略。在不同的國家採用不同的產品策略。例如，上海絲綢請日本服裝師設計絲綢時裝進入日本市場，在美國則選擇從唐人街進入美國市場。產品的式樣、設計風格是產品審美功能的重要組成部分，產品設計應該符合東道國目標顧客的審美情趣，依據營銷環境的審美觀來設計產品和包裝、廣告，進行工廠和店鋪布置。

營銷透視

豐田汽車的音樂營銷

播放著節奏輕快的鄉村音樂，開著卡車行駛在鄉村公路上，這對於美國的卡車司機來說是最熟悉不過的情景。對於豐田汽車來說，這無疑會使其非常振奮，因為對於豐田汽車來說，這是一個再好不過的切入點，可以以此直接深入目標客戶群。

人們通常習慣的搭配是香車配美女，然而豐田汽車的一個決定卻顯得有點與眾不同——豐田汽車宣布與美國著名的鄉村音樂二人組合布魯克斯和鄧恩（Brooks & Dunn）

合作，目的是推廣豐田汽車旗下的一款載貨卡車。

「搭鄉村音樂風賣卡車」

豐田汽車此舉是有著特定考慮的，鑒於美國汽車市場競爭的激烈性，為了尋求載貨卡車產品在市場上的突破，豐田汽車決定通過音樂之路開創新局面，並實現這項為期兩年的對美國著名鄉村音樂二人組合的贊助，這支雙人組合樂隊是鄉村音樂最熱賣的樂隊之一。

對於美國文化，豐田汽車瞭解得可謂非常深入——卡車或貨車司機的主要行駛範圍多是鄉村公路，而鄉村音樂必然成為他們漫長路途中賴以解乏、放鬆之不可缺少的伴侶。豐田汽車從此處入手，就是要從情感上、精神層面上打動消費者——聽著豐田汽車贊助的樂隊的音樂，開著豐田汽車，是多麼愜意的感覺。

實際上，豐田汽車的這個做法是在討好美國的載貨卡車買家。美國的載貨卡車買家仍然對傳統的三大汽車公司，即通用汽車公司、福特汽車公司和克萊斯勒汽車公司有著強烈的忠誠度，他們對本土以外的汽車持排斥態度。豐田汽車從音樂角度入手，則是希望能夠避開他們的反感情緒，甚至引起他們的好感。豐田載貨卡車類的廣告經理史蒂夫·杰特(Steve Jett)則說：「事實上我們完全是在美國生產的這種卡車，由美國人製造、為美國人製造。我真的認為，這個舉動確實能夠打動、吸引美國那些在對載貨卡車有需求的人。」

事實上，這並不是豐田汽車首次通過鄉村音樂的途徑來進行品牌營銷。早在2001年，豐田汽車就已經對澳大利亞塔姆沃思（Tamworth）久負盛名的鄉村音樂節提供資助。該音樂節約有2600場現場表演，分佈於120個場地。豐田汽車對其中的多個小型現場音樂會以及頒獎典禮的多個獎項進行了冠名，無疑大大提高了知名度以及認知度。最重要的是，豐田汽車還在現場展示了幾款在澳洲鄉村特賣的車型，即將發售的最新車型也被展示了一次。

回顧豐田汽車海外市場上的營銷舉措，我們發現，與音樂聯繫的事件不在少數。事實上，豐田汽車通過此舉，不僅加速融入了當地的文化，而且為自身的品牌尋找到一個巧妙的營銷切入點，這與豐田汽車在海外市場上的成功，密不可分。

資料來源：豐田汽車的音樂營銷［J/OL］. http://finance.sina.com.cn/.

（六）社會組織

社會組織（Social Organization）又稱社會結構，是一個社會中人與人發生關係的方式，它確定了人們在社會上所扮演的角色以及人們的權責模式，可分為親屬關係和社會群體兩大類。社會組織屬於市場營銷的亞文化群，不同的社會組織對企業營銷有不同的影響。

在對社會組織的考察中，分析社會階層、家庭規模和特點、婦女的角色和地位、群體行為等對國際市場營銷活動的開展很有意義。

社會階層（Social Stratum）是一個社會具有相對同質性和持久性的群體，按等級排列，同階層成員具有類似的價值觀、興趣愛好、行為方式乃至產品偏好和品牌偏好，同階層成員經濟收入、購買力也相似。

家庭的作用在不同的社會中具有差異，親屬關係（Relative）是社會組織最基本的組成部分。農業社會的家庭是最重要的社會中心，為家庭成員提供衣食住行、教育、文化傳承。濃厚的家庭觀念使家庭成員之間聯繫緊密，購買決策以家庭為主，家庭成員的消費受家庭的影響很大。

相關群體（Relative Group）是與消費者具有社會關聯的親友、同學、同事、鄰里等，因相互之間有觀念、愛好等方面的影響，在生活方式、消費習慣等方面形成了一些各自的特點。因此，需要營銷者深入瞭解和分析這些特點，並採取有針對性的營銷措施。

與共同區域相類似的是特殊利益集團，它是社會中因職業、政治、宗教、愛好等的共同點而形成的不同特殊利益集團，他們對產品及服務會有一些共同性的要求。針對這類特殊利益集團也要採取相應的營銷措施，以期取得預期的營銷效果。

營銷透視

晉商與徽商

中國商人大多起源於鹽商，晉商也是起源於鹽商，因為古代普遍沒有鹽的提煉技術，而山西有一處鹽田，幾乎接近於自然結晶，這是晉商最早形成商業傳統的起源。但是我們現在說的晉商是指明清時代的晉地商幫。中國明清時代有十大商幫，晉、徽、魯、閩、粵、陝、浙、江右、龍曲和洞庭商幫。其中，晉商為首，其次是徽商。

晉商先起，但它的衰落比徽商晚。明朝因為與北部蒙古經常發生衝突，所以從遼東到甘肅設立了「九邊」（相當於軍區），駐軍80多萬人，這就需要有大量的軍需供應。明洪武三年（1370年），明朝實行「開中制」，就是由商人把糧食運到邊關，換取鹽引，因為鹽和鐵是朝廷專辦，鹽引就相當於朝廷給予的經營許可證，晉商在向邊關販運糧食中，形成了壟斷鹽業的商幫。明代晉商幾乎壟斷了鹽業，到明末，朝廷又實行了一種「折色制」，商人可直接用銀子換鹽引，同樣擁有資金的徽商取代了晉商的壟斷地位。清嘉靖年間，鹽制改革，經營鹽的權力放開了，徽商就開始衰落，還有一場天災也加速了這個衰落，乾隆年間有一場大火，燒毀了徽商大批的商船和貨物，更讓徽商一蹶不振。而晉商從道光初年就開始多種方式經商，包括開票號，並且在存放款業務之上又加入了異地匯兌。清代全國有51家票號，其中43家是晉商的，41家就集中在祁縣、平遙和太谷。這些票號的衰敗另有原因，是在辛亥革命之後。

晉商與徽商比較，晉商更有制度建設。晉商有股份制，而且很早意識到所有權與經營權的分離，東家和大掌櫃各司其職，還有電視劇裡講到的頂身股，這些激勵制度在徽商當中幾乎都不存在，這是晉商強大的一個很重要原因。晉商和徽商還有一個區別，即徽商通常是以家族為組織紐帶，他們有一句話叫「用親不用鄉」，晉商則以地域關係為紐帶，他們是「用鄉不用親」。

徽商用親，出於維繫家族的需要，必須從觀念上強調傳統，因此非常樂於做傳統文化的傳播和研究，徽商刻印的書籍在明清兩代都是書行中的精品，儒學裡的經學在安徽非常發達，新安畫派也生長在那裡。徽商非常重視子弟教育，在徽商家族中出過大批進士、狀元。在這一點上，徽商和晉商比起來就更多了一些官商色彩。晉商中當

然也有張四維這樣做到首輔的高官，甚至有範永門這種被清朝封為皇商的，但這種情況在晉商中並不普遍。徽商的主體基本上可以說是官商。例如，乾隆年間的大學士曹振鏞，他家是數代為商，同時數代為官，在家族內部形成官商結合。

中國歷史上這兩大商幫代表的是同一種傳統觀念，本質上晉商是純粹的商人，但因為商人在傳統中地位不高，所以他們在處世和生活中都相當低調、不張揚。而徽商通常是在商言文，目的不在經商，而是讀書、做官，這還是儒家的思想。徽商發展了傳統文化，而晉商一方面謹守傳統文化，同時他們也能出於商業需要做一些開創性的事情。

資料來源：對比徽商說晉商[J/OL]. http://culture.people.com.cn/.

三、國際營銷活動中的商業習慣

一個國家的商業習慣與該國的文化是密切相關的，猶如語言一樣，商業習慣也是文化環境的組成部分。由於東道國的文化在商業活動中肯定會占據支配地位，使得各國的商務慣例在接觸級別、交流方式、談判重點、商業禮節和道德標準等方面存在極大的差異。因此，在開展國際市場營銷之前，營銷者必須對目標市場國家的商業習俗有所瞭解。

（一）接觸級別

各個國家的商業習俗不同接觸的級別也不同。例如，在歐洲和阿拉伯國家，經理人員的權威很大，因此談判接觸往往在較高層次進行。美國則不同，許多企業給管理的下層委託授權較多，因此營銷人員有可能接觸到中下層經理。

遠東地區文化強調合作與集體決策。在這些國家，與營銷人員打交道的不是個人而是集體。此時頭銜或職位很重要，許多公司不允許以個人名義簽發信函。在地中海地區情況正好相反，聯繫可以與直接負責事情的本人進行，而不是與一個官員或有頭銜的人接洽。

（二）交流方式

語言是市場營銷人員交流的基本工具。然而，有些人連一種語言的粗淺含義都沒法理解，更談不上對態度和傾向性意圖的理解。大概沒有任何語言能夠輕而易舉地被譯成另一種語言，而且不同的語言詞義概念又相差甚遠。日本人不願意用日語寫合同，喜歡用英語寫合同，除了其他原因外，是因為日語在語義上有些含混，不太具體。

語言交流無論多麼不準確，還是能表達出一定的意思。但是，商業中大部分交流信息不是用語言表達的，而是隱含在其他交流信息中，如無聲語言、肢體語言等。

（三）禮節與效率

為人隨和、不拘小節似乎是美國人的行為習慣，但這種表面上的隨隨便便並不等於工作馬馬虎虎。一名英國經理這樣評價過美國人：「在雞尾酒會或晚宴上，美國人還在上班。當他們發現某人的談吐和想法很重要時，會很快記錄下來，以備后用。」

急於想成功的營銷人員必須學會控製自己的心理。拉丁美洲的商人很講究友誼，即使如此，他們也不願意把經營同個人生活扯在一起。相反，日本人喜歡把工作與個

人生活結合起來。他們很有禮節，時而談生活，時而談工作，慢條斯理，常常使美國人和歐洲人失去耐心和冷靜。

（四）談判風格

美國人的商業文化特點是坦率、自信、熱情、真摯、性格外露、講究效率、喜歡直截了當地進入談話主題，並且喜歡不斷地發表自己的見解，力圖說服對方，注重實際，追求物質上的實際利益。美國人的法律意識很強，在商務談判中非常注重法律、合同。在日本，商界是最注重謙恭的。日本人在談判中有時不能坦率、明確地表態，常使對手產生含混不清、模棱兩可的印象甚至誤會。

（五）企業道德

道德隨著社會環境的變化而有所不同，即使在同一國家內，也沒有明確的道德標準和共同的參考依據。商業道德在國際市場上更為複雜，在一個國家被認為是正當的事情，在另一個國家可能完全不被接受。例如，饋贈禮品是世界上大多數國家都認可的行為，而在美國就不流行，甚至還會遭到譴責。禮品變為賄賂又是另外一種問題。世界各國都在試圖區分禮品與賄賂之間的關係，簡單的辦法是規定一個金額範圍，但這也難以界定。

復習題

1. 國際市場營銷環境對企業的重要性體現在什麼地方？國際市場營銷的構成包括哪些內容？
2. 國際市場營銷的政治法律環境包含哪幾個層次？
3. 政治風險分為哪幾種？如何防範政治風險？
4. 解釋市場化配置體系、支配性配置體系和混合型配置體系的區別。
5. 在目標市場國中，對企業的國際市場營銷產生影響的經濟因素有哪些？
6. 科技對於營銷活動帶來了哪些影響和改變？
7. 什麼是文化？社會文化環境的構成包括哪些方面？
8. 為什麼說文化因素是國際營銷的核心因素？
9. 舉例說明語言與國際營銷溝通的關係。

思考與實踐題

1. 選擇一個國家作為例子，分析它的政治法律環境，探討如何減少在該國從事國際市場營銷活動的風險。
2. 選擇一家在中國經營的國際企業，分析它是如何利用中國特定的社會文化環境因素來設計和開展營銷活動的。

案例分析

可口可樂的中國化

1886年5月8日,藥劑師彭伯頓(Pemberton)在美國佐治亞州亞特蘭大市家中后院調製出新口味糖漿,並拿到當時規模最大的雅各(Jacob)藥房出售,每杯0.5美元。百忙之中,助手誤把蘇打水與糖漿混合,卻令顧客讚不絕口。至此,彭伯頓的新產品終於誕生了!彭伯頓的合夥人之一———弗蘭克·魯濱遜為該產品想出了「可口可樂」這個名字,該產品也於1887年6月16日的廣告中第一次使用了今天大眾熟悉的斜體字形。1892年,艾薩·坎德勒(Asa G.Candler)用2300美元取得可口可樂的配方和所有權,並成立了可口可樂公司。1919年,可口可樂公司被一個亞特蘭大的財團收購。1923年,伍德瑞夫(Woodruff)擔任可口可樂公司的總裁,開啓可口可樂公司的另一個重要新紀元。

至今,可口可樂公司已有將近120的歷史,是全球最大的飲料生產及銷售商,擁有全世界最暢銷的五種飲料中的四種,即可口可樂、健怡可口可樂、雪碧和芬達。可口可樂公司旗下的產品超過100種。有數據顯示,目前全世界近200個國家和地區的消費者每日享用超過10億杯可口可樂公司的產品,可口可樂的品牌已深入人心。正如可口可樂公司創始人艾薩·坎德勒所言,「假如可口可樂公司所有財產在今天突然化為灰燼,只要我還擁有『可口可樂』這塊商標,我就可以肯定地向大家宣布:半年後,市場上將擁有一個與現在規模完全一樣的新的可口可樂公司。」

可口可樂的品牌成功秘訣何在?重要原因之一就是其國際化經營中的本土化戰略。如今的可口可樂已經成為一種全球性的文化標誌,但是在風靡全球的同時,可口可樂公司仍然保持著清醒的頭腦,沒有固執己見地一味傳播、銷售美國觀念,而是在不同的地區、文化背景、宗教團體和種族中實施分而治之的策略,比如可口可樂公司「Can't Beat That Feeling」的廣告口號,在日本改為「我感受可樂」(I Feel Cola),在義大利改為「獨一無二的感受」(Unique Sensation),在智利又改成了「生活的感覺」(The Feeling of Life)。廣告信息始終反應著當地的文化,在不同時期有不同的依託對象和顯示途徑、生成方式,無一不是隨著具體的時空情境來及時調整自身在文化形態中的位置。換言之,可口可樂公司的本土化隨處可見。

剖析可口可樂公司在中國的迅速發展,也能再一次印證本土化經營為跨國公司的發展插上翅膀的作用。作為可口可樂公司在中國成立的第一家合資企業———北京可口可樂飲料有限公司,其20余年的發展歷程就是可口可樂公司在中國本土化策略的一個縮影。

對可口可樂公司而言,1979年1月24日是一個載入史冊的日子,這一年中美建交,也正是在這一年,3萬箱可口可樂從中國香港輾轉運往北京、上海及廣州的大商場和賓館,可口可樂公司在中國內地的戰役開始打響。1981年,由可口可樂公司提供設備的第一個灌裝車間在北京豐臺建成。此後12年間,可口可樂公司一直在特許灌裝和

直接投資等領域尋求與中國國內的業務合作機會。1993年，可口可樂公司與原輕工業部簽署合作備忘錄，提出了一個基於「真誠合作，共同發展」原則的長期發展規劃。20世紀90年代初，曾風靡全國的天津「津美樂」和上海「雪菲力」汽水就是最早打下可口可樂公司系列飲料本地化烙印的品牌。1996年，面對非碳酸飲料年銷售額增長將近20%的誘人前景，可口可樂公司首次推出為中國市場研製的「天與地」果汁和礦物質水品牌。1997年8月，果碳酸飲料品牌「醒目」問世。在可口可樂公司全球的產品中，有1/4只在亞洲銷售，而「天與地」系列產品和「醒目」等飲料則專為中國市場研製。

可以說，可口可樂公司的本土化包括各個方面，從工廠、原料、人員到產品、包裝、營銷，99%都是中國的。無論是玻璃瓶還是易拉罐，從濃縮液到二氧化碳、糖，甚至含量極小的檸檬酸，都打下了中國製造的烙印。在老對手百事可樂公司大行國際化路線時，可口可樂公司卻將自己的產品打扮得越來越「國粹」。從1999年開始，可口可樂公司利用中國傳統節日——春節大做文章，從喜氣洋洋的「大阿福」、12生肖卡通罐到奧運金罐和茶系列飲料的面世，可口可樂公司努力地拉近與中國人的距離。同時，可口可樂公司的廣告設計採取紅底白字，書寫流暢的白色字母在紅色的襯托下有一種悠然的跳動之感，既充分體現了液體的特性，又流露出中國傳統紅色的喜慶氣氛。此外，可口可樂公司讓中國本土明星作廣告宣傳，不但貫徹了本土化的思想，而且還從明星的年輕活力中抓住了主要消費群——年輕人。總體而言，可口可樂公司在中國展開了一系列的公關活動，從體育、教育、文化娛樂、環保到樹立自己良好積極納稅人形象，通過為北京申奧製作「申奧金罐」以及簽約「中國隊」、押寶「衝擊世界杯」等與中國人融在一起，通過捐款捐書、興建希望小學、資助大學特困生、創立大學生獎學金、援手教育項目等活動爭取社會好評……

在國內諸多企業轟轟烈烈地開展「洋務運動」時，眾多國際品牌卻在中國市場放下身價，使用各種方法拉近自己與中國消費者之間的距離，塑造自己富有親和力的品牌形象。零點遠景投資授權零點指標數據網在2003年年底發布的一項國際品牌親和力的主題調查結果顯示：雖然企業中高層管理人員認為對中國最友好的國際品牌數目眾多且分佈廣泛，但在中國土壤上耕耘時間長且本土化程度高的國際品牌最能夠獲得國人好感，其中可口可樂位居第三名。可口可樂公司將自己打扮得越來越「國粹」，為了符合中國消費者審美觀，甚至對已經用了20年的商標進行更改，採用了全新設計的中文商標。

一位美國的經濟專家指出：美國公司海外業務的成敗取決於是否認識和理解不同文化存在著的根本區別，取決於負責國際業務的高層經理們是否願意擺脫美國文化過強的影響。事實證明任何成功的營銷經驗都是地域性的，營銷越是國際化，就越是本土化。

本土化思維、本土化營銷，促使可口可樂越來越成為中國的可口可樂。

資料來源：陳林. 解讀可口可樂在中國的本土化戰略[J]. 當代經濟，2006（9）.

討論題

1. 通過本案例，請歸納總結可口可樂中國化的戰略包括哪些方面？

2. 你如何理解可口可樂公司創始人艾薩·坎德勒所言「假如可口可樂公司所有財產在今天突然化為灰燼，只要我還擁有『可口可樂』這塊商標，我就可以肯定地向大家宣布：半年後，市場上將擁有一個與現在規模完全一樣的新的可口可樂公司。」

3. 針對中國飲料業的市場環境，你能否為可口可樂公司提出其他具有操作性的本土化策略。

案例分析二

全球化還是多國化？

　　從營銷角度來說，營銷計劃應根據每一個目標顧客群體的獨特需要而量身定做，這樣才能更為有效。如果說這種觀念適用於國內市場的話，那麼這種觀念應該更適用於國際市場，因為國際市場上的人口、經濟、政治和文化等各方面情況差別更大，不同國家的消費者在需求和慾望、購買力、產品偏好及購物方式等方面均有差異。由於多數營銷者相信這些差異很難改變，他們往往通過調整自己的產品、價格、分銷渠道及促銷方法來適應每個國家消費者的需要。

　　不過，一些全球性企業對這種大量調整已感到有點不耐煩。例如，吉列公司在200多個國家和地區營銷其800多種產品，目前，吉列公司的同種產品在不同的國家和地區使用不同的品牌名稱和組分。有時其組分是一致的，而有時則要加以改變。該產品的廣告信息也有所不同，因為吉列公司在每個國家和地區的經理都會提出一些他們認為對提高當地銷量有益的建議。吉列公司的幾百種其他產品都做了這樣或類似的調整，這種多元化的策略使其成本增加，而全球品牌的感召力則被削弱。

　　因此，許多公司傾向於在其產品及營銷活動中執行更加統一的標準，它們創造了所謂的「全球品牌」，即在全球用同樣的方式進行營銷。傳統的營銷者針對不同市場的差異來對產品大加調整，而全球化（標準化）的營銷者卻向所有的消費者以同樣的方式銷售基本相同的產品。這些營銷者認為隨著通信、運輸及旅遊的發展，世界已成為一個相同的市場。他們認為全世界的消費者基本上想要同樣的產品及生活方式，每個人都希望生活能更輕鬆，有更多的休閒時間、更高的購買力水平。不論消費者說他們想要什麼，所有的消費者都希望以更低的價格購買更好的產品。因此，全球化的擁護者稱只有在當地的需要不能加以改變也無法迴避時，國際營銷者才需要調整其產品及營銷方案。標準化能降低生產、分銷、營銷及管理的成本，因此能使公司以更低的價格向消費者提供具有更高品質及可靠性的產品。他們會建議一家汽車公司造一輛世界性汽車，一家洗髮香波公司生產一種世界性香波，以及一家農用設備公司生產一輛世界性拖拉機。而且，在實踐中確實有一些公司成功地推銷了全球性的產品。例如，可口可樂公司的可口可樂、麥當勞的漢堡包、布萊克·德柯爾公司的工具以及索尼公司的隨身聽。不過，即使是以上這些產品，公司也對它們做了一些調整，可口可樂汽水在一些國家沒有那麼甜或沒有含那麼多二氧化碳；麥當勞在墨西哥往漢堡包裡放的是辣醬而不是番茄醬。

不過，人們對於「全球化（標準化）會使成本降低、會讓對價格敏感的消費者購買更多的商品」這種說法存在一定爭議。麥托爾玩具公司成功地在許多國家銷售了未進行改動的芭比娃娃，但在日本的銷售情況並不怎麼好。Takara（麥托爾）公司的日本特許經銷商對八年級的女孩和她們的家長進行調查后發現他們認為芭比娃娃的胸部太大而腿又太長。不過一開始麥托爾公司並不情願改變玩偶，因為這將會增加生產、包裝及廣告的成本。最後，Takara取得勝利，麥托爾公司特別製造了日本的芭比娃娃。在兩年內，Takara賣出了200多萬個改造后的娃娃。顯然，增加的收入要遠遠超出增加的成本。

與其假設其產品能不加改動地銷往其他各國，公司還不如仔細考慮一下在產品特徵、品牌名稱、包裝、廣告主題、價格以及其他因素上應做哪些調整，以及哪些調整帶來的收入大於增加的成本。一份研究顯示各公司對其銷往國外的產品中的80%做了或多或少的調整。

因此，哪種方式最好呢？全球化（標準化）還是多國化（加以調整）？顯然，標準化不是一個要麼是要麼不是的絕對主張，而是程度問題。尋找更高的標準化程度以便降低成本和價格並提高全球品牌號召力，公司這樣做是合理的。不過營銷者必須記住，儘管標準化可以省錢，但競爭者卻會隨時向各國消費者提供他們更想要的東西，而且競爭者會因這種長期的營銷思想代替短期的財務思想的做法而獲益匪淺。一些國際營銷者建議公司應該「做全球性考慮，但根據當地情況採取行動」——總公司提出戰略性方針，當地公司注重個體消費者差異。全球性營銷，這樣做是對的，但要實行全球性標準化，卻沒有這個必要。

資料來源：菲利普·科特勒. 全球化還是多國化 [J/OL]. finance.sina.com.cn.

討論題

1. 國際市場營銷環境的差異如何影響企業的營銷決策。選取一例分析企業如何發現並利用文化環境的差異來進行國際市場營銷活動。

2. 舉例說明國際營銷的全球化和多國化策略是基於哪些方面問題的考慮作出的選擇。

第三章 國際市場營銷調研

引例

加拿大 Top9. NET 公司的服務與解決方案

公司名稱：加拿大 Top9. NET 公司，國際網站推廣服務提供商。

產品：國際網站推廣服務，包括搜索引擎排名服務等。

目前市場範圍：美國、加拿大、英國等。

挑戰與訴求：Top9. NET 公司是較知名的國際網站推廣服務提供商，其搜索引擎排名服務可為企業網站帶去高素質的訪問量，有比其他國際網站推廣方式更高的投資回報率（ROI）而為客戶稱道。目前 Top9. NET 公司的客戶包括了許多國際知名企業。Top9. NET 公司為了幫助其客戶的網站能吸引到最有價值的目標市場客戶的訪問，一直在尋找更有效的市場調查方法，以便更好地瞭解目標市場客戶的需求、喜好、消費習慣和目標市場的商品走勢等資料。

解決方案：Top9. NET 公司是國際市場營銷，尤其是網絡營銷方面的專業公司，善於利用網絡營銷手段幫助客戶的網站帶來有價值的訪問量，更重要的是能幫助客戶將網站的流量，有效地轉化為銷售收入。這方面，Top9. NET 公司的確走在世界的前沿。

Top9. NET 公司為我們揭示了一個網絡營銷的法則，就是：

網站銷售收入 = 流量（訪問量）× 轉化率（客戶轉化率）× 產品價格

真正成功的網站推廣策略應該兼顧流量和轉化率這兩個因素。

增加流量目前可供選擇的方法非常多，比如網站橫幅廣告、搜索引擎競價排名等；提高轉化率的解決方案卻只有一種，就是目標客戶的市場調查。

該公司提供的國際市場調查的人工智能市場分析系統（AIMAS 2.3.3）與國際市場動態信息庫（Real World Stat™）等領先的市場調查和分析技術是提高網絡營銷轉化率的最佳途徑。

為了在瞬息萬變的國際市場上求生存、求發展，尋找新的市場機會，避開風險，企業必須具有較強的應變能力，能夠及時做出正確的決策。然而，正確的決策來自全面、可靠的市場營銷信息。企業必須重視對國際市場營銷信息的搜集、處理及分析，為企業決策提供依據。

第一節　國際市場營銷調研概論

市場是複雜多變的，市場運動規律往往隱藏在大量的市場現象和事實之中，這就要求企業對所面對的市場進行全面的調查和研究，通過大量的市場營銷調研獲取、處理和分析從環境中反饋回來的信息，並據此進行決策。

一、國際市場營銷調研的概念

美國營銷協會關於市場調研的定義是：市場調研是把消費者、客戶、大眾和市場人員通過信息聯結起來，而營銷者借助這些信息可以發現和確定營銷機會和營銷問題、開展、改善、評估和監控營銷活動，並加深對市場營銷活動的認識。

該定義強調了通過信息把組織及其市場聯結起來的職能。這些信息用來辨別和界定營銷機會和問題，產生、改善和評估市場營銷方案，監控市場營銷行為，改進對市場營銷過程的認識，幫助企業營銷管理者制定有效的市場營銷決策。市場調研的內容從識別市場機會和問題、制定營銷決策到評估營銷活動的效果，涉及企業市場營銷活動的各個方面。市場營銷調研主要包括市場需求和變化趨勢的調研、購買動機的調研、產品調研、價格調研、分銷調研、廣告調研、市場競爭調研和宏觀環境調研。

國際市場營銷調研同樣具有上述本質，但由於在國外進行市場調研更加複雜困難，更強調採用科學的方法系統地、客觀地辨別、收集、分析和傳遞有關市場營銷活動的各方面的信息，為企業營銷管理者制定有效的國際市場營銷決策提供重要的依據。

國際市場營銷調研是營銷管理的一種輔助工具，目的是為了提高營銷效率。國際市場營銷調研是一項複雜且技術性較強的實踐活動，是調查和研究的緊密結合。國際市場營銷調研有助於企業發現國際市場營銷機會，進而為企業制定國際營銷決策提供依據，即時反應國際市場變化，促使企業適當調整營銷方案，並有助於企業分析和預測國際市場未來的發展趨勢。

二、國際市場營銷調研的重要性

國際市場營銷調研的重要性表現在以下三個方面：

（一）有利於實現對質量的不懈追求

質量和顧客滿意已成為20世紀90年代末關鍵的競爭武器。在今天的市場環境中，若不重視質量、不重視不斷提高顧客滿意度，企業就很難取得成功。全球的企業已普遍實施了質量改進和顧客滿意計劃，以期降低成本、留住顧客、增加市場份額和改善盈利狀況。

對顧客沒有意義的高質量通常並不能帶來銷售額、利潤或份額的增長，只能是浪費精力和金錢。今天的新觀念是強調質量回報。質量回報有兩層含義：第一，企業所提供的高質量應是目標市場所需要的；第二，質量改進必須對獲利性產生積極的影響。獲得質量回報的關鍵是開展營銷調研，因為營銷調研有助於組織確定哪些類型和形式

的質量對目標市場是重要的，有時也可以促使公司放棄一些他們自己所偏愛的想法。

（二）有利於留住現有顧客

顧客滿意與顧客忠誠之間存在一種必然的聯繫。長期的關係不是自然產生的，它根植於企業傳遞的服務和價值。留住顧客可以給企業帶來豐厚的回報。重複購買和顧客的推薦可以提高企業的收入和市場份額。由於企業可以不必花更多的資金和精力去爭奪新顧客，因而成本可以下降。穩定的顧客更容易服務，因為他們已經熟悉公司的習慣，相應要求員工投入的時間較少。不斷提高的顧客保留率也給員工帶來了工作上的滿足感和成就感，從而可以導致更高的員工保留率。員工在企業工作時間越長，獲得的知識就越多，這樣又可以導致生產效率的提高。

（三）有利於企業瞭解市場

市場調研有助於管理者瞭解市場狀況以及利用市場機會。市場調研實踐的歷史與營銷一樣久遠。有證據表明，西班牙人在探索新大陸時就曾系統地進行過市場調研。企業在推出一項新產品或新服務之前，有必要分析該項產品和服務的購買市場，進行有針對性的市場營銷活動，從而獲得最大的經濟效益。例如，一位營銷經理可能會考慮在推出一種新的冷凍糕點時提供優惠券。優惠券可能會與電視廣告一起被用來引導人們嘗試這種新的糕點。問題在於誰應該接受這種優惠券呢？優惠券大量使用者與少量使用者之間是否存在可識別的人口統計特徵呢？這就需借助於營銷調研來進行識別。

三、國際市場營銷調研的原則

（一）全面性原則

營銷調研是一項內容廣泛而複雜的工作，要做好這項工作，必須收集、整理有關的市場資料和信息。凡是對企業營銷活動有影響的市場要素，都屬於營銷調研的內容。任何一方面市場資料或信息的遺漏，都可能導致營銷決策的失誤。

（二）系統性原則

要準確把握市場變化及其規律性，營銷調研所收集的資料和信息必須是系統的而不是零星的和殘缺不全的。對較為系統的資料和信息的分析才能使企業對市場的研究建立在科學的基礎上。

（三）準確性原則

營銷調研的基本要求就是收集的各種情報、資料、信息必須準確、可靠。對所掌握的各種市場資料、情報要進行去粗取精、去偽存真的分析和篩選，以避免經營決策的失誤。

（四）及時性原則

信息的時間性是信息的生命。市場瞬息萬變，唯一不變的是市場每時每刻都在變化，抓住機遇，就可能發展；貽誤戰機，就會受到損失。營銷調研必須及時進行以保證為企業經營決策提供盡可能新的資料。

（五）經濟性原則

經濟活動是為了取得經濟效益，經濟活動中的每一項工作都要盡可能地講求經濟性。要注意選用最科學合理的方法、最精幹的調查人員，並用最快捷的調查速度完成

調查，盡量減少調查工作中的各項開支。營銷調研的經濟性必須在全面、系統、準確收集市場信息的基礎上來實現。

四、國際市場營銷調研的類型

根據研究的問題、目的、性質和形式的不同，國際市場營銷調研一般分為如下四種類型：

（一）探索性調研（Exploratory Research）

探測性調研用於探詢企業所要研究的問題的一般性質。研究者在研究之初對所欲研究的問題或範圍還不很清楚，不能確定到底要研究些什麼問題。這時就需要應用探測性調研去發現問題、形成假設。至於問題的解決，則有待進一步的研究。探索性調研通常為了探索市場機會，或為了探索解決營銷中某一問題的思路和方法，或為了探索營銷中出現的某一問題的原因。例如，企業進入某國市場之前，尋找該國市場存在哪些市場機會；又如，某目標國市場的文化環境與母國的文化環境存在巨大差異，尋求適應目標國文化環境的思路與方法。探索性調研是一種比較粗略的調研，一般通過搜集二手資料，或請教內行、專家，或參照過去的案例等方式進行。

（二）描述性調研（Descriptive Research）

描述性調研是通過詳細的調查和分析，對市場營銷活動的某個方面進行客觀的描述。大多數的市場營銷調研都屬於描述性調研。例如，市場潛力和市場佔有率、產品的消費群結構、競爭企業的狀況的描述。在描述性調研中，可以發現其中的關聯因素，但是此時我們並不能說明兩個變量哪個是因、哪個是果。與探測性調研相比，描述性調研的目的更加明確，研究的問題更加具體。

（三）因果性調研（Causal Research）

因果性調研的目的是找出關聯現象或變量之間的因果關係。描述性調研可以說明某些現象或變量之間相互關聯，但要說明某個變量是否引起或決定著其他變量的變化，就要用到因果性調研。因果性調研的目的就是尋找足夠的證據來驗證這一假設。比如調查研究發現本企業產品在市場上銷售下降的原因是消費者購買力的下降，然後進一步通過邏輯分析和統計方法找出兩者之間的數量關係。因果性調研又分為定性調研和定量調研兩種。因果性調研主要採用實驗法這一工具。

（四）預測性調研（Predictive Research）

市場營銷所面臨的最大的問題就是市場需求的預測問題，這是企業確定市場營銷方案和市場營銷決策的基礎和前提。預測性調研就是企業為了推斷和測量市場的未來變化而進行的研究，它對企業的生存與發展具有重要的意義。

營銷透視

反應遲鈍的吉列

美國吉列公司（以下簡稱吉列）是一個名牌公司，然而在1963—1964年中，由於在推出新產品時動作遲緩，結果讓對手鑽了空子，使吉列馬失前蹄。

1962年，吉列的高級藍色刀片得到許多消費者青睞，它便把注意力集中到質量和

降低成本上，這種表面覆蓋一層硅的刀片能防止頭皮屑黏附刀片而妨礙剃鬚的現象發生。因此，即使這種刀片比一般的刀片貴 40% 也被消費者看好，這種刀片成為吉列刀片生產中主要的利潤來源。

這時，英國有家叫威爾金森的小公司開發出一種不銹鋼剃鬚刀片。這種高級劍刃刀片，製造工藝合理、刀刃鋒利、不被腐蝕且使用壽命長，可重複使用 15 次之多，而一般的碳素刀片只能使用 3.5 次左右。但是威爾金森公司的生產能力有限，產品主要在英國銷售，故一直沒有引起吉列的注意。

然而，美國利特爾埃弗夏普公司注意到了這種新產品，立即開始從英國引進。1963 年，這種產品以低價高質開始贏得客戶。但是吉列卻錯誤地認為，雖然不銹鋼刀片的使用壽命是藍色刀片的 4 倍，卻不如藍色刀片好使，刮同樣的鬍子，不銹鋼刀片需要 1.5 磅的壓力，而高級藍色刀片只需要 1 磅的壓力。因此，吉列認為顧客還會看好藍色刀片，遲遲不願進行不銹鋼刀片的開發和研究。

直到當年秋天，在利特爾埃弗夏普公司大片大片地侵蝕吉列原先佔有的市場以後，吉列才轉向製造不銹鋼刀。但是這時的不銹鋼刀片市場早已被美國、英國的領先者瓜分完畢，吉列每奪回 1% 的市場佔有率都必須付出巨大的代價。

資料來源：屈雲波. 品牌營銷 [M]. 北京：企業管理出版社，1996.

五、國際市場營銷調研的內容

國際市場營銷調研涉及的領域非常廣泛，需要調研的內容也很豐富，國際市場營銷調研的範圍取決於國際市場營銷決策對信息的需要，不同的決策需要不同的信息。歸納起來，國際市場營銷決策主要有以下 6 種：

（一）國際市場機會調研

一家企業是從事國際營銷，還是繼續深入國內營銷，要做出這項決策，就需要將國內外的市場機會和潛在困難、企業資源條件進行對比。因此，需要搜集有關數據資料包括：國際市場和國內市場的價格；產品的世界市場總需求量；企業潛在的世界市場份額；影響企業市場份額的競爭因素；企業產品進入世界市場時會帶來企業產品單位成本的降低；企業的人、財、物等資源條件。

在國際市場上，各企業、各集團為了各自利益展開激烈的競爭，因此各企業、各集團在進行國際營銷決策之前，必須認真調研競爭對手可能做出的種種反應和各種動向，做到知己知彼，百戰不殆。通過對競爭對手的分析，弄清市場競爭的強度和競爭結構，評價產品是否有利於進入市場，以及進入市場後採取何種策略應對面臨的競爭，有利於企業在競爭中不斷發展和完善。

（二）目標市場選擇調研

企業在進入國際市場時，不可能一舉進入所有國家的市場，而是要選擇某個或某些國家作為目標市場，這就需要將各國市場根據市場的潛力大小予以排列。市場潛力越大、次序越靠前的國家，企業越要優先進入。在評價一國或一個地區的潛力大小時，需要收集的資料包括：市場潛力、市場競爭情況和市場國的政治法律狀況。

市場潛力是指理想狀態下的市場總需求量。在一般條件下,計算某國的市場潛力是比較困難的,因此往往是在計算該國國內市場銷售量的基礎上對市場潛力進行估算。

在研究某國市場競爭狀況時,調研人員需要的信息主要包括:主要競爭者是哪些公司,它們來自哪些國家;這些競爭對手在該國市場各占多大份額,發展趨勢如何;主要競爭者的營銷策略如何,各自有何優勢或劣勢。

目標市場國的政治法律狀況是指該國國內政局是否穩定,市場國的國體、政體、各項有關經濟的法律法規及其連續性如何,政府對外來產品和外來投資的一般態度和政策傾向性如何。

(三) 國際市場動態調研

市場動態調研是對市場本身的認識和瞭解,調研人員必須確定該市場的現有規模、市場類型、市場可能的變化趨勢以及其他產品已爭取到多大的份額。這些問題主要從下列因素的調查和分析中找出答案:

1. 消費者研究

在一個國家市場中,消費者的人口構成、購買力水平、偏好、行為等直接影響著市場規模和市場需求結構。因此,消費者的研究是我們進行市場調研的一項重點內容。對上述問題的調查研究,可以幫助企業瞭解市場規模和市場需求結構。應該注意的是,上述內容僅包含個人消費者的狀況。除此之外,還存在產業需求,如工業用戶、公司以及其他組織等。

2. 消費量調研

對從事產品營銷的企業來說,緊扣產品是調研工作中應遵循的基本原則,對市場總體規模和結構的瞭解也是十分必要的。然而,這樣的詳情還不足以顯示具體的產品市場真正的規模和潛力,還有必要瞭解該國際市場實際消費該產品的數量以及消費的潛力。

通過市場動態調研,可以使調研人員分析和瞭解市場規模、市場類型以及增長變動趨勢,並可根據上述調查瞭解到的資料對市場進行細分,以便更準確地評估本企業產品的潛在消費量和銷售量。

例如,蘋果公司通過對中國市場的調研,在中國市場上對「iPhone 4S」採取了「饑餓營銷」,表面上僅僅是推遲了「iPhone 4S」在中國的上市時間、限制銷售數量,實際上是在調研的基礎上,充分利用了中國消費者的從眾心理和炫耀心理。

(四) 進入目標市場方式的調研

進入目標市場方式決策,即決定以何種方式(如出口、許可貿易、國外合資企業、國外獨資企業等)進入國外市場。企業一旦選定目標市場,下一步就要考慮進入目標市場的方式。在選擇進入國際市場的方式時,一般需要收集的資料包括:目標國家的政治法律情況;目標國家的對外貿易政策,如外匯、關稅、進口限制等關稅和非關稅壁壘情況以及政府給予外來企業的優惠條件和限制;目標國家的市場潛力;目標國家的基礎設施情況,如交通、運輸、能源、通信、商業發達程度等;目標國家的市場競爭情況;目標國家的資源條件,如原材料供應、勞動力價格、物質技術水平等;本企業的人才、技術、管理經驗、資金等資源條件。

（五）營銷組合策略調研

開發或改進產品的市場，選擇合適的分銷渠道和促銷手段，制定合理的價格，為具體策略的制定和安排實施提供信息和依據是進行調研的重要任務之一。

1. 產品調研

產品是企業對外國顧客提供服務的對象。一個企業想要在國際市場的激烈競爭中求得生存和發展，關鍵是能否始終如一地提供顧客滿意的產品。在新經濟環境下，產品生命週期趨於縮短，加強產品的調研，特別是研究競爭對手的產品，對企業的發展有著非常重要的意義。產品調研應包含下列內容：

（1）商品在國際市場的銷售情況。
（2）出口產品的設計、功能、用途、使用方法和操作安全程度。
（3）出口產品的生命週期。
（4）出口產品的類型和產品組合、售前和售後服務。
（5）老產品的用途和新市場開拓。
（6）新技術、新工藝、新材料和新產品的發展趨勢。
（7）消費者對產品的特殊要求，包括色澤、風味、規格、圖案、式樣、原料、性能、技術指標、包裝等方面的要求，以及對企業產品的設計、性能、包裝方面的改進意見。

2. 銷售渠道調研

商品以最高的效率和最快的速度銷售到消費者手中，這與加速資金週轉、降低成本、提高經濟效益關係極大。銷售渠道調研的內容如下：

（1）對國外各類中間商的選擇和評價，如中間商經銷產品的種類以及設施、服務、人員、管理水平、財務能力、資信狀況等。
（2）對個別中間商的挑選和評價，中間商所期望的信用透支和銷售條件。
（3）對國外各市場零售網點的分析、市場上是否存在可能購買大宗數量商品的機構。
（4）將產品送至市場的運費率、運輸時間、保險及包裝要求。

3. 價格調研

在國際市場上，價格的決定受多種因素的影響。價格調研的內容如下：

（1）影響價格變化的因素。
（2）該國政府對價格的管制情況。
（3）進口稅則、稅率以及各種國內稅對商品價格的影響。
（4）各種不同的價格政策對銷售量的影響。
（5）競爭產品、相關替代商品現行價格、變相提價或降價的方法。
（6）新產品的定價策略。
（7）出口產品生命週期不同階段的定價原則。

4. 促銷方式調研

促銷方式是國際營銷組合中的一項基本活動，其調研內容如下：

（1）調研國外市場促銷組合，可利用的廣告宣傳媒體和費用標準。

（2）促銷推廣的方法，如折扣、示範、樣本、競賽、抽獎以及以贊助為目的的社會公益活動。

（3）競爭者所使用的有效的廣告宣傳方式。

（4）代理商、中間商、零售商在促銷上的作用。

（5）推銷員的素質、水平、訓練費用以及在廣告宣傳上能起到的作用。

（6）促銷費用。

選定良好的目標市場，為企業進行成功的國際營銷奠定了基礎。但是，要完成具體的市場開發，使企業爭取到最大可能的市場份額和盈利，還必須採用有效的營銷策略組合。

(六) 資源配置決策調研

資源配置決策，即企業決定如何把各種資源在世界各國市場、各子公司、各產品系列之間進行分配。企業的人、財、物等資源有限，應把它們投放到最能產生效益的市場上和產品上以及最有利的營銷手段中，以獲得最優經濟效益。企業制定合理資源配置決策需要瞭解的信息如下：

（1）企業在各目標國市場上的銷售潛力如何，如總銷量、銷售增長率、市場份額等。

（2）企業在各目標國市場的經營狀況如何，如在該國獲取的利潤占企業總利潤的比例、在該國推銷手段的效果如何、廣告效果如何、經營效果變化的原因、渠道成員的努力程度如何、銷售服務方式如何等。

（3）企業各種產品在各目標國市場上的生命週期狀況。企業要瞭解關於產品功能用途改進、品牌、商標、設計改進、包裝、外觀改進、售前、售后服務改進、老產品尋求新用途、開拓新市場等方面的信息，以便企業通過產品、市場、營銷因素改革延長產品生命週期。

（4）企業在各目標國市場上各種經營方式的經營現狀和前景。

應該指出，國際企業的資源配置決策是一個非常重要和複雜的決策，需要的信息量很大。上述幾條只是一個大綱，每一條都包含著大量具體的信息。企業只有在充分掌握這些信息之後，才能不斷地調整企業資源在各國市場、各種產品和經營方式之間的分配，使其產生最佳的經濟效益。

第二節　國際市場營銷調研的方法與步驟

一、案頭調研

(一) 案頭調研的含義

案頭調研（Desk Research）又稱二手資料調研，是市場調研術語。案頭調研是指對已經存在並已為某種目的而收集起來的信息進行的調研活動，也就是對二手資料進行收集、篩選，並據以判斷它們的問題是否已局部或全部地解決。案頭調研是相對於

實地調研而言的。通常案頭調研是市場調研的第一步，為開始進一步調研先行收集已經存在的市場數據。

(二) 案頭調研的特點

  1. 案頭調研的優點

  與實地調研相比，案頭調研主要有如下優點：

  (1) 收集快捷，使用方便；

  (2) 數據量大，覆蓋面廣，易於通過調研掌握市場全局；

  (3) 數據資料多由專業機構歸類發布，比較系統，便於比較；

  (4) 成本較低（與自己調研相比）。

  2. 案頭調研的局限性

  案頭調研的優點主要是省時省力、花費少，但是由於第二手資料原是為其他目的而收集的，因此在用於某個特定目的時有一定局限性。這表現為資料在原來的收集方法（樣本、資料、收集工具等）、時間等方面與目前的研究課題要求有差別，因此研究者在使用第二手資料時一定要注意判斷其有效性。

(三) 案頭調研應遵循的原則

  1. 先易后難、由近至遠的原則

  在案頭調研時，先收集那些比較容易得到的歷史資料和公開發表的現成的信息資料，而對那些內部保密資料或原始資料，只是在現成資料不足時才進一步收集。另外，應注意從近期到遠期逐期查閱。

  2. 先內部后外部的原則

  在案頭調研時，先從本企業、本行業內部著手，比如企業內部的各種有關的記錄、報表、帳冊、總結、用戶來函、訂貨單、合同、協議、生產經營計劃、客戶名錄、商品介紹、宣傳資料等。然后再到有關的單位與行業搜集有關的現成信息資料。

(四) 二手資料的來源

  國際競爭是一場信息的競爭，誰掌握了信息，誰就贏得了市場。要研究信息，企業必須掌握信息來源。從眾多的信息源中查詢第二手資料是一個重要的途徑。二手資料的來源主要可以分成兩大類，即內部資料來源和外部資料來源。

  1. 內部資料來源

  內部資料來源指的是出自所要調查的企業或公司內部的資料。

  (1) 會計帳目和銷售記錄。每個企業都保存關於自己的財務狀況和銷售信息的會計帳目。會計帳目記錄是企業或公司用來計劃市場營銷活動預算的有用信息。除了會計帳目外，市場營銷調研人員也可從企業的銷售記錄、顧客名單、銷售人員報告、代理商和經銷商的信函、消費者的意見以及信訪中找到有用的信息。

  (2) 其他各類報告。其他各類記錄包括以前的市場營銷調研報告、企業自己做的專門審計報告和為以前的管理問題所購買的調研報告等信息資料。隨著企業經營的業務範圍越來越多樣化，每一次的調研越有可能與企業其他的調研問題相關聯。因此，以前的調研項目對於相近、相似的目標市場調研來說是很有用的信息來源。許多企業都建立了以電子計算機為基礎的營銷信息系統，其中儲存了大量有關市場營銷的數據

資料。這種信息系統的服務對象之一就是營銷調研人員，因而是調研人員的重要的二手資料來源。

2. 外部資料來源

外部資料指的是來自被調查的企業或公司以外的信息資料。這類信息包括母國國內的資料和來自東道國市場的資料。一般來說，第二手資料主要來自以下幾種外部信息源。

（1）政府機構。通過本國政府在外國的官方辦事機構之類的機構，可以系統地搜集到各國的市場信息。中國的國際貿易促進委員會及各地分會也掌握著大量的國外銷售和投資方面的信息。

許多國家的政府專門設立了「促進進口辦公室」，負責提供以下信息：統計資料、銷售機會、進口要求和程序、當地營銷技巧和商業習俗、經營某一產品系列的進口商、批發商、代理商等中間機構的名單、某一類產品的求購者名單與求購數量。

（2）國際組織。許多國際組織都定期或不定期地公布大量市場情報。例如，國際貿易中心（International Trade Centre，ITC）、聯合國（United Nations）及其下屬的糧食與農業組織（Food and Agriculture Organization，FAO）、經濟合作與發展組織（Organization for Economic Corporation & Development，OECD）、聯合國貿易和發展會議（United Nations Conference on Trade and Development，UNCTAD）、聯合國經濟委員會（UN Economic Commissions）、國際貨幣基金組織（International Monetary Fund，IMF）。

（3）行業協會。許多國家都有行業協會，許多行業協會都定期收集、整理甚至出版一些有關本行業的產銷信息。行業協會經常發表和保存詳細的有關行業銷售情況、經營特點、增長模式及其類似的信息資料。此外，行業協會也開展自己行業中各種有關因素的專門調研。

（4）專門調研機構。這裡的調研機構主要指各國的諮詢公司、市場調研公司。這些專門從事調研和諮詢的機構經驗豐富，收集的資料很有價值，但是一般收費較高。

（5）聯合服務公司。這是一種收費的信息來源，聯合服務公司由許多公司聯合協作，定期收發對營銷活動有用的資料，並採用訂購的方式向客戶出售信息。聯合服務公司在聯合的基礎上定期提供四種基本的信息資料，即經批發商流通的產品信息、經零售商流通的產品信息、消費大眾對營銷組合各因素反饋的信息、有關消費者態度和生活方式的信息。

（6）其他大眾傳播媒介。電視、廣播、報紙、廣告、期刊、書籍、論文和專利文獻等類似的傳播媒介，不僅含有技術情報，也含有豐富的經濟信息，對預測市場、開發新產品、進行海外投資具有重要的參考價值。

（7）商會。商會通常能為市場營銷調研人員提供的信息有：商會成員的名單、當地商業狀況和貿易條例的信息、有關成員的資信以及貿易習慣等內容。大的商會通常還擁有對會員開放的商業圖書館，非會員也可前去閱覽。

（8）銀行。銀行尤其是一家國際性大銀行的分行，一般能提供下列信息和服務：有關世界上大多數國家的經濟趨勢、政策及前景，重要產業及外貿發展等方面的信息；某一國外公司的有關商業資信狀況的報告，各國有關信貸期限、支付方式、外匯匯率

等方面的最新情報；介紹外商並幫助安排訪問。

世界銀行及其所屬的國際開發協會（IDA）和國際金融公司（IFC）每年都公布、預測許多重要的經濟信息和金融信息。另外一些區域性的銀行也能為市場營銷調研人員提供豐富的貿易、經濟信息。許多國家都有以保護消費者利益為宗旨的消費者組織，這些組織的眾多任務之一就是監督和評估各企業的產品以及與產品有關的其他營銷情況，並向公眾報告評估結果。這些信息對調研者來說具有很大的參考價值。

（9）官方和民間信息機構。許多國家政府經常在本國商務代表的協助下提供貿易信息服務以答復某些特定的資料查詢。另外，各國的一些大公司延伸自己的業務範圍，把自己從事投資貿易等活動所獲得的信息以各種方式提供給其他企業，如日本三井物產公司的三井環球通訊網、日本貿易振興會的海外市場調查會等。

中國的官方和民間信息機構主要有：國家經濟信息中心、國際經濟信息中心、中國銀行信息中心、新華社信息部、中國貿促會經濟信息部以及各有關諮詢公司、廣告公司等。

（五）案頭調研的方法

1. 搜索

搜索是指應用現代信息手段，特別是應用互聯網和局域網，從網上、數字圖書館或數據庫中獲取各種所需資料。如前所述，隨著現代信息技術的發展，各種網站如雨後春筍般建立起來，許多圖書館設置了數字圖書館，數據庫也越來越多。在這些網站、圖書館，有大量的信息資料，而且很多是免費提供的。這是十分寶貴的資源，市場調研人員必須充分利用好這些資源。因此，開展案頭調研，首先應該注意上網搜索。

2. 查找

查找是獲取第二手資料的基本方法。從操作的次序看，首先要注意在企業內部查找。一般來說，從自身的信息資料庫中查找最為快速方便。此外，還應從企業內部各有關部門查找。只要信息基礎工作做得比較好，從企業內部查找可以獲得大量反應企業本身狀況的時間序列信息，還可以獲得有關客戶、市場等方面的資料。在內部查找的基礎上，還需到企業外部查找。主要是去一些公共機構，如圖書館、資料室、信息中心等查找。為提高查找的效率，應注意熟悉檢索系統和資料目錄，在可能的情況下，要盡量爭取這些機構工作人員的幫助。

3. 索討

索討是向佔有信息資料的單位或個人無代價地索要。這種方法的效果在很大程度上取決於對方的態度。因此，向那些已有某種聯繫的單位和個人索討，或由熟人介紹向那些尚未有聯繫的單位和個人索討，常能收到較好的效果。有些企業出於宣傳自己的需要，樂意向社會提供有關的信息資料，向它們索討也往往有較好的效果。

4. 購買

這是指通過支付一定的代價，從有關單位獲取資料。隨著信息的商品化，許多專業信息公司對其貯存的信息實行有價轉讓，大多數信息出版物也是有價的，購買將成為收集資料的重要辦法之一。當然，企業訂閱有關的報紙、雜誌等從本質上說也屬於購買一類，只不過這種方式是一種經常性的工作。但是要注意企業訂閱的報紙、雜誌

應盡量避免雷同，還要注意對這些報紙、雜誌發布的信息資料進行系統的收集整理。

5. 交換

這是指與一些信息機構或單位之間進行對等的信息交流。當然，這種交換不同於商品買賣之間的以物易物，而是一種信息共享的協作關係，交換的雙方都有向對方無代價提供資料的義務和獲得對方無代價提供資料的權利。

6. 接收

這是指接納外界主動免費提供的信息資料。隨著商品經濟的發展和現代營銷觀念的確立，越來越多的企業或單位為宣傳自身及其產品和服務，擴大知名度，樹立社會形象，主動向社會廣泛傳遞各種信息，包括廣告、產品說明書、宣傳材料等。作為信息資料的接收者，要注意接收和累積這些信息。雖然其中有的信息一時顯示不出其價值，但是要又有經常性的特點，但是要堅持長期收集，往往會收集到有價值的資料。

二、實地調研

(一) 實地調研的含義

實地調研是相對於案頭調研而言的，是對在實地進行市場調研活動的統稱。

在一些情況下，案頭調研無法滿足調研目的，收集資料不夠及時、準確時，就需要適時地進行實地調研來解決問題，取得第一手的資料和情報，使調研工作有效、順利地開展。隨著社會經濟的發展和營銷活動的深入開展，現場收集信息的方法越來越多。

實地調研是指由調研人員親自收集第一手資料的過程。當市場調研人員得不到足夠的第二手資料時，就必須收集原始資料。搜集國外原始資料的難度與搜集國內原始資料相比，僅有程度上的差別。影響實地調研成敗的關鍵因素是回答者是否願意並能夠提供所需要的信息。

許多調研項目會包括案頭調研和實地調研兩部分。例如，一個針對消費者的街頭攔截訪問，調研員先要通過案頭調研掌握消費者的基本特點、競爭品牌的基本狀況，然後才能設計合適的訪問問卷，再讓培訓后的訪問員在街頭實施實地訪問。

直接面對被調查對象的場景，通常就是實地調研的過程，這裡包括在商業區進行街訪、在居民家裡面對面訪問、在會議室舉行消費者焦點小組座談、在商店內實施消費者觀察等。市場調研中，實地調研在大街上實施的可能性遠大於在其他任何地方。

實地調研很多時候單指在實地進行的人員觀察，尤其特指針對某個群體的人文調查。

(二) 實地調研的方法

1. 訪問法

訪問法是指將擬調查的事項，以當面、電話或書面形式向被調查者提出詢問，以獲得所需資料的調查方法。訪問法是最常用的一種實地調研方法。訪問法的特點在於整個訪談過程是調查者與被調查者相互影響、相互作用的過程，也是人際溝通的過程。訪問法包括面談、電話訪問、信函調查、會議調查和網上調查等。

2. 觀察法

觀察法是指調查者在現場從側面對被調查者的情況進行觀察、記錄,以收集市場情況的一種方法。觀察法與訪問法的不同之處在於後者調查時讓詢問人感覺到「我正在接受調查」,而前者則不一定讓被調查者感覺出來,只能通過調查者對被調查者的行為、態度和表現的觀察來進行推測判斷問題的結果。常用的觀察法有直接觀察調查和實際痕跡測量法等方法。

營銷透視

顧客觀察法的應用

在西方國家中,顧客觀察法已成了為企業提供的一種特殊服務,而且收費很高。美國《讀者文摘》曾經報導,專門從事觀察業務的商業密探在美國大行其道。帕科·安德希爾(Paco Underhill)成立了一家名為伊維德羅森希爾(Environsell)的公司,該公司20年來一直追蹤觀察購物者。其客戶包括麥當勞、星巴克、雅詩蘭黛和百視達。該公司研究不同的零售點,並且利用獨特的方法記錄下購物者的行為。該公司還應用剪報板、跟蹤單以及敏銳的眼睛來描述購物者行為的每個細微差別。

伊維德羅森希爾公司的調查結果給很多商店提出了許多實際的改進措施。例如,伊維德羅森希爾公司用一卷膠片拍攝了一家主要是青少年光顧的音像商店,發現這家商店把磁帶放在孩子們拿不著的很高的貨架上。安德希爾指出應把商品放低18英吋,結果商店銷售量大大增加。

又如一家叫伍爾沃思的公司發現商店的后半部分的銷售額遠遠低於其他部分,安德希爾通過觀察和拍攝現場解開了這個謎。在銷售高峰期,現金出納機前顧客排著長長的隊伍,一直延伸到商店的另一端,這實際上妨礙了顧客從商店的前面走到后面,后來商店專門安排了結帳區,結果商店后半部分的銷售額增加得很快。

3. 實驗法

實驗法是最正式的一種方法,是指在控製的條件下,對所研究的對象從一個或多個因素進行控製,以測定這些因素間的關係。實驗法的目的是通過排除觀察結果中的帶有競爭性的解釋來捕捉因果關係。在因果性的調研中,實驗法是一種非常重要的工具。實驗法主要有產品試銷和市場實驗等方法。

三、國際市場營銷調研的步驟

國際市場營銷調研是一項十分複雜的工作,要順利地完成調研任務,必須有計劃、有組織、有步驟地進行。但是,市場營銷調研並沒有一個固定的程序可循,一般可以根據調研活動中各項工作的自然順序和邏輯關係,分為以下三個階段:

(一) 準備階段

準備階段是調查工作的開端。準備的是否周到,關係到隨后實際調查階段的開展是否能夠順利進行。營銷調研的準備階段的主要任務就是界定研究主題、選擇研究目標、形成研究假設並確定需要獲得的信息。

(二) 設計階段

　　設計階段主要是制訂調查計劃和設計調查表。其中，制訂調查計劃的主要內容包括：第一，確定調查目的。搞清楚「為什麼要進行調查」、「想要知道什麼」和「知道結果后怎麼辦」等問題。第二，確定調查項目。根據調查的目的，決定調查的具體內容，做到內容準確，範圍適當。第三，確定調查方法。根據調查的目的、內容不同，選擇合適的調查方式和方法。第一手資料的收集是採用詢問法還是觀察法或實驗法，是採用其中兩種方法還是三種方法同時採用。第二手資料一般是通過直接查閱、購買、交換、索取以及通過情報網收集和複製等方式獲得。第四，估計所需經費。調查經費的估計，一般按文印資料費、交通費、出差補貼費、調查費及雜費等項目計算。第五，確定日程安排。根據調查的各項工作所需時間以及各項工作聯繫情況，做出調查日程安排，並列出調查進度表，以便隨時掌握調查進度，按時完成各項調查工作。

　　設計調查表是根據調查課題，設計出統計表格和調查問卷，以便有針對性地收集有關數據或文字資料。調查問卷沒有固定的格式，一般根據常識、傳統的方法和經驗設計，調查的方法不同，內容的設計也不同。

(三) 執行和分析階段

　　組織實地調查，即按照調查計劃的安排，把經過培訓的調查人員分配到預定的調查場所進行調查，以取得第一手市場信息資料。此外，對正式調查中取得的大量調查資料，必須經過處理，以確保資料的準確性、完備性、系統性和時效性。結果處理階段是調查全過程的最后一環，是市場調查能否發揮作用的關鍵。這個階段可以分為以下四個步驟：

　　1. 整理資料

　　通過市場調查所獲得的資料，尤其是通過實地調查所取得的原始資料，大多是分散的、零星的，有時甚至是片面的。要真實反應事物的特徵，就必須對資料進行分類、歸納、核實，使之系統化、合理化。

　　2. 分析資料

　　分析資料是結果處理階段的關鍵。分析資料的方法一般有描述性分析、因果性分析、預測性分析等。當影響因素比較複雜、市場發展規律和趨勢無法直觀地得出結果時，就必須運用科學的預測方法，通過市場預測得出結論，實現市場調查的目的。

　　3. 提出調查報告

　　調查報告是對某件事情或某個問題調查研究以後，編寫的書面報告。調查報告是調查的最后結果，是用事實材料對所調查的問題進行系統的分析說明，提出結論性的意見。市場調查報告一般有兩種形式：一種是專門性報告，是專供市場營銷人員閱讀的，內容較詳細和明確；另一種是一般性報告，是供企業及上級機關的行政領導閱讀的。不論哪一種形式，市場調查報告基本上應包括以下內容：

　　(1) 引言。引言包括標題和前言。前言中應寫出調查的時間、地點、對象、範圍、目的，說明調查的主旨和使用的調查方法。

　　(2) 正文。正文即報告主體。一般包括詳細的調查目的、詳細的調查分析方法、調查結果的描述與剖析、建議等。

（3）結尾。結尾是對整個調查工作的總結性的概括或對某些重要觀點加以重申，以加深認識。

（4）附件。附件包括樣本的分配、圖表及附錄。

4. 追蹤反饋

提出調查報告並不表明調查的結束，還要對調查結論在實際應用中進行追蹤，包括瞭解調查結論與實際發展是否相符；瞭解建議被採納的程度和實踐效果等。通過追蹤反饋，糾正偏差，總結經驗，不斷提高調查人員的分析能力。

第三節　國際營銷信息系統

一、國際營銷信息系統的定義

國際營銷信息系統即市場營銷信息系統，是指一個由人員、機器設備和計算機程序所組成的相互作用的複合系統，能夠連續有序地收集、挑選、分析、評估和分配恰當的、及時的和準確的市場營銷信息，為企業營銷管理人員制訂、改進、執行和控製營銷計劃提供依據。市場營銷信息系統由內部報告系統、營銷情報系統、營銷調研系統和營銷分析系統組成，如圖3.1所示：

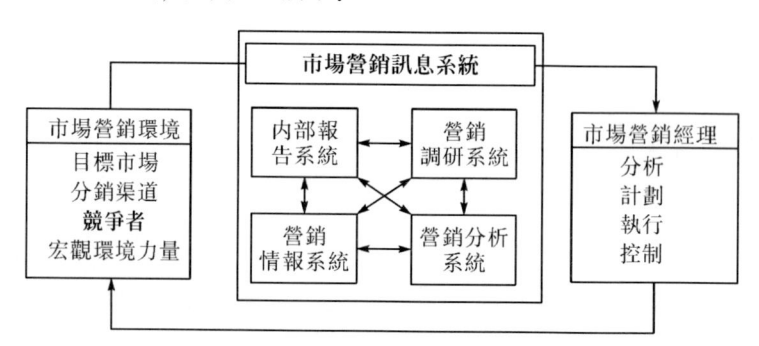

圖3.1　市場營銷訊息系統的組成

（一）內部報告系統

內部報告系統亦稱內部會計系統，它是企業營銷管理者經常要使用的最基本的信息系統。內部報告系統的主要功能是向營銷管理人員及時提供有關訂貨數量、銷售額、產品成本、存貨水平、現金餘額、應收帳款、應付帳款等各種反應企業經營狀況的信息。通過對這些信息的分析，營銷管理人員能夠發現市場機會、找出管理中的問題，同時可以比較實際狀況與預期水準之間的差異。其中「訂貨—發貨—開出收款帳單」這一循環是內部報告系統的核心，銷售報告是營銷管理人員最迫切需要的信息。

（二）營銷情報系統

營銷情報系統是指市場營銷管理人員用於獲得日常的有關企業外部營銷環境發展趨勢的恰當信息的一整套程序和來源。營銷情報系統的任務是利用各種方法收集、偵

察和提供企業營銷環境最新發展的信息。營銷情報系統與内部報告系統的主要區別在於后者為營銷管理人員提供事件發生以后的結果數據，而前者為營銷管理人員提供正在發生和變化中的數據。

(三) 營銷調研系統

内部報告系統和營銷情報系統的功能都是搜集、傳遞和報告有關日常的和經常性的情報信息，但是企業有時候還需要經常對營銷活動中出現的某些特定的問題進行研究。營銷調研系統的任務就是系統地、客觀地識別、收集、分析和傳遞有關市場營銷活動各方面的信息，提出與企業所面臨的特定的營銷問題有關的研究報告，以幫助營銷管理者制定有效的營銷決策。營銷調研系統不同於營銷信息系統，它主要側重於企業營銷活動中某些特定問題的解決。

(四) 營銷分析系統

營銷分析系統也稱營銷管理科學系統，它通過對複雜現象的統計分析、建立數學模型，幫助營銷管理人員分析複雜的市場營銷問題，做出最佳的市場營銷決策。營銷分析系統由兩個部分組成，一個部分是統計庫，另一個部分是模型庫。其中，統計庫的功能是採用各種統計分析技術從大量數據中提取有意義的信息。模型庫包含了由管理科學家建立的解決各種營銷決策問題的數學模型，如新產品銷售預測模型、廣告預算模型、廠址選擇模型、競爭策略模型、產品定價模型以及最佳營銷組合模型等，如圖 3.2 所示。

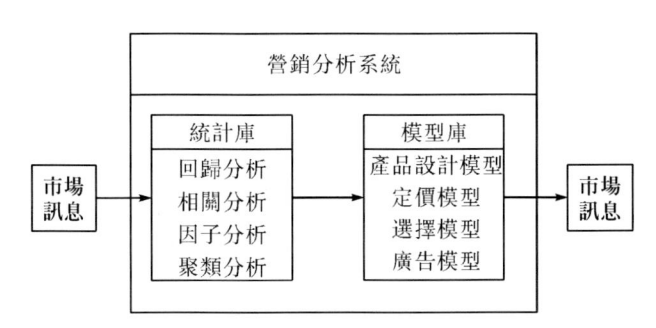

圖 3.2　營銷分析系統

在現代管理中，上述統計方法和決策模型都被編成程序運用在了計算機上，這一做法極大地提高了營銷管理者的決策能力。信息經分析處理后，相當部分的信息還有重複使用的價值，信息在初次使用后便進入存貯狀態為了日后再次使用。還有一部分信息暫不直接使用而直接進行存貯。這就提出了營銷信息的存貯問題。在電子計算機進入信息系統后，將信息進行編碼后放入計算機的存貯系統便成了主要的貯存方式。為使處於存貯狀態的大量信息能及時、方便地被加以使用，還需建立一套科學的信息檢索系統。計算機作為一種有效的工具已在企業營銷管理中得到了廣泛的應用。可以認為，直到有了計算機，才有了現代的企業營銷信息系統。計算機在信息處理中的顯著特點是它能夠實現大量數據的綜合處理，從而提高了信息生成的及時性與準確性。此外計算機還提供了極大的存貯容量和高效率的檢索系統。

二、國際營銷信息系統的作用

國際營銷信息系統的作用主要如下：

第一，保證收集到信息；

第二，保證信息與決策有關；

第三，保證信息可以被管理部門容易地得到、理解和使用。

信息系統取決於產品、進入國際市場的方式、企業內部資源與條件等許多因素。最簡單的信息系統只提供信息來源，複雜的信息系統則包括全面使用計算機，並提供具體的決策模型。各個公司應該依據上述各個因素和實際需要來設立自己的信息系統。一種較理想的國際營銷信息系統應在一個總的國際營銷系統內按不同的國家、不同的標準建立不同的若干個子系統，每個子系統應包括企業在該國各種有關技術方面的信息，為制定公司總體營銷決策服務。總系統與子系統之間應是相互依賴與相互支持的對應關係，彼此之間保持高度的信息對流，為總公司與子公司的各項營銷活動提供迅速、準確、易用的各種市場信息。

三、建立國際營銷信息系統的目的

建立營銷信息系統的目的就是收集、分析、評價和運用適當的、準確的信息，幫助營銷人員和決策者實現營銷決策、營銷規劃，執行營銷活動，提高其理解、適應乃至控製營銷環境的能力。因此，作為一個完整的、具有快速反應能力的營銷信息系統必須包括內部報告系統、營銷情報系統、營銷調研系統和營銷分析系統這四個方面。營銷信息系統的作用是評估經理的信息需要，收集所需要的信息，為營銷經理適時分配信息。而所需信息的收集通過公司內部報告、營銷情報、營銷調研和營銷決策支持分析四方面工作來進行。

四、國際營銷信息系統的構成要素

（一）市場信息

1. 市場潛量

公司現有產品在市場上的地位和前景、有關產品的潛在需求方面的信息、有關互補產品和替代產品的產銷信息。

2. 消費者的態度和行為

消費者或用戶對公司現有產品的態度和需求、購買階層、購買時間、購買頻率等信息。

3. 分銷渠道

有關公司分銷系統、競爭對手的分銷系統、獨立經銷商、批發和零售的分銷系統的信息，包括可獲性、態度和偏好、效率等。

4. 信息傳遞媒介

媒介的可獲性、效果和成本方面的信息。

5. 新產品

有關新產品（包括已在其他國家銷售過的產品）、新設想及其市場潛力的非技術性信息。

6. 競爭對手的市場經營

競爭對手銷售額、歷史、現狀及趨勢；競爭對手現有產品和新產品的市場經營規劃；競爭對手現有產品和在研製產品的特性及價格；有關對手能力、員工士氣、調離調入頻繁程度、生產效率等信息；競爭對手的投資、擴建計劃、遷移計劃等。

(二) 國際慣例與法令方面的信息

1. 外匯

外匯管制當局所操縱的外匯匯率的變化及趨勢，外匯制度和外匯市場，外匯銀行及其他有關貿易金融機構的信息。

2. 稅收

外國當局對所得、股息和利息的課稅規定，所持的意向和態度以及關稅。

3. 其他

影響經營、資產和公司投資的其他信息，包括地方機構和國家機構的條文、規定和法律等。

(三) 資源信息

1. 人力

人力，即勞動力來源、失業、罷工等情況。

2. 資金

資金，即公司所用資金的來源和成本。

3. 原材料

原材料，即原料的來源和成本。

(四) 國際市場宏觀環境信息

1. 宏觀經濟因素

例如，國民生產總值、人均國民收入、經濟增長速度、經濟結構、經濟地理一類宏觀經濟數據。

2. 社會文化因素

社會結構和習俗、生活方式、教育普及程度、宗教信仰等。

3. 政治因素

「投資氣候」、政體、政治安定性、選舉、政局變動、國際關係、戰爭因素等。

4. 科技因素

重大科技成果、技術發展等趨勢。

5. 管理做法

員工報酬、對員工的招聘和解雇、會計體系及報表程序等方面的管理做法和程序。

(五) 公司經營方面的各類信息

公司性質不同，衡量標準也不同。公司經營方面的信息一般包括投資收益率、市場份額及變動趨勢、營銷支出占銷售額比例、各產品系列銷售額增長等。

五、國際營銷信息系統的原則

在建立系統時，要兼顧長遠目標與企業現狀，兼顧預期收益和費用投入。在國際營銷信息系統設計時，應遵循如下原則：

（一）戰略性原則

系統規劃應從企業戰略目標出發，分析企業內部的業務和管理對信息的需求，總體規劃，分步實施。

（二）整體性原則

整個系統能夠完成從信息的收集、處理、分析的全部功能。

（三）實用性原則

系統規劃要為實施工作提供指導，為進一步實施提供依據。方案選擇應追求實用性，必須切合企業的實際情況，不片面求大、求全。

（四）可操作性原則

根據企業最緊迫的問題和企業現狀，確定系統建設目標。根據目標設計信息部組織結構和工作流程，指導其開展工作。

第四節　國際市場營銷調研的挑戰

如前所述，國際市場營銷調研是一個複雜的系統過程，在當前互聯網高速發展的背景下，儘管以在線市場營銷調研為代表的現代調研方式層出不窮，方便性加強，受眾更廣泛，但是傳統的營銷調研仍不可或缺。總體看來，不僅國際市場營銷受目標國政治、法律、文化和社會環境等方面的約束，國際市場營銷調研也面臨同樣挑戰，而其他具有共性的問題同樣需要調研者的關注。

一、文化環境的挑戰

國際市場營銷調研需要對目標國的文化進行較全面的瞭解。目標國與本土國在語言、文化、時差與假期等因素上的差異性對產品和服務影響較大。

（一）語言差異

在使用調查問卷進行營銷調研時，語言成為國際市場營銷調研的第一塊絆腳石。在使用問卷方式進行調查時，最重要的問題就是語言的翻譯問題。由於翻譯不當引起誤解，導致調查失敗的例子是很多的。例如，在扎伊爾，官方語言是法語，但人口中只有少數人能講流利的法語。在這種情況下，問卷調查是極其困難的，因為一種語言中的成語、諺語和一些特殊的表達方式很難譯成另一種語言。識字率則是另外一個問題。在一些不發達國家和地區，識字率很低。用文字寫成的調查問卷毫無用處。

語言差異表現在：第一，同一種語言（如英語）在不同的國度（如英國和美國）可能產生誤解。第二，專門用於研究句子組成部分和排列順序的句法同樣會干擾調查問卷的準確性。例如，簡單地將英語和德語進行互譯，句法會使譯文難以被人接受。

第三，由於對等性的缺乏，翻譯常常也成為調查問卷設計中的常見問題。雖然在當前的國際市場營銷調研中，回譯（Back Translation）的使用會有效減少溝通衝突，但是如果不注意翻譯信度和效度，常常會使調研結果陷入低效。

（二）文化差異

個別訪問是取得可靠數據的重要方法之一。但是在許多發展中國家，由於文化的差異採用這一方法很困難，被訪者或者拒絕訪問和回答問題，或者故意提供不真實的信息。

（三）時差與假期

世界各國時差存在的客觀性和假期的差異性，無疑對國際市場營銷調研的時間和成本是一個挑戰。

二、抽樣的挑戰

抽樣調查是指從全部調查研究對象中，抽選一部分單位進行調查，並據此對全部調查研究對象做出估計和推斷的一種調查方法。人口的多寡、地區的城鎮化程度等因素會對抽樣結果產生影響。發達程度的不均衡，如計算機的普及程度也會使調研結果產生差異。

（一）樣本的代表性

一項抽樣調查要取得成功，樣本必須具有代表性。但是在發展中國家，抽樣調查的樣本往往具有很大的偏倚性，最大問題是缺乏對總體特徵的適當瞭解和從中抽出有代表性樣本的可靠名單。在這種情況下，許多調研人員只能依靠在市場和其他公共場所抽取合適樣本，以取代概率抽樣技術。由於公共場所接受詢問者之間的差異，調查結果往往並不可靠。

（二）目標國調研人員

在國際市場營銷調研中，地方的操本族語言的調研人員會較好地保證調研質量，同時對被訪者來說，也是一種尊重。

（三）調查問卷的長度

當前，全球各地越來越多的人曾經遭遇過被調研的情形，這也理所當然地使得調研遭拒絕的絕對數和相對數上升。因此，在國際市場營銷調研過程中，時間的把握也應該成為調研的考慮因素，而過長的調研問卷往往使被調研對象失去耐心。

（四）激勵

在不同的文化中，激勵產生的效果也有所不同。激勵有時會促生偏見，導致調研結果在一定程度上的失真，而同樣的激勵方式，在有的國度甚至可能被視為是對被訪者的侮辱。

三、測量和信息獲取的挑戰

在國際市場營銷調研中，範圍和測量的對等性非常重要。例如，同一種現象需要在本國和目標國進行均衡，而且這種衡量手段和方法也必須是等同的，甚至兩個國度抽樣的對等性也需要加以認真考慮。

就某種程度而言，國際市場營銷調研可謂費時、費錢、費力。在全球化背景下，尋求調查對象並使其合作並非手到擒來，被調研對象的資料保密性同樣需要重視。網絡和信息化程度對於信息收集的難度和成敗也有重要影響。

四、國際市場營銷調研應注意的問題

第一，要重視借鑑其他國家在國際營銷調研上的經驗與教訓。

第二，要注重交叉文化的研究，克服因文化差異帶來的調研困難。

第三，要盡可能借助於精通兩國語言和兩國文化、系統地接受過營銷學和營銷調研方面訓練的當地人，幫助企業搞好在當地的營銷調研，減少因文化差異帶來的實地調研誤差或困擾。

第四，採用「返翻法」解決調查問卷的詞義問題，即把資料從一種語言譯成另外一種語言，然後請當地人將其翻譯回原來的語言，以檢查是否有錯譯或曲解的地方。

第五，加強對調研人員的培訓。通過培訓調研人員，使調研人員熟練掌握各種調研技巧。這樣當在某國不能使用某一種或某幾種調研方法時，調研人員還可以使用其他調研方法。

復習題

1. 市場營銷調研與國際市場營銷調研有何異同？
2. 國際市場營銷調研的主要內容有哪些？
3. 國際市場營銷調研的程序是怎樣的？
4. 什麼是二手資料？其來源包括哪幾個方面？
5. 國際市場營銷中案頭調研的方法有哪些？
6. 國際市場營銷中實地調研的方法有哪些？
7. 國際營銷信息系統的組成要素有哪些？
8. 建立國際營銷信息系統的步驟和原則分別是什麼？

思考與實踐題

1. 國際市場營銷調研的來源有哪些？
2. 在撰寫國際市場營銷報告時，你會考慮哪些因素？報告需要包含哪些內容？

案例分析一

重視市場調查的李維公司

李維斯（Levi's）是美國西部最知名的名字之一，也是世界上第一條牛仔褲的發明人李維‧施特勞斯（Levi Strauss）的名字。1847年，年僅17歲的李維‧施特勞斯從德

國移民至紐約，幾乎完全不會講英語的他在美國的起初幾年是為他的兩名兄長打工。李維在紐約一帶的偏僻市鎮和鄉村到處販賣布料及家庭用品，他有時甚至露宿路邊或在空的車房裡過夜。加州淘金熱的消息使年輕的李維相當著迷，他於1853年搭船航行到三藩市，隨身攜帶了數卷營帳及蓬車用的帆布準備賣給迅速增加的居民。李維發現帆布有更好的用途，因為有一名年老的淘金人告訴他應該賣的是能挖金時穿的長褲。於是李維把賣不完的帆布送到裁縫匠處訂製了第一件李維斯牛仔褲。就在那一天，李維斯的傳奇誕生了。

由於當時淘金工所穿的衣服皆為一般的棉布衣，較易磨損。牛仔褲則以其堅固、耐久、穿著合適獲得了當時西部牛仔和淘金者的喜愛，大量的訂貨紛至沓來。李維·施特勞斯於1853年成立了李維公司，以「淘金者」和牛仔為銷售對象，大批量生產「淘金工裝褲」。

剛開始，李維·施特勞斯用厚實的帆布裁出低腰、直褲腿、窄臀圍的褲子，後來他放棄帆布，改用斜紋粗棉布，那是一種在法國紡織以不變色靛藍染料織成的強韌棉布，穿起來更舒服。由於此種褲子精悍利落，所以也深得牛仔們的喜愛，漸漸便成了牛仔們的特色。

1860—1940年，李維公司對原創設計進行了不少改良、包括鉚釘、拱形的雙馬保證皮標以及后袋小旗標，如今這些都是世界著名的正宗李維斯牛仔褲的標誌。目前，李維公司已成美國傳統，對全世界的人來說，李維公司代表的是美國西部的拓荒力量和精神。

在李維公司的發展歷程中，始終堅持搞好市場調查，樹立牢固的市場觀念，按用戶需要組織生產的市場決策。根據市場調查和長期累積的經驗，李維公司認為應該把青年人作為目標市場。為滿足青年人的需要，李維公司堅持把耐穿、時髦、合體作為開發新產品的主攻方面，力爭使自己的產品長期占領青年人市場。在20世紀60年代，李維公司瞭解到許多美國婦女喜歡穿男式牛仔褲。根據這種情況，李維公司經過深入調查，設計出適合婦女穿的牛仔褲、便裝和裙子。1978年，李維公司的婦女服裝銷售情況良好，銷售額增加了58%。

為了滿足市場需要，李維公司十分重視對消費心理的分析。1974年，為了拓展歐洲市場，研究市場變化趨勢，瞭解消費者愛好，李維公司向德國顧客提出了「你們穿李維的牛仔褲，是要價錢低、樣式好、還是合身」的問題。調查結果表明，多數顧客首要的選擇是「合身」。於是，李維公司派專人在德國各大學和工廠進行實驗，一種顏色的褲子，生產出了不同尺寸、不同規格和各種型號，大大拓展了銷路。李維公司還根據市場調查獲得的各種有關用戶的信息資料，制訂出五年計劃和第二年度計劃。雖然市場競爭相當激烈，但是由於李維公司累積了相當豐富的市場調查經驗，其制訂的生產和銷售計劃同市場實際銷售量只差1%~30%，基本做到了產銷統一。李維公司的銷售網遍布世界70多個國家，李維公司對所屬的生產和銷售部門實行統一領導。李維公司認為產銷是一個共同體，二者必須由一個上級來決定，工廠和市場之間要建立經常性的情報聯繫，使工廠的生產和市場的需求保持統一。為此，李維公司設立了進行市場調查的專門機構，在國內外進行市場調查，為李維公司的決策提供依據。

正確的市場決策,帶來了李維公司的大發展。李維公司在20世紀40年代末銷售額只有800萬美元,1979年增加到20億美元,30年增加了250倍。近20年來,李維公司已發展成為活躍於世界舞臺的跨國企業。李維公司按地區分為歐洲分部、拉丁美洲分部、加拿大分部和亞太分部。各分部分管生產、銷售、市場預測等各項事宜。李維公司擁有120家大型工廠,設存貨中心和辦事處以及3個分公司(美國李維牛仔褲公司、李維國際公司和BSE公司)。分公司有規模龐大、設備先進的生產廠家,最大的一家年生產能力達到1600萬條。1979年,李維公司在美國國內總銷售額達13.39億美元,國外銷售盈利超過20億美元,雄居世界10大企業之列。

資料來源:張德鵬,湯發良,李雙玫. 市場營銷學 [M]. 廣州:廣東高等教育出版社,2005:124-125.

討論題

1. 本案例中,你認為李維公司成功的關鍵在於什麼?
2. 李維公司對消費者心理進行調查分析時,能否用觀察法來調查?
3. 營銷調研是否為一門精確的科學?為什麼李維公司所制訂的生產和銷售計劃同市場實際銷售量相差為1%~30%,仍可以說基本做到了產銷統一?

案例分析二

市場營銷調研活動:細節決定成敗

上海柴遠森先生出差來北京的時候,在西單買了一本市場調查的書。3個月以後,他為這本書付出了30多萬元的代價。更可怕的是,這種損失還在繼續,除非柴先生的寵物食品公司關門,否則那本書會如同魔咒般伴隨著他的商業生涯。

數據給企業帶來的噩夢

「最近兩年,寵物食品市場空間增加了兩三倍,競爭把很多國內企業逼到了死角。」《中國財富》在2005年北京民間統計調查論壇上見到了柴先生,他說:「渠道相近,誰開發出好的產品,誰就有前途。以前做生意靠經驗,我覺得產品設計要建立在科學的調研基礎上。去年底,決定開始為產品設計做消費調查。」

為了能夠瞭解更多的消費信息,柴先生設計了精細的問卷,在上海選擇了1000個樣本,並且保證所有的抽樣在超級市場的寵物組購物人群中產生,內容涉及價格、包裝、食量、週期、口味、配料6大方面,覆蓋了所能想到的全部因素。沉甸甸的問卷讓柴氏企業的高層著實振奮了一段時間,誰也沒有想到市場調查正把他們拖向潰敗。

2005年年初,上海柴氏的新配方、新包裝狗糧產品上市了,短暫的旺銷持續了一星期,隨后就是全面蕭條,后來產品在一些渠道甚至遭到了抵制。過低的銷量讓企業高層不知所措,當時遠在美國的柴先生更是驚訝:「科學的調研為什麼還不如以前我們憑感覺定位來的準確?」到2005年2月初,新產品被迫從終端撤回,產品革新宣布失敗。

柴先生告訴《中國財富》:「我回國以後,請了十多個新產品的購買者回來座談,

他們拒絕再次購買的原因是寵物不喜歡吃。」產品的最終消費者並不是「人」，人只是一個購買者，錯誤的市場調查方向，決定了調查結論的局限，甚至荒謬。

經歷了這次失敗，柴先生認識到了調研的兩面性，調研可以增加商戰的勝算，而失敗的調研對企業來說是一場噩夢。

不完備甚至不科學的數據採集給企業帶來損失的不只是柴先生自己，在這次論壇上記者還見到了來自東北的北華飲業策劃總監劉強，他們在進行新產品開發過程中進行了系統的口味測試，卻同樣蒙受了意想不到的失敗。

中國人不喝冰紅茶

一間寬大的單邊鏡訪談室裡，桌子上擺滿了沒有標籤的杯子，有幾個被訪問者逐一品嘗著不知名的飲料，並且把口感描述出來寫在面前的卡片上。這個場景發生在1999年，時任北華飲業調研總監的劉強組織了5場這樣的雙盲口味測試，他想知道公司試圖推出的新口味飲料能不能被消費者認同。

此前調查顯示：超過60%的被訪問者認為不能接受「涼茶」，他們認為中國人忌諱喝隔夜茶，冰茶更是不能被接受。劉強領導的調查小組認為，只有進行了實際的口味測試才能判別這種新產品的可行性。

等到拿到調查的結論，劉強的信心被徹底動搖了，被測試的消費者表現出對冰茶的抵抗，一致否定了裝有冰茶的測試標本，新產品在調研中被否定。

直到2000年和2001年，以「旭日升」為代表的冰茶在中國全面旺銷，北華飲業再想迎頭趕上為時已晚，一個明星產品就這樣穿過詳盡的市場調查與劉強擦肩而過。說起當年的教訓，劉強還滿是惋惜：「我們舉行口味測試的時候是在冬天，被訪問者從寒冷的室外來到現場，沒等取暖就進入測試，寒冷的狀態、匆忙的進程都影響了訪問者對味覺的反應，測試者對清涼淡爽的冰茶表示排斥。測試狀態與實際消費狀態的偏差讓結果走向了反面。」

「駕馭數據需要系統謀劃。」好在北華飲業並沒有從此懷疑調研本身的價值。「去年，我們成功組織了對飲料包裝瓶的改革，通過測試，我們發現如果在塑料瓶裝的外形上增加弧形的凹凸不僅可以改善瓶子的表面應力，增加硬度，更重要的是可以強化消費者對飲料功能性的心理認同。」

採訪中，北京普瑞辛格調研公司副總經理邵志剛先生的話似乎道出了很多企業的心聲：「調研失敗如同天氣預報給漁民帶來的災難一樣，但是無論多麼慘痛，你總還是要在每次出海之前聽預報、觀天氣、看海水。」

3個小細節1000萬大風險

普瑞辛格調研公司給《中國財富》出示了兩組數據來說明調研的嚴謹性。同樣的調研問卷，完全相同結構的抽樣，兩組數據結論卻差異巨大。邵志剛介紹說，國內一家知名的電視機生產企業，2004年年初設立了20多人的市場研究部門，就是因為下面的這次調查，部門被註銷、人員被全部裁減。

調查問題：列舉您會選擇的電視機品牌？

其中一組的結論是有15%消費者選擇本企業的電視機；另一組的得出的結論卻是36%的消費者表示本企業的產品將成為其購買的首選。巨大的差異讓公司高層非常

惱火，為什麼完全相同的調研抽樣，會有如此矛盾的結果呢？公司決定聘請專業的調研公司來進行調研診斷，找出問題的真相。

普瑞辛格的執行小組受聘和參與調查執行的訪問員進行交流，並很快提交了簡短的診斷結論：第二組在進行調查執行過程中存在誤導行為。首先，調研期間，第二組的成員佩帶了公司統一發放的領帶，而在領帶上有公司的標誌，其尺寸足以讓被訪問者猜測出調研的主辦方；其次，第二組在調查過程中，把選項的記錄板（無提示問題）向被訪問者出示，而企業的名字處在候選題板的第一位。以上兩個細節向被訪問者洩露了調研的主辦方信息，影響了消費者的客觀選擇。

這家企業的老總訓斥調研部門的主管：「如果按照你的數據，我要增加一倍的生產計劃，最后的損失恐怕不止千萬。」

市場調查是直接指導營銷實踐的大事，對錯是非可以得到市場驗證，只是人們往往忽視了市場調查本身帶來的風險。一句「錯誤的數據不如沒有數據」，包含了眾多中國企業家對數據的恐慌和無奈。

資料來源：尹春洋. 數據恐慌調查：「數據真相」[J]. 商業財富，2005（3）.

討論題

1. 案例中的企業市場營銷調研為什麼會失敗？你認為應該在哪些方面進行改進？
2. 國內企業在注重營銷調研的同時，應該注意哪些問題？

第四章　國際市場進入戰略

引例

中國比亞迪清潔能源汽車進軍北美市場

洛杉磯當地時間 10 月 24 日上午，中國比亞迪有限公司在洛杉磯市中心舉行比亞迪北美總部落成典禮，拉開進軍北美清潔能源汽車和太陽能市場的大幕。

比亞迪公司總裁王傳福表示，比亞迪公司在未來的 18 個月內會專注於電動汽車銷售業務，包括公交車、政府和商業車隊、汽車分享和租賃業務。比亞迪北美總部將通過研發來制定最適合北美市場的車型，並在市場進一步成熟後考慮建設生產基地。比亞迪公司同時宣布將與赫茲汽車租賃（Hertz Car Rental）合作，為該公司提供用於洛杉磯機場的純電動汽車車隊以及用於租賃業務的電動汽車。除汽車銷售和租賃業務外，王傳福稱比亞迪北美總部也會成為太陽能和發光二極管（LED）業務的市場拓展、銷售、技術支持、本土產品設計、培訓以及售後服務中心。

洛杉磯市在電動車充電基礎設施方面領先全美，充電站遍布整個市區，為清潔能源汽車的市場投放打下了重要的基礎。比亞迪北美總部的落成將為洛杉磯帶來近 150 個工作崗位。出席儀式的洛杉磯市市長維拉萊戈薩說：「洛杉磯是全球創新的重要基地，比亞迪將其北美總部落戶於此，是我們大力推動清潔技術類就業的又一體現，也幫助我們進一步推動洛杉磯的就業、國際投資以及城市的可持續發展。」

據悉，洛杉磯市對零排放的汽車進口商擁有獎勵政策，比亞迪公司出口至美國的電動汽車入關關稅將下降 15%。

比亞迪股份有限公司由王傳福於 1995 年創立，目前已發展成為中國領先的混合驅動汽車和節能汽車製造商。美國著名投資者、「股神」沃倫・巴菲特目前持有比亞迪近 10% 的股份。王傳福本人被美國《福布斯》雜誌評為 2009 年「中國首富」。

資料來源：毛建軍，呂冬. 中國比亞迪清潔能源汽車進軍北美市場 [N]. 中國新聞網，2011-10-25.

全球有 220 多個國家和地區，任何企業都不可能也沒有必要同步進入所有的國家和地區開展營銷活動，而是應該根據自己的全球戰略和資源條件，通過國際市場細分，在深入瞭解國際顧客需求和市場競爭態勢的基礎上，確定合適的目標市場，做出恰當的市場定位，選擇有效的方式進入國際市場。同時，在進入國際市場之後，要對企業的國際市場營銷績效進行評估，對於營銷績效欠佳的國際市場則需考慮在恰當的時機以恰當的方式退出。

第一節　貿易進入模式

國際貿易一直是企業進入國際市場的最基本方式，即企業通過出口方式進入國際市場。出口方式是指企業在國內進行產品的生產和加工，再通過國內或國外的中間商向海外市場出口的一種市場進入方式。從宏觀角度來看，出口有利於增加國內就業，增加國家外匯收入，促進本國經濟增長，因而也受到各國政府的鼓勵。對於企業來講，這種方式具有以下幾個方面的優點：

第一，面臨的政治風險較小，常被作為進入國際市場的最初方式。同時，企業的生產要素都留在國內，風險相對較小。出口承擔著國外環境最低限度的政治和其他風險，並幫助企業獲取經驗。

第二，當目標國的市場潛力難以準確預測時，出口可以起到投石問路的作用。

第三，採用這種方式，為企業未來採取其他戰略，進一步對外擴張累積經驗，也為將來的直接投資累積經驗。

第四，當目標國的政治、經濟狀況惡化時，企業可以以極低的成本退出。

當然，出口的方式也有一些缺點，主要是匯率波動和政府的貿易政策變動可能給企業的收益帶來消極影響。出口通暢時企業難以對目標國市場的變動做出迅速的反應。同時，企業對產品在目標國的營銷活動也難以控制。

通常，出口可分為間接出口和直接出口兩種方式。

一、間接出口（Indirect Export）

間接出口是指一個企業將產品賣給國內消費者，而買主又將該產品以原始的或其他的形式出口。間接出口和其他戰略相比，投資較少，風險也較小，因為該企業不必為海外銷售而投資。在間接出口中，企業將產品賣給國內市場的中間人，中間人與國外市場或買主訂有合同。間接出口適合那些資源有限以及沒有出口經驗或經驗較少的企業。間接出口風險性較小，使得企業通過對自己的資源承擔很小的責任來測試市場。中間人負責提供國外市場的相關信息，並降低了企業的信用風險以及用於員工和廣告的開支。

一般來講，間接出口可以選用的中間商主要有國際貿易公司、母國出口代理商和外資銷售機構三種。

（一）國際貿易公司

國際貿易公司是專門從事進出口業務的中間商，通常擁有大量精通外語、國際貿易業務和法律知識的專門人才，具備從事進出口業務的基本條件。國際貿易公司通常還擁有大量的國際市場客戶資源、較為完善的國際市場渠道和國際市場信息系統，有些國際貿易公司還擁有一定的資金實力和國際融資能力。不過利用國際貿易公司開展國際市場營銷會使得企業對目標國市場的控制程度變得很低。國際貿易公司分為專業進出口公司和綜合國際貿易公司兩類。專業進出口公司是專門從事某類產品進出口的

國際貿易公司；綜合國際貿易公司是從事多樣化的產品進出口業務的國際貿易公司。

(二) 母國出口代理商

這是一種為企業辦理出口業務的代理商，這種代理商通常只與企業簽訂短期代理合同，按照企業規定的銷售條件代理產品向目標國市場的出口業務，並按銷售額的一定比例獲取佣金。通過母國出口代理商進行產品出口的優缺點與通過國際貿易公司實施出口相似。差別主要在於兩個方面：一是出口信貸風險、運輸保險等通常由委託企業負責；二是出口通常以委託企業的名義進行，委託企業對目標國市場的控製程度有所提高。

(三) 外資銷售機構

在國際經濟日益全球化的今天，一些國外的政府機構、百貨公司、批發商或零售組織會在東道國設立採購中心，它們往往會主動尋找合適的產品銷往母國或其他海外市場，或者由企業主動與它們建立購銷關係，由它們銷往國外。

企業基於下列原因選擇間接出口：企業不需要國際化的專門技能；企業處於出口的早期階段；可避免向國際市場和未開發市場支出大量財力、人力；在對國際市場承擔更多責任之前，對其產品進行市場測試，並提高其商品名稱和商標的知名度；可以促進現金流動，擴大經濟規模，通過增加銷售量提高經濟容量；旨在通過槓桿作用影響銷售網絡和與他人的合作；有望成為一種在國外儲存代收貨物的方式，而沒有附加的費用和義務。

營銷透視

日本綜合商社

日本綜合商社是指日本一些掌控該國大部分進出口業務的特大型綜合貿易公司，其中包括丸紅（Marubeni）和三菱（Mitsubishi）等公司。日本綜合商社在第二次世界大戰后日本經濟的重建中發揮了重要的作用。日本綜合商社是集貿易、產業、金融及信息等為一體的，具備為客戶提供綜合服務的大型跨國公司。日本綜合商社產生於19世紀末，成長和發展於二戰之後。

日本綜合商社是一種特殊形態的跨國公司，與製造業跨國公司的不同之處在於，製造業跨國公司以產品生產與加工為主，向前或向後進入銷售領域，以及橫向進入其他行業，實現經營多元化。日本綜合商社將貿易功能、產業功能、金融功能和信息功能融合起來，形成一種大型經營綜合體。日本綜合商社的成功運作一方面需要政府的支持、商業銀行的配套發展，另一方面與企業本身及市場經濟體系的完善有重要關係。

日本的大型綜合商社有三井財團、三菱財團、住友財團、丸紅財團、伊藤忠財團，這幾個財團控製了日本大部分的大型生產企業及貿易公司，掌握了日本各類產業的命脈，是五大日本綜合商社。

日本綜合商社優勢體現如下：

優勢一，提供綜合性服務。綜合商社集各種功能於一身，為中小型企業，包括大型企業進出口和發展跨國經營提供綜合性的一體化服務。綜合商社能夠提供信息、技術和設備、原材料、資金，提供從運輸到銷售的各種服務，還能夠幫助並直接參與中

小企業在國外開發資源和設廠等經營活動。

優勢二，獲取規模經濟優勢。綜合商社開展跨國經營，建立遍及世界的銷售網點、信息網點、金融網點和生產基地，進一步強化了其擁有的各種功能。這樣，日本綜合商社便以其自身為中心，將日本國內眾多的中小型企業帶入全球市場的廣闊經營空間；通過擁有可靠、穩定的供貨來源，多元化的範圍經營以及大批量進出口業務獲得的規模經濟優勢。

日本綜合商社是以貿易為主體，以產業為后盾，以金融為紐帶，具有貿易、金融、情報、組織協調等多種功能的國際化、集團化、實業化、多元化的跨國企業集團。日本綜合商社與產業集團（財團）企業有著密不可分的聯繫，是日本企業走向世界的「流通窗口」，在金融、物流、調研、諮詢、市場營銷等方面直接為製造業企業提供支持。在諸如能源開發、大型基礎建設等重大項目中，只要能見到日本企業的地方，毫無疑問會發現日本綜合商社的身影。

資料來源：日本綜合商社［J/OL］. http://www.zdcj.net/cidian-696.html.

二、直接出口（Direct Export）

直接出口不通過母國中間商，而是把產品直接銷售到海外的銷售商或者最終用戶。在直接出口方式下，目標國市場調研、尋找買主、準備海關文件、安排運輸與保險等業務要由企業自己完成。通過直接出口，企業獲得了對國際化經營寶貴的專業知識以及對個別國家運作的具體知識。一次出口的成功往往孕育著另一次出口的成功。出口經驗的增長就經常促使一個企業在開拓新的國際市場機會時更有侵略性。如果該企業后來從事外國直接投資，這些經驗也往往有用。直接出口有利於企業部分或全部控製國外分銷規劃，從目標國市場獲取更多市場信息。直接出口主要有利用目標國代理商、利用國外經銷商、在目標國設立分支機構三種途徑。

（一）利用目標國代理商

這是指在目標國尋找合適的代理商，通過代理商在目標國實現產品的出口和銷售，同時向代理商支付代理佣金。依據其職能的差異，目標國代理商可分為三種：第一種是佣金代理商，這種代理商根據企業的產品目錄和樣品進行銷售，不掌握產品庫存，不承擔信貸風險，只是把收到的訂單交給企業，由企業向買主發貨，代理商根據銷售金額的一定比例向企業收取佣金；第二種是存貨代理商，這種代理商保持一定的庫存，提供倉儲和裝卸設施，但不擁有產品的所有權，向委託企業收取佣金和倉儲、裝卸費用；第三種是提供零部件和服務設施的代理商，這種代理商備有產品的零部件，並提供服務和維修設施，除向委託企業收取佣金外，還向買主收取零部件和服務費用，收費標準要經過委託企業同意。

（二）利用國外經銷商

這是指企業將產品銷售給國外經銷商，並授予他們獨家經營權或優先權，讓其負責產品在目標國市場的分銷業務。通常企業與國外經銷商建立固定的經銷關係，這種經銷商先向企業購進產品，然后在目標市場賣出，賺取中間的差價。

(三) 在目標國設立分支機構

出口企業在目標國市場設立分支機構的形式主要有設立駐外辦事處和建立海外營銷子公司兩種。駐外辦事處的主要職能是收集目標國市場情報、推銷產品、安排物流、提供服務、維修和零部件供應等。與利用目標國代理商和國外經銷商相比，企業在目標國市場設立辦事處可以集中力量分銷本企業產品。不過設立駐外辦事處往往需要大量的初始投資和維持費用，如果企業的產品在目標國市場的銷售潛力不大，就不值得設立辦事處。海外營銷子公司的職能與駐外辦事處相似，具有類似的優缺點，主要的不同在於海外營銷子公司通常是以獨立的法人主體在目標國建立的，在法律和稅賦方面具有獨立性。

直接出口包括應用外資為基礎的分銷商或代理商或在國外設立經營單位以及分支機構或子公司。直接出口為企業提供了產品分佈更大程度上的控制權，對不斷變化的市場條件做出靈活的反應。在直接出口的條件下，企業可以決定產品分佈的渠道、促銷的手段、價格以及所需的服務。

第二節　契約進入模式

契約進入模式是指企業通過與目標國企業建立長期的、非股權聯繫的契約或合同的方式進入國際市場，主要包括國際許可證貿易、國際特許經營、管理合同、生產外包、國際工程承包等模式。

一、國際許可證（International Licensing）

國際許可證模式雖然不是中小型企業的專利，但該模式卻是中小型企業最喜愛的模式。這種模式是指本國公司（授權人）允許外國公司（被許可人）使用其無形資產，如專利、商標、公司名稱等，同時獲得版權費或其他回報。通常這些無形資產的轉移都是伴隨一定的技術服務，以確保資產的適當使用。使用許可證作為進入模式有可能受本國政策的影響。公司如位於知識產權保護意識薄弱的國家，則不適合使用許可證作為進入模式，因為其在本國可能難以實施許可證協議。許可證模式不如出口模式靈活，而且公司對被許可人的控製力不及對本公司的海外出口或生產的控製力。但是當市場不穩定，授權公司在進入外國市場遭遇財政和營銷難題時，許可證模式將非常適用。

因為公司策略、競爭程度、產品特性、授權人與被許可人的利益等不同，所以幾乎所有的國際許可證安排都是獨一無二的。通常來說，許可證協議屬於具體的法律合同文本，通常包括指明協議的範圍、確定補償方式、確定權利、基本權利和限制、指明合同的期限。

許可證進入模式的優點如下：

第一，可以繞開貿易壁壘，如繞過目標國進口關稅或配額等方面的限制；

第二，有利於低成本進入國際市場，在典型的許可證貿易中，被許可人可承擔建

造海外營業設施的大部分投資，承擔大部分打開目標國市場的費用和風險；

第三，當目標市場存在較大的政治風險或企業對該目標國市場很不熟悉時，許可證貿易可以較好地降低進入該類市場的風險。

許可證進入模式的缺點如下：

第一，企業不一定擁有目標國客戶感興趣的技術、生產訣竅、商標等無形資產；

第二，限制了企業對目標國市場容量的充分挖掘；

第三，對被許可人的控製程度低，有可能培養了潛在的強勁的競爭對手；

第四，企業有可能失去對目標國市場營銷方案的規劃和控製權；

第五，有可能因為權利義務問題陷入糾紛和訴訟中。

通常國際許可證進入模式被認為是出口模式和生產的補充，而不是進入外國市場的唯一方法。儘管該進入方式盈利可能為最低，但是風險和難度都小於直接投資。該模式也是在外國市場的資本化的合理方式。

二、國際特許經營（International Franchising）

國際特許經營進入模式是契約進入模式的一種，特許經營模式使得特許經營方（Franchisor）對加盟方（Franchisee）的控制與支持要優於授權人與特許授權人之間的關係，是指企業（特許方）將商業制度及其他產權諸如專利、商標、產品配方、公司名稱、技術訣竅和管理服務等無形資產許可給獨立的企業或個人（被特許方）。被特許方用特許方的無形資產投入經營，遵循特許方制定的方針和政策。作為回報，被特許方除向特許方支付初始費用以外，還定期按照銷售額一定的比例支付報酬。

特許經營在國際上被稱為第三次商業革命，是企業擴張的法寶，具有迅速擴展業務、占據當地市場、節約能源和資本等特點。近年來特許經營業在中國得到了快速發展，隨著中國對外零售服務業限制政策的逐步取消，特許經營將以更大的規模和速度進入中國，改變企業的創業和擴張方式。

與許可證進入模式不同的是，特許方要給予被特許方以生產和管理方面的幫助。例如，提供設備、培訓、融通資金、參與一般管理等。特許進入模式的優點和許可證進入模式的優點相似。在這種模式下，特許方不需要太多的資源支出便可快速進入外國市場並獲得可觀的收益，而且特許方對被特許方的經營具有一定的控製權。特許方有權檢查被特許方各方面的經營，如果被特許方未能達到協議標準和銷售量或損害特許方產品形象時，特許方有權終止合同。

國際特許經營的優勢主要表現如下：

第一，特許經營方能夠在實行集中控製的同時保持較小規模；

第二，可以實現在較小資金投入下的高速增長，同時規避了自身的風險；

第三，利用加盟方的財力資源，降低了財務風險，特許經營方並不擁有加盟店的資產，經營風險由加盟方自行承擔；

第四，由於加盟方對所屬地區有較深入的瞭解，往往更容易開拓新的業務領域；

第五，由於有共同的利益，每個加盟方會努力提高經營業績；

國際特許經營的不足之處主要表現如下：

第一，如果加盟方的業務發展順利，部分加盟方會逐漸產生一種獨立感或離異心理，或向特許經營方提出更有利於自己的要求，更有甚者，加盟方可能自立門戶，成為特許經營方的業務勁敵；

第二，由於加盟方的經濟獨立性和分散性特點，給特許經營方和加盟方之間的溝通帶來難度，同時特許經營方對加盟方的控製程度較差。

第三，如果加盟方以總收入的一定百分比支付特許經營權的使用費，其可能不願意徹底披露自己的總收入。

第四，尋找合適的特許經營加盟者可能比較困難。

總之，特許經營有其獨特的優勢，但是並非十全十美，特許經營方和加盟方都需認識到這些優缺點，雙方博弈的最終結果必將是形成雙贏的局面。

營銷透視

麥當勞公司的特許經營支持系統

做特許經營要建立特許連鎖系統，其中要有強有力的支持系統，支持系統是特許經營的核心之一。受許者購買的不僅僅是商品的銷售權和商標的使用權，而是整個商業模式的經營權。特許者要對受許者在企業創建和經營運作方面給予支持和指導，這要求有一個強有力的加盟總部，特許方具有較強的組織能力，為受許方提供營運、系統和營銷等方面的支持，以維繫整個特許經營系統的運轉。

麥當勞公司成為世界上最成功的特許經營典範之一，它在全球的特許加盟店之和有2.8萬多家，每天都有1800多萬人光顧麥當勞餐廳。麥當勞公司特許經營的成功與它的支持系統密不可分。

1. 地點選擇和餐廳裝飾支持

麥當勞公司主導對餐廳地點的選擇，不是片面地追求網點數目的擴張，而是經過了嚴格的調查，在店址評估上給予受許商指導和監督。麥當勞公司的研究表明，可能來麥當勞公司就餐的決定，其中70%是一時衝動，因此麥當勞公司選擇的地點盡可能方便客戶的光臨。在美國，麥當勞公司除了在傳統的區域和郊區建立餐廳之外，還在食品商場、醫院、大學、大型的購物中心建立分店。在美國之外，麥當勞公司首先在中心城市建立餐廳，然後再在中心城市之外開設特殊服務的自由單元。麥當勞公司在建築上進行標準設計，並通過一個全球採購系統統一進行設備和材料採購，從而減少地點選擇成本和餐廳建築成本。在裝潢上，麥當勞公司提供了標準規範，達到店面視覺上的統一。

2. 制度執行和標準化管理支持

特許經營的核心，就是要開發一套設計科學、流程合理、高效運轉的、標準化的、可以複製的系統，這個系統可以放到任何地方去複製。麥當勞公司為特許分店提供了完善的制度支持和標準化管理支持，具體表現在如下一些方面：

第一，提供標準化的產品線。每個餐廳的菜單基本相同，而且「質量超群、服務優良、清潔衛生、貨真價實」。提高產品的口味，重視食品的質量，不斷改進菜譜。確保各個分店提供食品口味的穩定性，這樣無形中固定了產品的內在特殊性，形成顧客

對其產品的忠誠度。

第二，制定統一的服務規範。麥當勞餐廳把為顧客提供周到、便捷的服務放在首位。所有的食物都事先盛放在紙盒或杯裡，顧客只需排一次隊，就能取得他們所需要的食品。麥當勞公司在高速公路兩旁開設了許多餐廳，當人們驅車經過時，向距離店面十幾米遠的通話器報上所需食品，便可以一手交錢，一手拿貨，馬上又驅車上路。

第三，制定詳細的程序、規則和條例規定規範的作業方式。世界各地的所有麥當勞餐廳都遵循一種標準化的作業方式。例如，食品都嚴格執行規定的質量標準與操作程序，對製作漢堡包、炸薯條和清理餐桌等工作都進行詳實的動作研究，確定工作開展的最好方式，然後再編成書面的規定，用以指導各分店管理人員和一般員工的行為。

第四，在食品的質量、飯店的清潔度、飯店的經營運作程序以及友善禮貌的櫃臺服務方面執行嚴格的標準。麥當勞餐廳的產品、加工和烹制程序乃至廚房布置都是標準化的，有穩定的、品質保證的物品供應鏈系統。

3. 技術和設備支持

麥當勞餐廳使用標準化設備，採用機械化的操作保證產品品質統一。在麥當勞餐廳，都是只有服務員，沒有廚師，廚師都被機械替代了，這就大大降低了人力資源成本及勞動強度，保證食品品質穩定統一，而且極大地提高了食品生產速度。麥當勞餐廳的廚房與櫃臺之間是一排機器，包括飲料機、雪糕機等廚具設備，由專門指定的公司為其提供。麥當勞公司不斷開發新的生產設備和系統，提高餐廳的營運能力。

4. 員工培訓支持

特許經營需有統一的模式，特許經營企業的訓練系統非常重要，因為加盟店的發展速度在很大程度上取決於訓練系統的速度、效率和標準化。

麥當勞公司在對員工的培訓方面不減少開支。新員工入職培訓時間是15～30天，新員工在培訓期也能領到工資。任何一個麥當勞餐廳都提供公平的、非歧視性的工資。

麥當勞公司還通過漢堡大學為特許經營者、管理者和管理助理提供培訓。麥當勞公司於1961年開始了漢堡大學的培訓課程，其目的在於傳承麥當勞公司的全球經營管理經驗。學校在建立市場份額、員工管理及保持市場領地等課程中提供有20種語言的同聲傳譯系統。近十年來，麥當勞公司於各區域設立國際漢堡大學，目前全球已有7所，分別位於德國、巴西、澳大利亞、日本、美國、英國、中國香港，每年有超過5000名來自世界各地的學生至漢堡大學參與訓練課程，而每年有超過3000名的經理人修習高級營運課程。

資料來源：從麥當勞看特許經營的支持系統［J/OL］．www.docin.com/p-725357613.html.

三、管理合同（Management Contract）

管理合同模式是指企業與某個外國企業簽訂合同，在合同期內負責該外國企業的全部或部分業務管理，並以此獲得相應報酬。管理合同實際上是轉移管理資源的一種方式。轉讓方並不擁有接收方的所有權，僅僅擁有接收方的控制權和經營管理權並以此取得報酬。支付報酬的方式可以是多種多樣的，如可以是按利潤額或銷售額一定的

百分比提取，也可按具體的服務支付規定的費用或者按照約定費用支付。例如，美國的環球航空公司曾為埃塞俄比亞航空公司從事日常的經營管理；上海的華亭賓館也曾委託著名的美國喜來登酒店集團經營管理。

管理合同方式是一種風險較小的進入國際市場形式。對於企業來說，無須投資便可取得對國外企業的管理控製，並可使企業的管理資源為企業帶來收益。同時，企業可以充分發揮在某些行業累積和總結的管理經驗的商業價值，無須投資就可以獲得對大量業務的控製權，並可充分發揮人力資源的作用。當然，這種進入方式是有條件的，具體如下：

第一，企業要具有可以複製的管理模式，並且這種模式具有較高的效率和競爭優勢；

第二，企業要擁有大量對該管理模式有深刻理解，並能熟練運用該管理模式的國際性人力資源；

第三，從頭建立這樣一套管理模式的成本是巨大的，而且這樣的管理模式涉及很多的管理訣竅和知識，因而難度也是巨大的。

這種進入方式的缺點也是顯而易見的，即一旦合同到期，企業如果沒有獲得新的管理合同就必須離開東道國市場。

四、生產外包（Production Outsourcing）

生產外包是指企業將產品的製造業務外包給國外的公司，企業向國外公司提供零部件進行組裝，或向國外公司提供詳細的製造標準由其仿製，然後由企業用自己的品牌進行營銷活動。

生產外包將企業的產品製造作業轉移給了合約的對方，從而可以將精力和資源集中在國際市場營銷上。當企業在品牌管理和國際市場營銷方面具有特別的優勢時，這是一種有效地拓展國際市場的方式。但是，這種方式也存在如下一些缺點：

第一，有可能把合作夥伴培養成競爭對手；

第二，有可能失去對產品生產過程、產量以及產品流向的控製；

第三，有時會對準時供貨造成困擾。

五、國際工程承包（International Project Contracting）

國際工程承包模式是指某公司通過訂立合同為東道國建設一個工廠體系或工程體系，承擔全部設計、建造、配備設備、安裝調試以及試生產等活動，完成後將整個工程體系交給購買方。當合同完成的時候，外國客戶將獲得隨時可正常運轉的整個設施的「鑰匙」，故又稱為「交鑰匙」工程。

國際工程承包通常是大型、複雜且歷經數年的工程。例如，建造核電站、飛機場、鋼鐵廠、石油化工提煉基地、冶金基地、旅遊勝地和住宅開發項目等。這是一種高度專業化技術的出口，是產品出口、技術出口和勞務出口的一種混合體。

承包工程如今越來越多地以所謂的「B-O-T」（Build - Operate - Transfer）工程為人熟知。這是一種「建設—經營—轉讓」方式，是政府將一個基礎設施項目的特許權

授予承包商，承包商在特許期內負責項目設計、融資、建設和營運，並回收成本、償還債務、賺取利潤，特許期結束後項目所有權移交政府，同時承包商也承擔合同期內的金融風險。

營銷透視

葛洲壩：國際工程承包大顯身手

中國葛洲壩水利水電工程集團公司（以下簡稱葛洲壩集團公司）是 2004 年首次登入「全球最大的 225 家國際承包商」排行榜的中國企業之一。在管理型、多元化、現代化、國際化的「一型三化」發展戰略指導下，葛洲壩集團公司積極調整國際業務發展思路，理順管理體制，改革運行機制，「走出去」的步伐明顯加快。近年來，葛洲壩集團公司的國際業務呈現出又好又快的發展勢頭，國際營業額保持了持續快速增長，國際業務範圍擴展到水電、公路、市政、輸水、房建、供貨等多個領域，在東南亞、南亞、中東、西非、北非等多個國家承接了多項國際工程，合同金額不斷創造歷史最好紀錄。

2007 年，葛洲壩集團公司在「全球最大的 225 家國際工程承包商」中名列第 150 位，是 2007 年進入該榜單的 49 家中國企業之一。自 2004 年首次入選《工程新聞記錄》（ENR）最大的 225 家國際工程承包商序列以來，葛洲壩集團公司已連續第 4 年入選 225 強。2007 年，葛洲壩集團公司承接的國際項目合同額在中國 2000 多家「走出去」企業中排名第五，中標簽約的尼日利亞蒙貝拉工程和巴基斯坦尼魯姆·杰盧姆工程是中國公司在國外承接的兩個最大的水電工程項目。

葛洲壩集團在對外承包工程中屢戰屢勝，得益於其多年來在國內工程項目承包市場中累積起來的技術優勢和管理優勢，有針對性地揚長避短，完整的規劃和統一實施的策略以及在市場定位和項目管理上的經驗。

資料來源：中國企業「走出去」成功案例 [N]. 陝西日報, 2012-02-03.

第三節　對外直接投資模式

當市場成熟並且潛在的銷售十分可觀時，對外直接投資就是正確、合理的選擇。對外直接投資要求企業充分利用人員、資本和管理要素。反過來，企業需要制定和執行他們認為進入國外市場最好的營銷戰略，這種戰略能夠擁有潛在的最大的利潤和控製權。

對外直接投資（Foreign Direct Investment，FDI）包括企業購並以及包括合資經營和獨資經營在內的綠地投資兩種進入形式。

一、企業購並

企業購並（Enterprise Aquisition & Merger）是指投資者通過市場購買東道國現有企業的股權或資產，從而進入目標市場的投資形式。世界上先後發生了五次大的購並浪

潮。目前，購並已成為跨國公司對外投資的主要形式。購並不僅在發達國家間進行，在發展中國家和地區也被廣泛使用。購並幾乎涉及所有的行業，規模也越來越大。例如，1998年世界上前10位的購並案的金額都在400億美元以上，最高的埃克森公司購並美孚公司更是達到860億美元。企業通過購並可以很快獲得被收購企業的控製權、員工、技術、品牌和分銷網絡，借此獲得持續發展，通過整合國際戰略急需創造收益。

營銷透視

菲利普·莫里斯公司的收購策略

20世紀50年代，當醫生們把香菸與癌聯繫在一起時，菸草公司就立即意識到，如果他們自己要正常地生存下去，就必須採用新的戰略。由於消費者和廣告限制構成的威脅對企業十分強大，因而不能忽視，於是絕大多數著名的菸草製造商就開始尋求進行多種經營，進入新的市場領域的方法。

菲利普·莫里斯公司是規模最大、獲利最為豐厚的菸草公司之一，其主要產品——萬寶路牌香菸風靡世界，其強大的財力，足可購買其他企業。1959年，菲利普·莫里斯公司用1.3億美元收購了米勒啤酒公司（Miller Brewing Company），米勒啤酒公司的經歷是開發市場最為成功的例子之一。先前，啤酒行業都採用保守和陳舊的方法來開發市場，菲利普·莫里斯公司採用了與之不同的新方法，並附之以龐大的市場開發預算。菲利普·莫里斯公司對原先米勒啤酒公司的產品結構進行了改造，淘汰了老式產品，而主要生產低度的高級啤酒和高度的低級啤酒，並加強廣告宣傳。結果，米勒牌啤酒獲得巨大成功，在美國銷售量僅次於巴德韋塞牌啤酒。接著，菲利普·莫里斯公司以米勒牌啤酒為基礎，又生產出迎合各種顧客需要的萊特牌啤酒，這樣就使菲利普·莫里斯公司的銷售量和利潤都大幅上升。1978年，菲利普·莫里斯公司又購買了七喜飲料公司，並把原來含咖啡因的飲料改為無咖啡因飲料，隨後又發展了一種無咖啡因的可樂飲料，並在廣告上大量宣傳這兩種飲料，使其銷售量飛速上升。

菲利普·莫里斯公司又購買了國際第四大菸業公司——羅思曼斯公司，使得菲利普·莫里斯公司成為全方位的國際公司，使其不但能保持原產品線和市場，並且把萬寶路牌香菸推向國際市場。

資料來源：吳國新. 市場營銷學習題與案例教程 [M]. 北京：電子工業出版社，2002.

國際購並之所以能成為國際對外直接投資的主要形式之一，在於購並具有以下優點：

第一，可以充分利用被購並企業現有設備、人員、銷售渠道，迅速開展生產和開拓市場，加速企業國際化經營的步驟。

第二，可以和被購並企業實現資源互補，如被購並企業的專利、商標、專有技術、品牌知名度等，而這些是通過新建方式無法獲得的，縱向兼併還可以保證原材料的供應。

第三，可以減少競爭，如果是同行業購並，可以結成戰略聯盟共同對付其他競爭者；如果是跨行業購並，可以獲得被購並企業現有的市場份額，迅速實現多元化經營，

繞開行業進入壁壘。

第四，可以節省資金。被購並企業一般處於經營困難期，急需資金投入，因而可以壓低購並價格到實際價值以下，減少投資成本。這些企業一旦獲得資金投入，可以迅速擺脫困境，恢復原有的競爭力，給購並者帶來高額回報。因此，有時購並價格高一點也是值得的。

但是，購並也存在一定的局限性，主要表現如下：

第一，企業購並最大的障礙在於購並對象的尋找和評估。在一些國家，較難找到合適的購並對象，即使找到合適的購並對象，由於各個國家的會計制度不同，對被購並企業的資產尤其是無形資產和財務狀況難以正確評估。

第二，購並易受到被購並企業原有的各種正式、非正式契約關係的約束。例如，企業重組之後可能需要裁減人員，而這可能會遭到工會的反對，或受東道國有關勞動法的約束，難以如願。

第三，由於民族感情等原因，購並往往容易遭到東道國政府的限制和當地民眾的反對。

第四，由於文化上的差異，跨國公司的管理模式不易得到當地員工的認同。

二、綠地投資

綠地投資（Greenfield Investment）是從無到有的運作。「Greenfield」一詞來自未開發的綠地。綠地投資是指投資者在東道國境內依照東道國的法律設置，購買或租賃土地，建立新公司或新工廠，形成新的經營實體的投資形式。綠地投資又稱創建投資或新建投資，是投資主體在東道國的部分或全部資產所有權歸外國投資者所有的企業。

綠地投資戰略具有以下幾個明顯的優勢：

第一，企業可以根據自己的國際化經營戰略來決定投資規模地點和業務，確定新的組織架構和規章制度，有利於跨國公司加強對新企業的控制，提高新企業的運行效率。

第二，新建企業所需的一切資產都可以從自由市場上購買，價值評估比較準確，對預算控制比較容易。

第三，東道國地方政府常常因為企業為社會創造了大量的就業機會，而給予一定的政策優惠。

第四，企業從零開始，經理人不需要處理現有的債務、顧及陳舊的設施，或與工會討論改變舊工作規章。

然而綠地投資戰略也有一些不足，主要表現如下：

第一，必須投入大量的人力、物力等各種資源，速度慢、週期長。

第二，需要豐富的跨國經營經驗和對東道國非常瞭解。

第三，完全依靠自己的力量經營管理，要獨立開拓市場，成功的實施需要時間和耐心。

綠地投資會直接導致東道國生產能力、產出和就業的增長。綠地投資包括兩種形式，即合資經營形式和獨資經營形式。

(一) 合資經營（Joint Venture）

合資經營是指企業與其他一個或幾個投資者在目標市場共同投資經營的一種市場進入方式。投資各方按照出資比例共同參與經營管理，共同分擔風險及共負盈虧。一般來說，東道國一方主要以廠房、設備、人員作為投資，外方則主要以商標、技術、資金作為投資，各種投資統一折算為現金來決定各方在合資企業中的股權。

合資經營的股權比例受到許多因素的影響，如企業的經營戰略、所屬行業、東道國競爭狀況、產品生命週期及企業自身狀況等，其中最為關鍵的是東道國政府的法律。各國政府為了維護本國的經濟利益，一般都對合資企業雙方的投資比例進行限制。例如，美國政府規定，外國人在航空公司或美國註冊的船舶公司所占股權不得超25%。許多發展中國家為了提高外資利用額，會鼓勵外國投資者擴大以產品外銷為主的合資企業的股權比例，而對以內銷為主的合資企業，則一般會有較嚴格的限制。

合資經營進入方式的優點主要如下：

第一，可以避開東道國政府的限制，尤其是許多發展中國家為了扶持民族工業和保護國內市場，外國資本只能以和本國企業合資的方式進入本國市場。

第二，可以減少投資風險。由於合資企業中有東道國企業的參與，東道國既可得到資金，又可學習國外先進的技術和管理經驗，因而容易獲得東道國政府和消費者的認可，如沒收、徵用、經營限制等政治風險發生的概率降低，還可能得到東道國政府的優惠政策。

第三，可以充分利用東道國企業熟悉當地法律、商業管理、文化習俗的優勢，充分利用東道國企業在當地良好的社會關係和銷售渠道，迅速占領目標市場。

儘管合資企業具有以上優勢，但也存在一些弊端，主要如下：

第一，由於合資企業雙方文化背景、管理理念、利益動機等方面的差異，可能導致雙方在經營目標、戰略規劃、管理方法、利潤分配等方面存在分歧和矛盾。

第二，合資各方的長短期目標不同，常導致合資各方對營銷規劃及績效的追求與評價標準產生分歧。

第三，對跨國投資方來說，自己的技術秘密和財務信息被東道國投資方所瞭解，這些商業秘密的洩露可能使自己遭受損失；而對東道國投資方來說，由於在技術和管理上的落後，容易受到跨國投資方的控製，甚至詐欺。

與合資企業的優勢相比，其缺點比較間接和隱蔽，對合資企業的破壞性較大。企業在選擇合資經營方式時應注意解決好以下兩個問題：首先，選擇好國外合資夥伴，除了對方的資信狀況和經營能力進行深入考察外，合資雙方還應有必要的互補資源，具有共同的經營戰略目標和合資理念。其次，要處理好股權分配問題。為了掌握合資企業的控制權，最直接的方法就是擁有多數股權，控製權可以保證合資經營朝自己當初設定的方向前進。

(二) 獨資經營（Sole Proprietorship）

獨資經營是指企業在目標市場獨自投資經營的一種市場進入方式。企業擁有全部股權，單獨負責投資子公司的經營管理並獨自承擔風險和盈虧。對於東道國來說，獨資企業是一家完全由外商投資經營的企業，商業活動體現的是國外跨國公司的利益，

而不一定符合本國經濟發展情況。因此，東道國政府為了避免獨資企業給國內經濟帶來消極的影響，往往對獨資企業採取嚴格的政策，特別是在金融、電信以及水、電等公共設施部門，發展中國家在這方面表現得尤為突出。

儘管獨資企業形式受到東道國的種種限制，但是近年來獨資經營這種直接投資方式發展速度越來越快。這主要是因為獨資經營有以下幾點優勢：

第一，投資者對獨資企業擁有完全的決定權和控製權，可以對獨資企業實施有效的控製，使之更好地服務於總公司的全球戰略和整體利益。

第二，有利於保證產品的質量和企業的形象。

第三，有利於企業保護自己的技術及財務等商業秘密。

第四，企業可以得到全部的經營利潤。

獨資經營的缺陷主要表現在以下幾個方面：

第一，需要投入大量的資金，並可能面臨更大的經濟風險。

第二，不易得到東道國政府和消費者的認可，面臨較大的政治和經營風險。

第三，在某些國家和地區，獨資企業進入的行業和經營範圍會受到較多限制。

因此，投資者要積極主動同東道國合作，遵守東道國的法律法規，尊重當地的風俗習慣，創造一個良好的經營環境，減少所面臨的風險。

營銷透視

跨國公司面臨挑戰：獨資還是新一輪合資

1993年9月，「跨國公司與中國」會議在北京召開，西門子、巴斯夫、摩托羅拉等50多家跨國公司的代表和中國政府高層官員齊齊到場。會議當晚，時任國家主席江澤民在中南海邀請了其中15個比較大的跨國公司代表——這是改革開放以來中國政府對他們第一次正式的邀請。

這一年，被海外觀察家視為跨國公司在華大規模投資的開始。當年的統計證實了這一看法，外商直接投資金額突然放大，合同外資達到了1114億多美元，實際利用外資270億美元，幾乎都是1992年的一倍。

在剛剛開始時，合資成為跨國公司進入中國的基本模式。一方面，國家政策規定外資進入「必須由中方控股」，外資企業只能被動合資；另一方面，跨國公司需要中方合作夥伴幫助打開市場。

在中國市場十餘年的縱深發展過後，跨國企業在華呈現兩種趨勢：先前進入中國的跨國公司部分開始傾向獨資；隨著中國市場的深度開放，一些還沒進入中國市場的跨國公司開始在新的尚未完全放開的領域尋求合資。

據商務部發布的調查結果顯示，跨國公司在生產投資中，57%的跨國公司在生產方面投資傾向於獨資新建；37%的跨國公司願意與具備一定技術和生產資源或能力的企業合資；傾向於通過併購相關生產工廠來投資的跨國公司的比例為28%。

2004年年末，UPS快遞與合作了16年的中外運公司簽署協議，在2005年12月底之前，由中外運公司向UPS快遞移交23個城市的國際快遞業務，種種關於UPS快遞在中國市場獨資運作的猜測真相大白。

在此之前，雅芳、松下、西門子、聯合利華等眾多知名外企紛紛在中國加速了其獨資化的步伐，而這種變化和趨勢對中國企業和市場所帶來的影響也正逐漸顯露出來。

資料來源：跨國公司面臨挑戰：獨資還是新一輪合資［N］.第一財經日報，2005-01-20.

第四節　國際市場進入方式的比較和選擇

一、國際市場進入方式的比較

國際市場的三種進入方式實際上反應了國際營銷從低到高的三個發展階段，因此它們的應用目的和條件也有較大的區別。貿易進入方式基本上被處於國際營銷初級階段的企業所採用，目的是消化生產能力，擴大銷售市場；契約進入方式則是企業根據自身的某些資源優勢，有針對性、有目的地進行的國際營銷活動，基本上只參與管理，獲取收益，不涉及股權分配問題；直接投資進入方式是國際營銷的最高階段，企業的目的除了獲取收益，還包括掌握企業的控制權和所有權，使海外子公司服務於公司的全球戰略利益，跨國公司是這一階段的典型代表。具體來說，三種進入方式在以下幾個方面存在較大差別：

（一）進入程度

進入程度是指企業在國際化經營中將資源投入到東道國市場的相對程度。可用單位產品生產成本中本企業的資源比例加以衡量，比例越高，進入程度越深，反之則越淺。

（二）控制程度

控制程度是指企業在國際化經營中對在東道國的經營主體所擁有的控制權和決策權。控制程度包括有關經營主體的組織架構、經營範圍、採購、生產、銷售、研發、人事、財務、利潤分配和戰略規模等各個領域。控制權是國際經營投資各方最為敏感的問題，關係企業自身利益的保護和總體戰略的實施。控制程度與進入程度密切相關，進入程度越深，控制程度就越強，反之則相反。

（三）靈活性

靈活性是指企業轉變經營內容、方式、地位的成本水平。不同的國際市場進入方式，企業面對的沉沒成本也是不同的。沉沒成本的大小與靈活性呈負相關關係。對於國際化經營的企業來說，不確定的因素越多，就應選擇靈活性較大的進入方式，減少企業的沉沒成本。

（四）風險

風險是指經營過程中不確定因素引發損失的可能性及程度，包括經營風險、交易風險、經濟風險、政治風險等。風險與進入程度和控制程度呈正相關關係，與靈活性呈負相關關係。隨著三種進入方式由低級到高級發展，企業的進入程度不斷加深，控制程度不斷提高，靈活性逐步下降，所承擔的風險也逐漸增大，如表4.1所示：

表 4.1　　　　　　　　　　國際市場進入方式的特徵比較

特徵＼進入方式	間接出口	直接出口	許可證經營	特許經營	管理合同	合資經營	獨資經營
進入程度	<	<	<	<	<	<	<
控制程度	<	<	<	<	<	<	<
靈活性	>	>	>	>	>	>	>
風險	<	<	<	<	<	<	<

註：「<」表示左項小於右項；「>」表示左項大於右項。

二、評估可選擇性國外市場

企業國際化的第一步，就是要選擇一種市場進入戰略。這個選擇將反應一個公司對於市場潛力、公司能力、市場化程度以及將要進行的責任管理等因素的分析。一個公司進入國外市場要求的投資較少，通過有限的、不經常的出口，可以不必花費太多精力於市場發展；或者一個公司通過大量的資本投資和管理投入來獲取並保持世界市場長久的、特定的份額。這兩種進入方式都是有利的。進入國際市場，首要的和從長遠來看，應選擇與公司戰略目標一致的方式。

（一）市場潛力

對市場潛力的評估，有主觀和客觀兩種方法。客觀方法包括人均收入、能源消耗、人口、國內生產總值、公共基礎設施和耐用消費品的擁有量等信息。但是，該類數據反應的是過去，而不是將來。因此，在評估發展潛力時，企業仍需要主觀性考慮。例如，隨著東歐和中歐計劃經濟退出歷史舞臺，許多發達國家的企業關注的不是表明這些國家經濟負增長的數據，而是關注這些國家採取新經濟政策和規劃的未來經濟增長的趨勢。

（二）競爭水平

在選擇外國市場時企業要考慮的另一個因素是市場當前和未來的競爭水平。為了評估競爭環境，企業應該掌握目標市場上已存在的競爭對手的數量和規模、市場份額、價格策略和營銷戰略、優勢和劣勢，並在分析這些因素的基礎上考慮實際的市場狀況和自己的競爭地位。例如，幾年前起亞汽車公司擠進了擁擠的北美汽車市場，因為起亞汽車公司相信儘管通用、福特、本田、大眾等汽車公司已占據了牢固的市場地位，但是韓國工廠低價的勞動力成本允許其收取更低的價格。

許多成功的企業始終會關注一些主要的市場以便在合適的時候尋找機會，這對於不斷進行技術或常規變革的工業企業尤為重要。電信行業便是一個很好的例證。電信行業曾經是效率低下、發展遲緩的國有壟斷企業，而現在卻成了各種新技術的集中點，如光纜、手機服務、衛星網絡等。許多這類企業，尤其是歐洲的和拉丁美洲的，都已經或正在被私有化。與此同時，過去那些阻止市場進入和創新的障礙也都沒有了，這都有利於企業進入新的地理市場和產品市場。

（三）政治和法律環境

一個企業在進入國外市場之前也需要瞭解東道國的貿易政策及其總體的法律和政治環境。企業會盡可能選擇避免向稅收高、貿易限制多的國家出口，而更青睞開放的、壁壘少的國家。相反，嚴格的貿易政策或較高的貿易壁壘可能會迫使企業通過外商直接投資進入市場。例如，通用、奧迪、奔馳汽車公司都在巴西建立工廠以避免巴西的高稅收，同時又可以把巴西作為一個生產平臺。在評估外國市場時，政府的穩定也是一個重要因素。一些欠發達國家經常會發生軍事突變或類似的騷亂。政府對價格的規制和對營利性活動的管理也需要考慮。例如，許多政府禁止為香菸和酒精產品做廣告，因此這些產品的生產者們必須明白在這些國家此類限制在多大程度上影響其打開市場的能力。同樣，企業還應慎重地避開東道國的政治敏感問題。

（四）社會文化影響

企業評估外國市場時還必須考慮社會文化因素的影響，由於社會文化因素具有很大的主觀性，較難量化，為了減少這些因素帶來的不確定性，企業通常選擇與其本國文化傳統相似的國家作為海外目標市場。

在社會文化因素中，第一個要考慮的因素就是與消費者有關的因素。任何對於目標市場中的消費者需要和意向的忽略，都會使企業的市場營銷活動陷入麻煩。

如果企業想採用外商直接投資模式進入外國市場，還應考慮與潛在的員工有關的社會文化因素。例如，企業中的獎勵機制、工作時間和薪水的規定等。通過雇傭當地管理者，聽取他們的意見和建議，外國企業往往可以避免或者減少與當地的文化衝突。

（五）成本、收益和風險

評估外國市場的下一步就是仔細衡量在特定目標市場從事商務活動的成本、收益以及風險。

1. 成本

成本可分為直接成本和機會成本。直接成本是企業進入海外目標市場所需的費用，包括機構的建立（如租用或購買辦公設備）、經營管理人員的支出、裝備和貨物的運輸費用等。然而，成本並不是做出進入戰略決策的決定因素。例如，即使在自己的國家加工可以更廉價地供應目標市場，很多企業還是決定投資國外市場來加工設備，這是因為它們進入目標市場時，常被「正式或非正式的關稅壁壘或類似壁壘的威脅」所阻礙。

2. 收益

進入一個新的潛在市場會給一個企業帶來很多潛在收益，最顯著的潛在收益是可期待的銷售量和市場收益。其他的收益包括較低的取得和加工成本、排斥競爭對手的市場、相對優勢、採用新技術以及通過其他活動取得協同的機會。

3. 風險

很少有不用承擔一定風險就能得到的利益。一般來說，進入新市場的企業要承擔匯率波動的風險、附加操作的複雜性風險以及對潛在市場評估的不準確造成直接經濟損失的風險。在極端的情形下，企業還要面對由於戰爭等原因使政府扣押財產而導致損失的風險。

三、選擇進入模式

很多因素影響著企業是在本國生產還是在東道國生產的選擇。除了考慮一個國家的相對工資水平和土地獲得成本以外，企業還要考慮盈餘或未利用的建造工廠的容量、引進研究與開發的設備、合理的要求、消費者的需要以及額外的管理國外機構的行政成本。政治風險也是必須考慮的，東道國國內戰爭、官員腐敗、政府政策不穩定等也會阻止許多企業向東道國投入重要資源。

（一）政府政策影響進入模式的選擇

高關稅政策在鼓勵國內生產的同時會阻礙出口；高額企業稅收和政府對收益回收的禁止會抑制對外直接投資；政府的不作為也會影響企業的投資選擇。

（二）交易成本影響進入模式的選擇

如果成本偏高，公司很可能採用對外直接投資或合資公司模式。如果成本較低，公司會採用設立子公司、授權或合同加工。在做決定時，公司必須考慮所有權優勢的性質以及保證生產、與當地企業建立和諧的工作關係的能力。

（三）企業的全球總戰略影響進入模式的選擇

像福特汽車公司這種在國內和國際活動中尋求規模經濟和協同效率的企業，更傾向於所有權為主導的進入模式。相反，像微軟集團和耐克公司這樣競爭力在於其靈活性和對變化市場的快速反應的企業，更喜歡採用東道國當地狀況所保證的一切進入模式。作為全球戰略的一部分，保證所有市場活動相協調的需要也會影響企業的選擇。

（四）其他因素影響進入模式的選擇

企業在國外市場中會面臨或多或少的不確定性。為了減小因不確定性而導致的風險，一些企業往往選擇原始的進入模式，以保證較強的控製力。對於缺少資本或者行政能力薄弱的企業，不能或不願承受強控製力度所要求的大額資本投資，它們更願意採用那些節省資本和管理責任的進入方式，如許可經營。擁有現金較多的企業更喜歡對外直接投資，它們相信這種方式有高收益的潛力以及充分國家化地培養年輕經理人的機會。

總之，和大多數商業活動一樣，市場進入模式的選擇是對許多因素權衡的結果，這些因素包括市場的風險程度、市場的潛在利潤、有效競爭所必需的資源責任的重要性、企業對控製程度的要求等。

復習題

1. 國際企業的主要出口形式有哪些？
2. 有哪幾種情況比較適合國際許可證貿易方式？
3. 什麼是國際特許經營方式？其優缺點是什麼？
4. 對外直接投資戰略的兩種常見方式是什麼？
5. 合資經營和獨資經營的優勢和劣勢分別是什麼？
6. 不同的國際市場進入方式在進入程度、控製程度、靈活性和風險方面分別如何？
7. 國際市場進入方式的選擇應考慮哪些因素？

思考與實踐題

中國一家制藥企業利用自己的生物制藥技術開發出一種新的藥品,對於提高中老年人免疫能力具有很好的效果,受到市場的好評。該企業考慮將產品打入歐盟市場,準備在以下幾種方案中做出選擇:

(1) 在國內生產產品,然后由外國代理商負責銷售。
(2) 在國內生產產品,並在歐洲設立一家獨資子公司負責銷售。
(3) 尋找一家歐洲企業作為合作夥伴,設立一家各持50%股份的合資公司,產品在該子公司生產,然后由該歐洲企業負責銷售。雖然設立子公司需要一大筆投資,但是對於這家企業來說還能承受。

你認為應該選擇哪種方案?為什麼?

案例分析一

萬向集團:「反向OEM」國際化

萬向集團最早是一家由農民經營的「鐵匠鋪」,30多年后發展成為中國汽配業的龍頭企業,擁有近120億元資產,在美、加、英、德等國設立了十多家子公司。

萬向集團走上國際化的道路,是在當時的經濟環境下不得已而為之的。最初為拖拉機、卡車供應萬向節,20世紀80年代初開始供應轎車的萬向節。當時國內市場狹小,同類企業有56家,競爭非常激烈。鄉鎮企業沒有國家計劃,內銷沒有市場,要想絕處逢生就只有出口。

1984年,萬向集團實現了第一批產品出口——為美商舍勒貼牌生產3萬套萬向節。通過十幾年跳躍式的發展運作,2005年,萬向集團海外收入已經占到萬向集團主營收入的26%以上,被海外同行視做主要競爭對手。萬向集團國際化的成功對非消費品製造企業具有典型的借鑒意義。

與國際跨國公司相比,萬向集團在技術、質量上比不過優秀的同行;在國內,萬向集團在成本、價格方面比不過小廠。萬向集團成功的關鍵在於其形成了跨國企業必備的能力——全球範圍內進行資源有效配置,使資源在嫁接、轉移、互換中,得到了有效地放大和提升。

中國汽車市場巨大的發展前景以及低成本產品的競爭優勢,使中國成為歐美跨國公司轉移生產基地的最佳選擇。同時,隨著全球原材料價格不斷上漲,零部件製造商的生產成本大幅提升,又無法轉嫁給整車製造商,微薄的利潤率使其難逃破產或瀕臨困境的命運。

在跨國公司紛紛增加在中國的採購額之際,萬向集團正是借此機會,以極少的現金和低成本的製造優勢,通過併購挽救了那些瀕臨倒閉的歐美同行。萬向集團海外擴張過程中,出色地完成了幾大具有決定性意義的併購戰役,使其國際化充滿了傳奇

色彩。

傳奇一：低產高出。美國舍勒公司是全球擁有萬向節技術專利最多的企業，具有強勢的品牌和銷售渠道。萬向集團曾為其貼牌生產長達14年，后來舍勒公司的經營狀況越來越差，1998年被萬向集團以難以想像的42萬美元的低價收購了品牌、專利技術、專用設備和市場網絡。之后，萬向集團將舍勒公司的所有產品全部搬到國內生產，在美國市場仍以舍勒的品牌銷售，實現了國內低成本生產，國外高價格銷售。此次收購還使萬向集團取代舍勒公司成為全球萬向節專利最多的企業。

傳奇二：以弱勝強。創立於1890年的美國洛克福特公司，是翼形萬向節傳動軸的發明者和全球最大的一級供應商，占全美市場70%左右的供貨量，其地位是萬向集團在海外僅靠自有資源和能力難以達到的。洛克福特公司擁有大量的產品專利、先進的檢測技術中心、一支非常優秀的研發隊伍，美國市場向來認為其技術絕對領先。萬向集團入主後，將其轉型為以技術能力為核心，使其達到了為福特汽車配套的條件，企業增值能力立刻顯現出來。萬向集團收購其第二年就開始盈利，年平均投資回報率在200%以上。合作有效地提升了萬向集團在國際汽車零部件領域的影響力。

傳奇三：強爭渠道。2000年，實行產業多元化戰略的萬向集團實施制動器項目，作為這一行業的新秀，想進入美國市場是很難的。而美國上市公司UAI的UBP品牌在美國占據了廣大的零售和修配市場。2001年，UAI公司因併購擴張出現問題時，萬向集團出價280萬美元取得第一大股東地位，要求UAI公司每年向萬向集團採購不少於500萬美元的制動器產品，此舉打開了萬向集團制動器產品進入美國市場的通道。在萬向集團入主後的兩年間，UAI公司採購了萬向集團價值1000多萬美元的制動器產品。通過這一「爭搶產品進入國際市場渠道」的案例，可以看到萬向集團對國際資本市場嫻熟的把握能力。

傳奇四：反客為主。2005年，萬向集團美國公司收購PS公司60%的股權。該公司成立於1932年，是福特汽車公司的核心供應商，也是克萊斯勒、通用等公司的一級供應商。此項收購打通了向美國三大汽車製造企業供貨的渠道。萬向集團還通過收購美國最悠久的軸承生產企業GBC公司獲得了完整的市場網絡，並與最大的汽配供應商TRW、DANA等形成戰略合作關係。

萬向集團以股權換市場、參股換市場、設備換市場、市場換市場、讓利換市場等各種方式與國際先進技術和市場資源對接，迅速從萬向節擴大到等速驅動軸、傳動軸、軸承、滾動體、密封件、轎車減震器、制動器、輪轂等系列化汽配產品，使其在製造方面的核心競爭力得到最大限度的放大。

萬向集團的國際化執行過程，體現在與跨國公司同行合作，與國際經營接軌；通過收購拿到的專利技術，提升製造能力和產品質量，建立海外研發機構，與國際技術接軌，實現同步開發；借助被收購公司原有的品牌和銷售渠道，擴大與一流汽車廠商的配套業務，與國際主流市場接軌，擴大生存發展空間。

萬向集團在併購擴張中形成了獨特的「反向OEM模式」，即收購國外知名品牌汽配供應商，把產品轉移到國內生產，再打上原來的品牌返銷國際市場。這種模式的成功前提是具有低成本和大規模生產能力、對製造技術快速消化吸收能力，加上併購獲

得的主流市場穩定的客戶關係和銷售渠道，就可以占盡低成本製造、高價格銷售帶來的高額利潤空間。

萬向集團在製造上的長板得以和國外合作夥伴的短板互補，進一步擴大了製造規模，控製了銷售渠道和品牌以及一定程度的定價權，得以分享市場利潤的大蛋糕。不少國內企業通過跨國公司的全球採購，得到產品出口或者給國外企業配套的機會，但是大多只能在國際分工中得到一點可憐的加工費，像萬向集團這樣快速走上全球產業價值鏈前端的中國企業屈指可數。

萬向集團國際化實踐摸索出了成熟的海外市場+國內生產模式。同時也說明，全球經濟一體化是互利共生的時代，競爭法則不再只是「吃」與「被吃」，更多地表現為融合與共贏。

萬向集團的國際化徵途還很長，能否培養出一大批國際化經營和技術人才，固化已經形成的良好企業文化和經營風格，不斷提升戰略策劃和執行能力，在已取得專利技術的基礎上培生出自主創新能力，是萬向集團基業長青之根。

資料來源：鄭磊. 萬向集團「反向 OEM」國際化〔J/OL〕. http://www.p5w.net/news/cjxw/200611/t595724.htm.

討論題

1. 根據案例資料，分析萬向集團的國際市場經營是如何以股權換市場、參股換市場、設備換市場、市場換市場、讓利換市場的？

2. 萬向集團的國際市場進入方式有哪些？分析這些進入方式的特點、優勢和適用條件。

案例分析二

綠地投資助海爾走向全球

海爾集團是中國企業海外綠地投資的代表。1999 年 4 月 30 日，海爾集團投資 3000 萬美元在美國南卡羅來納州建立了美國海爾工業園，園區占地 700 畝，年產能力 50 萬臺。海爾集團從此成為中國第一家在美國製造和銷售產品的公司。同時，海爾集團在美國洛杉磯建立了海爾設計中心，在紐約建立了海爾美國貿易公司，至此海爾集團在美國形成了設計、生產、銷售三位一體的經營格局。此後，海爾集團先後在歐洲、南亞、中東、非洲等地區投資建設。截至 2009 年，海爾集團在全球建立了 29 個製造基地，8 個綜合研發中心，19 個海外貿易公司。

海爾集團通過綠地投資方式以及長期的投入培育了自主的國際知名品牌；通過在東道國建立生產中心，有利於傳遞海爾集團將長期在這裡為顧客服務和提供后勤保障的信號，更利於爭取零售商和消費者；建立的貿易公司和設計中心有利於海爾集團感受東道國消費者需求的微妙變化和對百貨商店實施庫存監測；在實施本地化的過程中，海爾集團已經完全消除「外來者」的形象，成為一個本地品牌。

海爾集團實行綠地投資的成功與其漸進式走出去的方式以及強大的海外投資支撐

體系不無關係，分析海爾集團海外策略的成功，要從其整體「走出去」佈局開始梳理。

漸進式「走出去」

海爾集團的發展歷程可以分為四個階段，如下表所示：

海爾集團發展歷程的四個階段

1984—1990 年	內向型發展階段。在這個階段，海爾集團先在國內市場以創新產品的方式建立了海爾的品牌形象。
1990—1996 年	出口階段，通過海外銷售使產品走向國際市場，主要依賴外國專營經銷商設立營銷網點，並建立國際物流中心，保證對海外經銷商的產品供應，贏得了國際信譽。
1996—1998 年	海外投資階段（在印度尼西亞等地投資）。在海外設立公司，生產技術也走向海外，在印度尼西亞、馬來西亞、南斯拉夫、伊朗和美國等國先后投資設廠。
1999 年以後	本土化階段（在美國南卡羅來納州投資、設計、生產、銷售）。海爾集團立足當地發展成本土化的世界名牌。

海爾集團「走出去」靠的是一條漸進式道路，即在逐步取得國內市場領先地位的基礎上，開始推進國際化。為了取得國內領先地位，海爾集團首先致力於實施名牌戰略，使海爾冰箱成為國內馳名品牌；繼而實行多元化戰略，全面進軍制冷家電、「白色家電」、「黑色家電」、信息家電及其他生產領域。在廣泛取得國內競爭優勢的基礎上，1990 年，海爾冰箱開始出口德國和美國市場，拉開了海爾集團的產品進入海外市場的序幕。經過 9 年努力，海爾集團的營銷國際化取得豐碩成果：冰箱、冰櫃、空調、洗衣機等出口到歐洲、美國、日本、東南亞、中東、拉美、澳大利亞等 87 個國家和地區，海爾集團的冰箱、空調、洗衣機的生產技術也出口到印度尼西亞、馬來西亞、菲律賓、南斯拉夫和西班牙等國家，還在印度尼西亞、菲律賓、馬來西亞、南斯拉夫、伊朗和美國等國投資設廠，並逐步推行海外投資的本土化，成為中國企業「走出去」的典範。

系統化組合助海外投資

海爾集團「走出去」過程中，採取了系統化的組合措施。

第一，創立世界名牌。為了提高產品質量，塑造一流品牌，海爾集團給自己制定了許多嚴格的標準，如產品零缺陷、物流零距離、倉儲零庫存、用戶零煩惱等。通過這些嚴格的標準，海爾集團的質量管理實現了瞬間的控制有效。在中國成為著名品牌后，海爾集團提出了「國門之內無名牌」的觀念，認為在開放的市場上只有世界的才是民族的，要想成為民族品牌，必須在國際競爭中成為世界著名品牌，並著手擴大海爾集團的世界影響，將海爾品牌推向世界，爭取國際權威質量認證，獲得了美國、歐盟、日本、澳大利亞、美洲、俄羅斯、加拿大等國家和地區的多種產品認證，成為中國獲國外認證證書最多的企業。

在創立世界名牌的過程中，海爾集團的生產、技術、質檢、環保、服務等多方面與國際接軌，在世界處於領先地位，品牌價值迅速提升。這為海爾集團進軍海外市場奠定了堅實的基礎。

第二，建立國際化的營銷網絡。海爾確立了「先難后易」的出口戰略，首先將產品打入挑剔的發達國家市場。在德國、美國獲得良好聲譽后，向西歐、日本、澳大利亞等更多的發達國家市場拓展，並以居高臨下之勢，迅速推向中東歐、拉美、中東、南非等地市場。在海外銷售過程中，主要依賴外國專營經銷商設立營銷網點，並建立國際物流中心，保證對海外經銷商的產品供應，贏得了國際信譽。

第三，構建國際化技術研發網絡。海爾集團堅持技術研發目標國際化、技術研發課題市場化、技術研發成果商品化的原則，從一開始就引進德國的冰箱生產技術，並逐步培植自己的技術研發能力，以資本為紐帶，與國內眾多科研院所建立合作關係，形成自己的研發體系。在海外，海爾集團與許多大公司、技術中心建立交流、合作、協作網，建立東京、洛杉磯、蒙特利爾、悉尼、阿姆斯特丹以及中國香港等信息中心，建立東京、蒙特利爾、里昂等設計分部，根據國際市場信息，跟上國際技術潮流，開發本土化的產品。

第四，建立海外生產體系。海爾集團堅持循序漸進的「走出去」戰略，認為產品出口是走出去的初級階段，企業發展到一定水平就要向技術輸出、資本輸出邁進，在海外投資設廠。1996年12月，海爾集團在印度尼西亞設立海爾莎保羅有限公司，占51%的股份，標誌著海爾集團開始生產國際化。

此后，海爾集團抓住東南亞金融危機對外投資的有利時機，加快在東南亞投資的步伐。1993年，海爾集團又在美國南卡羅來納州設立冰箱廠，形成了設計中心在洛杉磯、營銷中心在紐約、生產中心在南卡羅來納州的美國本土經營體系，並實施海外投資生產、設計、營銷等全方位本土化，獲得了較好的效益。

海爾集團「走出去」的啟示

歸納海爾集團「走出去」的主要特點如下：

經營範圍——海爾自己的核心產品；

發展進程——從創造國內名牌、國際名牌著手，到出口，再到跨國投資，漸進性發展；

對外投資方式——以綠地投資，即新建企業為主；

跨國投資效果——成功率高，發展快。

通過海爾集團「走出去」的經驗可以看出，在對外投資中，必須長期把開發國際市場作為市場營銷的戰略組成部分，跟蹤國際技術和產品信息變化，堅持高質量，以創造世界名牌為導向，根據各國用戶的不同需求不斷開發新技術、新產品，進行技術創新、產品創新，致力於推行本土化戰略等。

資料來源：桑百川，李玉梅．綠地投資助海爾走向全球［N］．企業觀察報，2013-09-05．

討論題：

1. 結合本案例資料，分析企業國際化經營採用綠地投資模式成功的關鍵點有哪些？

2. 在海爾集團的發展歷程的第四階段中，海爾集團是如何成長為本土化的世界品牌的？

第五章　國際市場營銷戰略

引例

張裕葡萄酒的國際目標市場營銷

2006年5月12日，國際葡萄與葡萄酒組織（以下簡稱OIV）主席雷納、總經理盧西攜同一批國際著名葡萄酒專家對張裕北京酒莊及其種植基地進行了詳盡的現場考察。OIV還特意從其全球的葡萄酒技術專家網絡中遴選出三位資深專家（釀酒師、種植師、旅遊專家）作為張裕北京酒莊核心技術團隊的推薦人選。

張裕公司與法拉賓公司的合作包括技術與市場兩大方面。在技術方面，法拉賓公司承諾向張裕公司提供白蘭地生產關鍵環節的核心技術支持，每年委派經驗豐富的技術人員赴張裕公司進行技術服務，同時安排張裕公司的技術人員到其公司進行學習和培訓。在市場方面，法拉賓公司在張裕公司推廣自產高檔白蘭地的過程中給予必要的協助，同時選擇張裕公司為中國市場的獨家代理和經銷商。

此外，張裕公司還公布了將在全球範圍內公開招聘首席釀酒師的消息，開出了「年薪百萬」的條件。將在全球範圍內招聘有15年以上豐富釀酒經驗的釀酒師兩名，優先考慮在法國波爾多地區及可涅克地區，分別招葡萄酒及白蘭地的釀酒師各一名，應聘者具有釀酒專業碩士以上文憑（或國家釀酒師以上文憑），精通國際先進水平的釀造技術。到目前為止，張裕已接到數十位國際釀酒師的簡歷資料。

市場國際化

張裕公司總經理周洪江表示，按目前銷售收入排名，張裕已躋身國際葡萄酒業前20強，提前3年實現既定目標。未來3年是張裕集團推行國際化戰略的重要3年，目標是到2008年打入全球葡萄酒行業10強。對於海外業務，張裕將通過三種途徑實現。第一種途徑是直接出口形式；第二種途徑是通過合作夥伴的銷售渠道打開國際市場；第三種途徑是通過聯合品牌或者直接收購來拓展國際市場。張裕公司下一步將首先在以東南亞為主的亞洲市場以及澳大利亞市場上尋求突破，然后打入歐洲、美國等成熟的國際市場。

當然，張裕公司近期在國際市場上也屢有斬獲。例如，奧地利專業葡萄酒商已進口了10萬瓶高品質張裕葡萄酒到歐洲，標有「山東白葡萄酒2005」英文標籤的張裕葡萄酒已經出現在奧地利高檔餐館和葡萄酒專賣店內。前不久，張裕公司還向德國出口了1.8萬箱的張裕·解百納，價值數百萬元人民幣，成為中國葡萄酒行業最大的一筆出口訂單。

品牌國際化，百年張裕的「新長徵」

品牌國際化，也就是要實現品牌的跨國營銷，是指一個企業使用相同的品牌名稱

和圖案標誌，進入一個對本企業來說全新的國家或地區開展品牌營銷，其目的是在其他國家或地區建立起本品牌的強勢地位。在建立國際化品牌時，企業可以採用自有品牌（如華為利用自有品牌的成功海外戰略）、海外併購品牌（如聯想對於國際商業機器公司全球個人電腦業務的併購），或者採用聯合品牌的形式來實現（如 TCL 在發展中國家推廣自有品牌，在發達國家用當地知名品牌拓展當地市場，並積極拓展代工生產業務）。從葡萄酒在國際市場上的狀況來說，百年張裕的品牌國際化之路可以說更像是開啓了一次新的長徵。因為幾乎在任何一個主要葡萄酒生產和消費國，都已經形成了自己成熟的品牌，而且國外的葡萄酒生產一貫遵循較為嚴格的質量控製標準及成熟的市場消費文化等特點，這也為張裕公司的品牌國際化戰略設置了不小的障礙。從張裕公司 2005 年的業績來看，國內市場和國際市場的銷售收入分別為 17.9568 億元和 870 萬元，這一數據也足以說明張裕公司的國際化戰略還有待加強與完善。

從張裕公司目前的國際市場開拓思路來看，將遵循以下的路線：國內市場—鄰國市場—全球市場，沿著這條路線張裕公司將進行如下的品牌國際化擴張：品牌代理—聯合品牌—品牌併購。那麼，張裕公司在品牌國際化的進程中需要有什麼樣的競爭準備呢？

品牌文化認同

中華文明源遠流長，對於世界上的眾多消費者來講，中國還是一個充滿著神祕色彩的國度，其中一個重要的因素就是中華民族悠久的歷史文化。葡萄酒產品是從西方傳過來的成熟產品，而中國品牌想要走出去，其實依靠的還是我們中國文化。中國的歷史文化、中國的酒文化等都是張裕公司可以應用的寶貴資源。更為重要的是，張裕品牌所富含的中華文化還要與國際目標市場的當地文化能夠產生共鳴。也就是說，用中國的獨特民族文化來包裝張裕品牌，並尋求與目標市場的文化結合點，來進行張裕品牌國際化的滲透與擴張。這樣，既保持了獨特性，還體現了融合性。例如，誠實的、守信的、可靠的、成功的、卓越的等在全世界都可以引起共鳴的文化因素，就可以作為張裕公司的品牌切入點，而這些因素需要利用中國特有的文化載體來進行宣講與灌輸。

品牌市場定位

張裕公司的系列產品要逐漸進入國際主流的消費市場，還需要明確自己在當地市場上的品牌定位，即張裕公司將滿足哪部分消費者的需求。例如，在國內市場上近年來張裕公司利用張裕·解百納和張裕·卡斯特兩個副品牌成功實現了品牌向高端化的轉型。那麼，在進入特定的國際市場時，高中低端目標消費群體的選擇也同時擺在了張裕公司的面前。當然，這還取決於張裕公司在品牌國際化進程中的模式選擇問題。但是根據目前中國葡萄酒行業的產品結構（已有部分產品能夠達到國際市場的認可）、生產模式（大規模生產）與分銷模式（選擇型或者密集型分銷），尤其是在採用以自有品牌進攻國際市場時，應採用以中檔產品為主，高檔和低檔產品為輔的模式來運作。例如，張裕公司用中國菸臺產區特有的蛇龍珠品種釀造的解百納就可以作為進攻國際市場中高端市場的龍頭產品。

品牌推廣模式

張裕公司的品牌國際化，還可能採取聯合品牌或者品牌收購的形式來實現擴張。國外市場上，葡萄酒企業眾多，品牌也是紛繁複雜，選擇什麼樣的品牌進行聯合或者收購也會成為張裕公司需要思考的問題。例如，截至2006年1月1日，澳大利亞共有2008個葡萄酒廠。要解決這一問題，張裕公司需要從文化認同和市場定位兩方面來結合考慮。還是以澳大利亞市場為例，如果採取中檔市場作為目標市場時，不妨先在澳大利亞選擇品質控製嚴格而且產品較有特性的中小型酒廠來合作，由當地酒廠來為張裕葡萄酒灌裝，最后將張裕品牌的成品酒推向市場；如果張裕公司在澳大利亞市場採用高端模式，那麼與相對大型的酒廠進行聯合品牌的推廣也不失為一種市場選擇。

翻看百年張裕的歷史軌跡，也是一個中國接近世界、瞭解世界和融入世界的過程。但是，在新的競爭環境之下，在其資本結構、合作夥伴、技術支持與市場開拓等國際化方面的良性鋪墊下，張裕公司要實現自己的品牌國際化夢想，還是需要審時度勢，走好前進道路上的每一步，最終完成百年張裕品牌國際化的「新長徵」。

資料來源：唐文龍. 品牌國際化，百年張裕的「新長徵」[J/OL]. news.brandcn.com/pinpaipinglun/071016_105210.html.

目標市場營銷的概念是由美國學者（Wendell R. Smith）於1956年在《產品差異和市場細分——可供選擇的兩種市場營銷戰略》一文中首先提出來的。目標市場營銷是指企業依據一定的標準對市場進行細分，從中選擇對企業最具吸引力的子市場作為自己的目標市場，並確定產品在目標市場的定位和相應的營銷策略的過程。從概念中我們可以看出，目標市場營銷可分為三個階段：首先，確定市場細分標準，對市場進行細分，即市場細分（Segmentation）；其次，對各個子市場進行分析評估，選擇部分子市場作為自己的目標市場，即目標市場選擇（Targeting）；最后，根據企業自身的資源和競爭優勢，確定產品在目標市場中的位置，即市場定位（Positioning）。因此，目標市場營銷也稱為STP營銷。企業並非一開始就持有目標營銷的觀念，企業營銷方式也經歷過以下幾個發展階段：

第一階段：大量營銷階段（Mass Marketing）。

早在19世紀末20世紀初，即資本主義工業革命階段，整個社會經濟發展的中心和特點是強調速度和規模，市場以賣方為主導。在賣方市場條件下，企業市場營銷的基本方式是大量營銷，即大批量生產品種、規格單一的產品，並且通過廣泛、普遍的分銷渠道銷售產品。在這樣的市場環境下，大量營銷的方式降低了產品的成本和價格，獲得了較豐厚的利潤。企業沒有必要研究市場需求，目標市場營銷戰略也不可能產生。

第二階段：產品差異化營銷階段（Product Differentiated Marketing）。

20世紀30年代發生了震撼世界的資本主義經濟危機，西方企業面臨產品嚴重過剩，市場迫使企業轉變經營觀念。營銷方式從大量營銷向產品差異化營銷轉變，即向市場推出許多與競爭者不同的，質量、外觀、性能和品種各異的產品。產品差異化營銷較大量營銷是一種進步，但是由於企業僅僅考慮自己現有的設計、技術能力，忽視對顧客需求的研究，缺乏明確的目標市場，因此產品營銷的成功率仍然很低。

第三階段：目標營銷階段（Target Marketing）。

20世紀50年代以后，在科學技術革命的推動下，生產力水平大幅度提高，產品日新月異，生產與消費的矛盾日益尖銳，以產品差異化為中心的推銷體制遠遠不能解決西方企業所面臨的市場問題。於是，市場迫使企業再次轉變經營觀念和經營方式，由產品差異化營銷轉向以市場需求為導向的目標營銷，即企業在研究市場和細分市場的基礎上，結合自身的資源與優勢，選擇其中最有吸引力和最能有效為之提供產品和服務的細分市場作為目標市場，設計與目標市場需求特點相互匹配的營銷組合。

第一節　國際市場細分

一、國際市場細分的概念和意義

（一）國際市場細分的概念

國際市場細分（International Market Segmentation）是在市場細分的基礎上發展起來的，是市場細分概念在國際營銷中的應用和深化。國際市場細分是指企業按照一定的細分標準，將整個國際市場細分為若干個具有不同特徵的子市場。其中，任何一個子市場的消費者都具有相同或相似的需求特徵。在此基礎上，企業選擇其中一個或多個子市場作為自己的國際目標市場。市場細分的理論依據是顧客需求的異質性、風俗、地理、經濟等營銷環境的差異，不同國家和地區的消費者對產品的需求不同，對營銷方式的反應也有差異。國際市場細分不是將市場進行簡單的分類，而是把具有相同或類似需求特徵或對營銷方式具有相同反應方式的消費者劃分為一群，在深刻認識這個群體的消費特徵的基礎上，企業選擇與其資源相匹配的市場，制定相應的市場戰略。因此，國際市場細分是企業確定目標市場和制定國際營銷策略的前提。

國際市場細分具有兩個層次上的含義。第一，世界上有眾多的國家，企業究竟進入哪個（或哪些）市場最有利？這就需要根據某種標準（如經濟、文化、地理等）把整個市場分為若干子市場，每一個子市場具有基本相同的營銷環境。企業可以選擇某一組或某幾個國家作為目標市場，這種含義的國際市場細分稱為宏觀細分。宏觀細分是微觀細分的基礎，因為只有首先確定進入哪個或哪些國家，然后才能進一步在某國進行一國之內的細分。第二，企業進入某一國外市場后，由於該國的顧客需求也是千差萬別的，企業不可能滿足該國所有顧客的需求，而只能將其細分為若干個子市場，滿足一個或幾個子市場的需求，這種含義的國際市場細分稱為微觀細分。

（二）國際市場細分的意義

國際市場細分的意義體現在以下幾個方面：

1. 有利於滿足消費者的需求

市場營銷觀念認為，對顧客需求的滿足是企業營銷活動成功與否的關鍵。在國際市場營銷活動中，企業要面對眾多不同國家和地區的消費者，不僅消費者的需求與偏好相差懸殊，而且各國的營銷環境也各不相同，任何企業都無法同時滿足所有國家和

地區消費者的需求。只有對不同國家和地區的市場進行細分，企業才能根據消費需求的特點及自身的資源狀況，選擇相應的細分市場作為自己的目標市場，從而更好地滿足這部分消費者的需求。

2. 有利於企業發現並抓住國際市場的營銷機會，確定目標市場

通過市場細分，企業可以瞭解消費者的特徵和市場需求狀況，哪些需求已被滿足，哪些需求尚未滿足，哪些潛在需求可轉化為現實需求，從而發現市場機會，並決定是否將其作為自己的目標市場。

3. 有利於企業集中資源，提升企業競爭力

企業資源是有限的，而且市場上存在著眾多的競爭對手，通過市場細分，有利於企業把人力、物力、財力集中投入目標市場中，獲得競爭優勢，占領該目標市場。同時，企業也可以避開與強勁競爭對手在其他市場上的競爭。對於中小企業來說，市場細分的意義尤其突出，效果也更明顯。

4. 有利於企業制定和調整國際營銷組合策略

通過市場細分，企業可以充分瞭解細分市場的規模、消費者需求的特徵及對營銷策略的反應方式，從而有利於企業在制定產品、價格、渠道和促銷策略時做到有的放矢，更具有針對性。同時，也有利於企業及時掌握市場信息的變化，及時調整營銷組合策略，使營銷組合策略適應市場需求的變化。

二、國際市場宏觀細分

國際市場宏觀細分（Macro Segmentation）是指企業根據影響各國市場需求的宏觀因素，將國際市場細分為若干個宏觀環境相近、市場總體需求相類似的子市場的過程。

宏觀細分是要決定在世界市場上應選擇哪個國家或地區作為擬進入的市場。這就需要根據一定的標準將整個世界市場劃分為若干子市場，每一個子市場具有基本相同的營銷環境，企業可以選擇某一組或某幾個國家作為目標市場。例如，加拿大馬西—弗格森公司是專業生產農業機械的公司，20世紀50年代末，該公司便將世界農機市場劃分為北美與非北美兩大市場，並將其業務重點放在非北美市場，結果由於避免了與其他幾個農機行業巨人如福特汽車公司、迪爾公司、國際收割機公司的直接競爭而取得成功，在非北美市場上獲得較高的市場份額並持續盈利。

國際市場宏觀細分的方法主要有以下幾種：

（一）按地理因素細分國際市場

地理標準是宏觀細分最常用的標準，這是因為地理上接近易於跨國公司進行國際業務管理。同時，處於同一地理區域的各國具有相似的文化背景。特別是第二次世界大戰後，區域性貿易和經濟一體化發展迅速從而使地理接近的市場更可能具有同質性。按地理因素，人們可以把全球市場大致劃分為亞洲市場、歐洲市場、北美市場、拉丁美洲市場和大洋洲市場。其中，亞洲市場又可分為東亞市場、西亞市場、南亞市場等；歐洲市場又可分為西歐市場、北歐市場、東歐市場等。

按地理因素細分屬於同一個子市場的國家，有時雖然地理位置接近，但經濟、政治或文化環境可能存在較大差異。例如，北美市場的加拿大、美國、墨西哥這三個國

家雖然地理位置接近，但經濟發展水平有較大差距，尤其是墨西哥的經濟發展水平與美國不可同日而語。

(二) 按經濟因素細分國際市場

按經濟因素細分主要是根據經濟發展指標，如國民生產總值、人均國民收入、經濟增長率、基礎設施發展水平等將各國進行分類。其中，最常見的方法是採用經濟學家羅斯托的「經濟發展五階段」理論，將世界各國分為五類：第一類為傳統社會階段；第二類為起飛前夕階段；第三類為起飛階段；第四類為趨於成熟階段；第五類為大眾高消費階段。

按經濟因素細分國際市場的優點是同一個子市場的國家在經濟發展水平或經濟環境上比較接近，有利於企業按市場規模和質量來挑選目標市場及制定相應的營銷策略。企業應根據具體營銷業務的需求，選擇某些標準來細分市場，同時應區別這些標準的相對重要性。例如，對於軟飲料、日化用品、食品、普通家電來說，人口總量標準比人均收入標準更加重要。英國聯合利華公司曾根據不同國家的人均國民收入將國際市場分為四類，在不同的經濟收入水平的國家銷售不同的產品。在最低收入國家推出肥皂，在次低收入國家推出手洗洗衣粉，在較高收入國家推出機洗洗衣粉，在高收入國家推出纖維軟化劑，取得了非常好的營銷效果。

以經濟因素細分市場的缺點在於處於經濟發展同一階段的各國可能分佈在世界各地，如果可供選擇的目標市場較為分散，則不利於國際企業提高營銷效率和加強國際營銷管理。

(三) 按文化因素細分國際市場

文化對國際營銷的影響是全面而深刻的，如語言、宗教、價值觀念等都可導致消費需求的變化。文化的各項因素均可作為細分國際市場的變量，用以劃分國際市場。例如，按語言的不同，可把世界各國劃分為英語國家、法語國家、阿拉伯語國家等，針對不同細分市場的語言，在產品說明、市場促銷等方面採取相應的營銷策略。

依文化因素細分國際市場適用於文化性較強的產品和服務的營銷。但是，相對於按地理因素細分市場而言，按文化因素細分市場的方法具有市場分散、不便於管理的缺點；相對於按經濟因素細分市場而言，按文化因素細分市場的方法則可能產生同一細分市場中因不同國家之間經濟差距較大而導致的營銷活動差異。以宗教為例，巴基斯坦和沙特阿拉伯都堅持伊斯蘭教信仰，可是兩國在經濟上的差別使得很難將其聯結起來實行同一營銷策略。沙特阿拉伯的人均國內生產總值達 1.2 萬美元，是一個各類消費品和工業品的大市場；相反，巴基斯坦人均國內生產總值只有 390 美元，對國際營銷者來說市場潛力太小。因此，在應用文化標準進行國際市場宏觀細分時，還應兼顧其他的一些細分變量（如經濟、地理等），才能避免以單一變量進行細分而導致的片面性。

三、國際市場微觀細分

國際市場微觀細分（Micro Segmentation）類似於國內市場細分，即當企業決定進入某一海外市場后，會發現當地市場顧客需求仍有差異，需進一步細分成若干市場，

以期選擇其中之一或幾個子市場為目標市場。

(一) 消費者市場的細分變量

營銷人員必須嘗試各種不同的細分變量或變量組合進行市場細分，以便找到分析市場結構的最佳方法。在此主要考察地理、人口、心理和行為等變量。

1. 地理因素

這要求把市場細分為不同的地理區域單位，如國家、地區、城市或地段。企業可以選擇在一個或幾個地區經營，也可在整個地區經營，但要注意消費者需要和慾望的地區差異。

2. 人口因素

根據消費者的年齡、性別、受教育水平、職業、家庭規模、種族、宗教信仰等變量，可將市場分割成不同群體。人口因素是細分消費者群體的最為流行的依據，因為消費者的需要、慾望及使用率經常隨人口變量的變化而變化。此外，人口變量比絕大多數其他變量更容易衡量。即便用其他基礎因素定義了一些子市場，如以個性或行為為基礎的市場細分，借助於對人口因素的進一步瞭解，有利於企業評估目標市場的規模，高效率地開展市場營銷活動。

3. 心理因素

用社會階層、個性、生活方式來進行市場細分的方法越來越受歡迎，市場效果通常好於以人口或地理因素為細分依據的市場效果。這些細分因素讓營銷人員能真正理解消費者的內心，然后有針對性地制訂營銷組合方案。

4. 行為因素

以行為因素劃分市場是指消費者的購買時機、追求利益、使用者情況、使用率、品牌忠誠度等購買行為因素劃分市場。

(1) 購買時機。購買時機或情境也可以作為市場細分的基礎。設想一下在購買一頓飯的過程中，可能影響購買決策的所有因素。一個學生在課間10分鐘快速充饑的一頓飯與第一次約會時吃的大餐大不相同，與晚上一個人看電視時買來吃的一頓飯更不一樣。每一種情境或購買時機都代表一個不同的細分市場，都可以作為目標市場。

有五種狀態特徵可能影響購買行為，因此可作為細分市場的描述變量。這些狀態特徵如下：

一是物理環境，如商店或銷售人員令人愉快還是令人討厭；

二是社會環境，如購買行為有沒有被朋友或父母看到；

三是時間情境，如做出決策的時間有多少；

四是任務定義，即為什麼購買產品和服務，如果是送人的禮物，是送女朋友、男朋友、父母還是上司；

五是購買前態度，如購買者的心情如何，高興還是悲傷、主動還是被動等。

(2) 追求利益。市場也可以以消費者對特定產品的性能或特徵的偏好來細分。例如，超市的牙膏貨架上，種類繁多的牙膏不僅有諸多的功能選擇，如防止蛀牙、清新口氣、去除牙垢、潔白牙齒等，而且還有不同的味道以供選擇；航空服務分為頭等艙、商業艙和經濟艙。在消費者偏好的基礎上，企業能夠擬定出個性化的營銷組合，以滿

足消費者的需求。

（3）使用者情況。可以按使用者情況將消費者分成不同群體，如非使用者、未使用者、潛在使用者、首次使用者和經常使用者。對潛在使用者和經常使用者應採取不同的營銷手段。一般來說，市場份額大的企業應注意吸引新的使用者，而市場份額小的企業則應將注意力放在吸引現有大企業客戶上。

（4）使用率。市場也可被細分為很少使用者、一般使用者和大量使用者。大量使用者只占市場的一小部分，但在總購買量中卻占了很高的百分比。以啤酒為例，有數據顯示，雖然41%被調查的家庭都有購買啤酒，但大量使用者消費了其中87%的啤酒，幾乎是很少使用者的7倍。很明顯，啤酒廠商會更願意花力量使一個大量使用者喜歡它的品牌，而不願意去吸引幾個很少使用者。因此，多數啤酒廠商瞄準啤酒的大量使用者。

（5）品牌忠誠度。市場還可根據消費者的忠誠度進行細分。一些消費者是高度忠誠，他們只認同或購買唯一的一種品牌、商店或企業；一些消費者是在一定程度上忠誠，即對一種產品的兩三種品牌忠誠，或者最喜愛一種品牌，但有時也會購買其他品牌的產品；還有一些消費者則對任何品牌都不忠誠，他們或者每次都想買些不同的東西，或者只要是有產品就買，並不分什麼牌子。

營銷透視

麥當勞公司的國際市場細分

麥當勞公司作為一家國際餐飲巨頭，創始於20世紀50年代中期的美國。由於當時創始人及時抓住高速發展的美國經濟下的工薪階層需要方便快捷的飲食的良機，並且瞄準細分市場需求特徵，對產品進行準確定位而一舉成功。如今的麥當勞公司已經成長為世界上最大的餐飲集團之一，在109個國家和地區開設了2.5萬家連鎖店，年營業額超過34億美元。

回顧麥當勞公司的發展歷程后發現，麥當勞公司一直非常重視市場細分的重要性，而正是這一點使其取得了令世人驚羨的巨大成功。麥當勞公司根據地理、人口和心理要素準確地進行了市場細分，並分別實施了相應的戰略，從而達到了企業的營銷目標。

麥當勞公司有美國國內市場和國際市場，而不管是在國內還是國外，都有各自不同的飲食習慣和文化背景。麥當勞公司進行地理細分，主要是分析各區域的差異。例如，美國東西部的人喝的咖啡口味是不一樣的。通過把市場細分為不同的地理單位進行經營活動，從而做到因地制宜。

每年，麥當勞公司都要花費大量的資金進行認真的嚴格的市場調研，研究各地的人群組合、文化習俗等，再書寫詳細的細分報告，以使每個國家甚至每個地區都有一種適合當地生活方式的市場策略。

例如，麥當勞公司剛進入中國市場時大量傳播美國文化和生活理念，並以美國式產品牛肉漢堡來徵服中國人。但是中國人愛吃雞肉，與其他洋快餐相比，雞肉產品也更符合中國人的口味，更加容易被中國人所接受。針對這一情況，麥當勞公司改變了原來的策略，推出了雞肉產品。在全世界從來只賣牛肉產品的麥當勞公司也開始賣雞

肉了。這一改變正是針對地理要素所做的，也加快了麥當勞公司在中國市場的發展步伐。

通常情況下，人口細分市場主要根據年齡、性別、家庭人口、生命週期、收入、職業、教育、宗教、種族、國籍等相關變量，把市場分割成若干整體。麥當勞公司對人口要素細分主要是從年齡及生命週期階段對人口市場進行細分。其中，將不到開車年齡的劃定為少年市場，將20~40歲的年輕人界定為青年市場，還劃定了年老市場。

人口市場劃定以後，要分析不同市場的特徵與定位。例如，麥當勞公司以孩子為中心，把孩子作為主要消費者，十分注重培養他們的消費忠誠度。在餐廳用餐的小朋友，經常會意外獲得印有麥當勞標誌的氣球、折紙等小禮物。在中國，還有麥當勞叔叔俱樂部，參加者為3~12歲的小朋友，定期開展活動，讓小朋友更加喜愛麥當勞品牌。

根據人們生活方式劃分，快餐業通常有兩個潛在的細分市場，即方便型和休閒型。在這兩個細分市場，麥當勞公司都做得很好。例如，針對方便型市場，麥當勞公司提出「59秒快速服務」，即從顧客開始點餐到拿著食品離開櫃臺標準時間為59秒，不得超過一分鐘。針對休閒型市場，麥當勞公司對餐廳店堂布置非常講究，盡量做到讓顧客覺得舒適自由。麥當勞公司努力使顧客把麥當勞餐廳作為一個具有獨特文化的休閒好去處，以吸引休閒型市場的消費群。

資料來源：麥當勞成功進行市場細分的案例報告［J/OL］. http://blog.sina.com.cn/s/blog_49559c590100dcim.html.

（二）生產者市場的細分變量

生產者市場的細分變量主要包括地理位置、用戶性質、用戶規模、用戶要求、購買方式等。生產者市場細分的標準如表5.1所示：

表5.1　　　　　　　　　　　　生產者市場細分標準

細分標準		細分標準舉例
地理	產業或行業	農業、製造業、建築業等、鋼鐵、汽車、食品、化工等
	企業規模	大型、中型、小型
	市場集中程度	市場集中度高、市場集中度低
	地域—國家—地點	亞洲—菲律賓—馬尼拉、歐洲—英國—倫敦、北美洲—美國—華盛頓等
	基礎設施	完善、不完善
購買特點	購買中心	使用者、影響者、採購者、決策者
	購買規模	大、中、小
	購買方式	直接重複型購買、更改重複型購買、新任務型購買
	採購政策	不採購（租賃、服務合同）、系統採購、秘密招標採購等
	購買標準	追求質量、注重價格、重視服務等

資料來源：王紀中，方真. 國際市場營銷［M］. 北京：清華大學出版社，北京交通大學出版社，2004：92-93

（三）國際市場微觀細分的要求

與國內市場細分一樣，國際市場微觀細分也要求細分后的子市場符合以下要求：

1. 可衡量性

這是指細分后子市場的規模和購買力是可以被衡量的。如果按照消費者的個性將消費群體單一劃分為追求浪漫生活的人，一個國家有多少這樣的人往往是無法衡量的，因此這種細分就是不符合要求的。

2. 足量性

這是指細分后的子市場的規模應該足夠大，這樣企業才可能從市場上得到足夠的利潤，否則可能得不償失。因此，有時不能將市場劃分得太細，否則市場就不能保持足夠的規模。例如，發達國家人口增長緩慢，年齡結構老化問題日趨突出，對企業來說，老年市場具有相當潛力，各類老人保健、老人醫院、老人娛樂、休閒等行業都將發展成具有足量性的市場。反之，對於那些不具有足量性的市場，這樣的細分就不會盡如人意。

3. 可進入性

這是指企業可以達到並服務於該子市場，包含三層含義：一是是否允許外國企業進入，如軍用品市場；二是企業能否將產品或服務傳遞到消費者手中，如有些國家的某些消費群體是不固定的，難以開展有針對性的營銷活動；三是企業是否有能力進入到該子市場，即企業在資金、技術、人才等方面是否具備進入該子市場的條件。

營銷透視

微觀營銷的時代

以前，大型消費品企業習慣於採用「大市場營銷戰略」，即對同一種產品用同一種方式進行市場營銷並賣給所有的消費者。但是，許多企業現在正採用一種新的戰略——「微觀市場營銷戰略」，這些企業使自己的產品和營銷方案與地理、人口、心理和行為因素相適應，並使之逐步取代了原先的標準化營銷模式。

產生這種變化的原因有三個：第一，世界大市場已慢慢地分裂為眾多更小的微觀市場，如喜歡標新立異的青年人市場、西班牙裔市場、美國黑人市場、職業婦女市場、單身父母市場、陽光地帶市場、灰色地帶市場等。現在，營銷人員發現很難只通過一種產品或一種營銷策略來滿足所有細分市場的需要。第二，不斷改善的信息和市場調研技術也激發了微觀市場營銷的產生。例如，零售店掃描器能夠立即跟蹤從一家店到另一家店的產品銷售，從而幫助企業瞭解各細分市場的銷售狀況。第三，零售店掃描器給零售商提供大量的市場信息，這增強了零售商對生產商的影響力。一般情況下，零售商偏向於針對本地或附近地區的消費者採取當地化的促銷活動。因此，為了討零售商的歡心和取得寶貴的零售商貨架空間，生產廠商現在必須做更多的微觀市場營銷活動。

最普通的微觀市場營銷形式之一是「區域化」，也就是使品牌、促銷手段適合於所在的地理區域、城市、居民區或具體的幾家商店。作為區域化的初創者，坎貝爾索普公司已經開發了許多成功的區域品牌。例如，它在西南地區銷售加香料的大農場主牌（Ranchero）大豆和布朗斯威克牌（Brunswick）燉肉香辣椒，在南方銷售康佳牌濃湯，

在西班牙裔居住地區銷售紅豆湯。沃爾瑪連鎖店也會調整它在超市中的商品，以便於和不同地區消費者的需求、喜好相適應。如在佛羅里達州的巴拿馬城海灘，沃爾瑪連鎖店把更大的商店空間留給了綠色植物和樹。

除了區域化方式以外，企業還瞄準了人口、心理及行為等微觀市場。例如，寶潔公司為它的佳潔士牙膏做了六種廣告，分別針對不同年齡和種族的細分市場，包括兒童、美國黑人和西班牙裔人。為了占領這些市場，寶潔公司用了各種高效的傳播手段，如有線電視、直接郵寄、促銷活動、電子郵購以及安插在各地的廣告牌——如醫生和牙醫的候診室裡，或中學的咖啡廳裡。

微觀市場營銷發展到極端就是大規模定制，即為大量的顧客提供個性化服務、定制化服務，包括的產品和服務可以從旅館住宿和家具一直羅列到成衣和自行車。例如，麗茲—卡爾頓公司用電腦記錄了 28 家飯店接待過的每一位客人的喜好，如果某位客人上次在蒙特利爾的麗茲飯店裡要了一個海綿枕頭，那麼幾個月甚至幾年以後當其住進亞特蘭大的麗茲飯店時，就會有一只海綿枕頭正等著他使用。

資料來源：菲利普・科特勒，芮新國. 微觀營銷的時代［J/OL］. http://www.m448.com/filelist/library/clouse_10042.html.

四、國際市場細分的步驟

美國市場學家麥卡錫提出細分市場的一整套程序，這一程序包括以下七個步驟：

第一，選定產品市場範圍，即確定進入什麼行業，生產什麼產品。產品市場範圍應以顧客的需求，而不是產品本身特性來確定。例如，某一房地產公司打算在鄉間建造一幢簡樸的住宅，若只考慮產品特徵，該公司可能認為這幢住宅的出租對象是低收入顧客，但從市場需求角度看，高收入者也可能是這幢住宅的潛在顧客。因為高收入者在住膩了高樓大廈之後，恰恰可能嚮往鄉間的清靜，從而可能成為這種住宅的顧客。

第二，列舉潛在顧客的基本需求。例如，公司可以通過調查，瞭解潛在消費者對前述住宅的基本需求。這些需求可能包括遮風避雨、安全、方便、寧靜、設計合理、室內陳設完備、工程質量好等。

第三，瞭解不同潛在用戶的不同要求。對於列舉出來的基本需求，不同顧客強調的側重點可能會存在差異。例如，經濟、安全、遮風避雨是所有顧客共同強調的，但有的用戶可能特別重視生活的方便，另外一類用戶則對環境的安靜、內部裝修等有很高的要求。通過這種差異比較，不同的顧客群體即可初步被識別出來。

第四，抽掉潛在顧客的共同要求，而以特殊需求作為細分標準。上述所列購房的共同要求固然重要，但不能作為市場細分的基礎。例如，遮風避雨、安全是每位用戶的要求，因此就不能作為細分市場的標準，應該剔除。

第五，根據潛在顧客基本需求上的差異，將其劃分為不同的群體或子市場，並賦予每一子市場一定的名稱。例如，西方房地產公司常把購房的顧客分為好動者、老成者、新婚者、度假者等多個子市場，並據此採用不同的營銷策略。

第六，進一步分析每一細分市場需求與購買行為特點，並分析其原因，以便在此基礎上決定是否可以對這些細分出來的市場進行合併，或進一步細分，使企業能不斷

適應市場的變化。例如，房地產公司發現，新婚群體和度假群體在心理、購買行為等方面差異很大。雖然同樣的公寓都能符合他們的需要，但是企業應當採取不同的營銷策略，把潛在顧客變為現實的顧客。因此，假如他們原來屬於一個子市場，現在就應分為兩個單獨的子市場，並進一步確定分析他們的購買需求的差異及其原因。

第七，估計每一細分市場的規模，即在調查基礎上，估計每一細分市場的顧客數量、購買頻率、平均每次的購買數量等，並對細分市場上產品競爭狀況及發展趨勢進行分析。對於那些規模較小、差異性不是特別明顯的子市場，可以考慮將其合併到與其最相近的一個子市場；對於那些市場規模較小而差異性又很大的子市場，企業要在充分考慮成本收益的基礎上再決定是否進入該市場。

第二節　國際目標市場選擇

國際目標市場選擇（International Market Targeting）是指企業在國際市場細分的基礎上，通過對各細分市場的評估，分析選擇的影響因素，並根據自己的全球化戰略、資源條件和細分市場的競爭態勢，選擇一個或若干個細分市場作為自己的國際目標市場的過程。

一、國際目標市場的評估

在市場細分的基礎上，企業需要對各細分市場的有效性進行評估，為目標市場選擇提供備選細分市場。這種評估通常有以下四個標準：

（一）可衡量性

可衡量性是指細分市場中潛在顧客的需求及其特徵要能夠明確地反應和說明，細分市場的範圍、容量、潛力等要能夠進行定量分析和說明。

（二）可進入性

可進入性是指企業的營銷活動能夠到達細分市場並為之提供服務的程度。也就是說，通過自己的努力，企業能在該細分市場推銷出自己的產品和服務。

（三）可區分性

可區分性是指不同細分市場間的邊界是清晰可辨的，不同細分市場的特徵可被清楚地加以確認和區分。

（四）可盈利性

可盈利性是指企業能從細分市場獲利，即細分市場必須達到一定的規模，使企業能夠從該市場的營銷活動中獲得必要的利潤。顯然，如果細分市場的規模過小，市場容量有限，則企業即使獲得較高的市場佔有率，也很難獲利，這樣的細分市場對於企業而言也就沒有意義了。

二、影響國際目標市場選擇的因素

企業總是應該選擇那些對自己更有吸引力的細分市場作為自己的目標市場。因而

企業在進行國際目標市場選擇時，就需要考慮到細分市場的規模及其潛力、競爭態勢、自身的資源條件及其全球化戰略等因素。

（一）國際細分市場的規模及其潛力

目標市場規模太小，企業無法發揮資源優勢，無法實現規模經濟效益；目標市場規模過大，企業則無法有效控製或佔有市場，反而為競爭對手的進入創造了條件或提供了缺口。

（二）目標市場的競爭結構及強度

企業應避免進入激烈競爭或已被競爭對手控製的子市場，而應選擇那些競爭對手力量薄弱，或競爭尚未完全受到重視而自身又擁有相對競爭優勢的細分市場作為自己的目標市場。根據邁克爾·波特的分析，一個市場的競爭由供方、買方、現有競爭者、潛在進入者及替代品生產者五種力量組成，這五種競爭力量決定市場的競爭強度及盈利水平，企業在確定國際目標市場時，必須認真分析市場的競爭結構及競爭強度，避免和對手造成兩敗俱傷的局面。

（三）目標市場應符合企業的經營目標和資源條件

在目標市場的規模、潛力、競爭強度都理想的情況下，企業還必須考慮自身的情況。某些目標市場雖然潛力很大，但與企業的戰略目標相背離，或者可能分散企業的資源而無法實現戰略目標，對於這些目標市場只能放棄。另外，即使目標市場符合企業的戰略目標，企業還必須在該市場具備一定的競爭優勢，如低成本、產品差異性等。否則，企業也不能選擇自身無競爭優勢的細分市場作為自己的目標市場。

三、選擇國際目標市場的模式

國際目標市場就是企業計劃進入的國際細分市場。企業在選擇國際目標市場時，有五種可供參考的模式，如圖5.1所示：

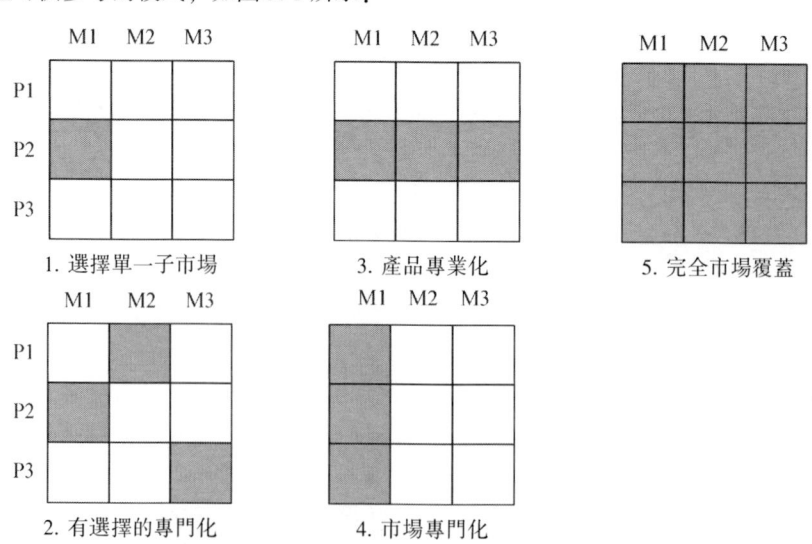

註：M 代表市場種類，P 代表產品種類

圖 5.1　國際目標市場選擇模式

（一）選擇單一子市場

選擇單一子市場是指企業在國際市場營銷中，僅選取一個細分市場作為目標市場，提供一種非常有特色的產品和服務。很多中小企業選擇這種策略，避免激烈競爭的同時，可以集中優勢力量在很小的範圍內或市場上專注經營，以形成競爭優勢。企業通過專注單一市場，能夠深入瞭解子市場的需要，樹立特別的聲譽，建立和鞏固市場地位。另外，企業通過生產、銷售和促銷的專業化分工，可以使生產成本大大降低。

選擇一個單一子市場的風險較大，一旦單一子市場不景氣，企業的整體狀況就會急遽惡化。例如，20世紀50年代，日本的九州地區由於煤炭業的蓬勃發展而經濟異常景氣，該地區人們都很富有，索尼公司的磁帶錄音機曾經在這一地區非常暢銷。但是，隨著煤礦企業的紛紛破產，整個地區經濟情況惡化，索尼公司的產品隨即出現滯銷。當時的索尼公司作為一個剛起步的小公司，全部業務和收入幾乎完全依賴於該地區的市場銷售，突然的銷售滑坡使索尼公司一時之間不知如何應對，后來終於通過提高其他地區的銷售，渡過了這個難關。

（二）有選擇的專門化

有選擇的專門化是指選擇幾個子市場，提供不同的產品和服務。各個子市場之間聯繫很少或沒有任何聯繫，然而每個子市場都可能盈利。選擇多個子市場可以分散企業的風險，即使在某個子市場失敗了，企業仍可在其他子市場獲取利潤。

放棄一些市場，側重一些市場，以便向主要的目標市場提供有特色的產品和服務，能夠避免正面衝突和惡性競爭。對於大型集團企業來說，則可分為若干相對獨立的實體，分別服務於不同的客戶群。例如，香格里拉集團在北京國貿中心擁有中國大飯店和國貿飯店兩個不同檔次的飯店。

（三）產品專業化戰略

產品專業化戰略是指企業集中生產一種產品，向幾個子市場提供這種產品。通過這種戰略，企業在某個產品方面樹立起很高的聲譽。例如，只銷售傳統照相機，而不提供其他產品的企業，一旦傳統照相機被數碼相機代替，企業就會發生危機。

（四）市場專門化

市場專門化是指選擇一個子市場，提供這個子市場的顧客群體所需要的各種產品。例如，企業可以為大學實驗室提供一系列產品，包括顯微鏡、化學燒瓶及試管等。企業專門為這個顧客群體服務而獲得良好聲譽，可以成為這個顧客群體所需各種新產品的代理商。其風險在於，如果大學實驗室突然削減經費預算，企業就會陷入危機。

（五）完全市場覆蓋

完全市場覆蓋是指企業通過提供各種產品滿足各個國際細分市場的各種需求。一般說來，只有實力雄厚的大企業才能採取完全市場覆蓋戰略，如通用汽車公司之於全球汽車市場、可口可樂公司之於全球飲料市場。

營銷透視

華潤超市的目標市場選擇

零售市場風雲變幻，迫使商家不斷尋找新的方向。一個引人注目的現象是，各路英豪一邊經營傳統市場，一邊又將目光鎖定在中高收入人群，以高端超市業態拓展發

展空間，占領市場競爭的制高點。據悉，國內最大的連鎖企業華潤萬家在上海開設了超市。與遍布全國的傳統超市有所不同，該超市定位於中高端市場，經營的商品品類中，進口商品超過70%，既有食品，也有咖啡吧、時尚精品等，目標顧客瞄準的是都市中高級白領、外籍人士、有海外生活經歷的特定人群。

華潤萬家經理俞潔對記者表示，開設高端超市是適應目前消費升級和市場細分需要，針對不同的消費人群所做出的選擇。從目前情況看，華潤萬家在北京、深圳、杭州等地開設高端超市后，銷售業績年增長率有望達到10%以上，從而成為新的利潤增長點。

資料來源：華潤超市的目標市場選擇［N］. 國際商報，2010-09-14.

四、通用目標市場戰略

（一）無差異目標市場戰略

無差異目標市場戰略就是企業把整個市場作為自己的目標市場，不進行市場細分，只考慮市場需求的共性，而不考慮其差異性，運用一種產品、一套營銷組合策略對待整體市場，吸引盡可能多的潛在顧客。憑藉廣泛的銷售渠道和大規模的統一廣告宣傳，旨在樹立該品牌的超級印象。可口可樂公司早期的營銷，就是無差異營銷的例子。

這種戰略的優點是產品單一，容易保證質量，能大批生產，降低生產和營銷費用。但是當某種產品的市場需求存在差異時，或者當競爭者採用差異化的營銷戰略時，實行這種戰略的企業往往會受到巨大的挑戰。

（二）差異化目標市場戰略

差異化目標市場戰略就是把整個市場細分為若干子市場，針對不同的子市場，設計不同的產品，制定和實施不同的營銷組合策略，滿足不同的消費需求。例如，德國大眾汽車公司為「財富目的和個性」各不相同的人生產不同的小汽車。

這種戰略的優點是能滿足不同消費者的不同要求，有利於擴大銷售、占領市場、提高企業聲譽。其缺點是由於產品差異化、促銷方式差異化，增加了管理難度，提高了生產和銷售費用。目前只有力量雄厚的大公司採用這種策略。

（三）集中型目標市場營銷戰略

集中型目標市場戰略就是在細分后的市場上，選擇一個或少數幾個細分市場作為目標市場，實行專業化生產和銷售。在少數市場上發揮優勢，提高市場佔有率。採用這種戰略的企業對目標市場有較深的瞭解，這是大部分中小型企業應當採用的戰略。

這種戰略的優點是能集中優勢力量，有利於產品試銷對路，降低成本，提高企業和產品的知名度。但是企業的目標市場範圍小，品種單一，如果目標市場的消費者需求和偏好發生變化，企業就可能因應變不及時而陷入困境。同時，當強有力的競爭者打入目標市場時，企業就要受到嚴重影響。

三種可選的通用目標市場戰略如圖5.2所示：

```
┌─────────────┐         ┌─────────────┐
│  營銷組合    │────────▶│  整個市場    │
└─────────────┘         └─────────────┘
          無差異目標市場戰略

┌─────────────┐         ┌─────────────┐
│ 營銷組合1    │────────▶│ 細分市場1    │
│ 營銷組合2    │────────▶│ 細分市場2    │
│ 營銷組合3    │────────▶│ 細分市場3    │
└─────────────┘         └─────────────┘
          差異化目標市場戰略

┌─────────────┐         ┌─────────────┐
│  營銷組合    │────────▶│ 細分市場1或2或……│
└─────────────┘         └─────────────┘
          集中型目標市場戰略
```

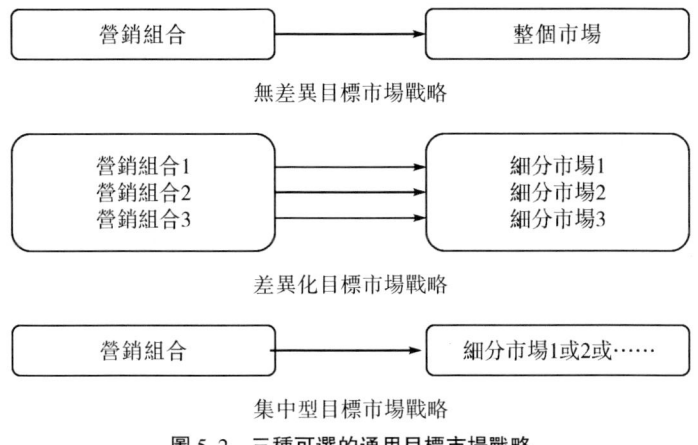

圖 5.2　三種可選的通用目標市場戰略

第三節　國際市場定位

一、市場定位的概念和含義

　　定位（Positioning）理論是由艾爾·里斯（Al Rise）和杰克·特勞特（Jack Trout）於 1972 年作為一種傳播策略提出的。他們對「定位」一詞的解釋是：定位起始於產品，但定位並不是你對一件產品本身做些什麼，而是你在潛在顧客的心目中做些什麼，對潛在顧客的心理採取行動。市場定位的實質是使本企業與其他企業的產品嚴格區分開來，使顧客明顯感覺和認識到這種差別，從而在顧客心目中佔有特殊的位置。定位理論已經演變成為營銷戰略的一個重要內容，目的是使企業的產品和形象在目標顧客的心理上佔據一個獨特、有價值的位置。

　　作為市場營銷理論的重要概念和方法，市場定位是根據競爭者現有產品在市場上所處的地位和消費者或用戶對產品某一特徵或屬性的重視程度，努力塑造出本企業產品與眾不同的、給人印象鮮明的個性或形象，並把這種形象和個性特徵生動有力地傳遞給目標顧客，使該產品在市場上確定強有力的競爭位置。也就是說，市場定位是塑造一種產品在市場上的位置，這種位置取決於消費者或用戶怎樣認識這種產品。

　　這表明，市場定位是通過為自己的產品創立鮮明的特色或個性，從而塑造出獨特的產品市場形象來實現的。產品的特色或個性，可以從產品實體上反應出來，如豪華、樸素、時髦、典雅等，還可以表現為價格水平、質量水準等。

　　企業在進行市場定位時，一方面要瞭解競爭對手的產品具有何種特色，另一方面要研究目標顧客對該產品的各種屬性的重視程度（包括對實物屬性的要求和心理上的要求）。在對以上兩方面進行深入研究後，再選定本企業產品的特色和獨特形象。至此，就可以塑造出一種消費者或用戶將之與其他同類產品聯繫起來、按一定方式去看待的產品，從而完成產品的市場定位。

營銷透視

定位的思想

　　隨著競爭進一步加劇，產品日益同質化，具有高度相似性。信息量也急遽膨脹，各種信息相互干擾。當企業各施奇招通過形象來造成差異的時候，沒有幾家企業能夠成功。品牌形象論這個一度點石成金的魔杖似乎也不能解決所有問題。艾爾·里斯和杰克·特勞特有預見性地宣告了定位時代的來臨。他們認為這是一個創造力不再是成功的關鍵的時代，發明或發現了不起的事物並不重要，但是一定要把進入潛在顧客的心智看作首要目標。於是出現這樣一些廣告詞：

　　山咖（Sanka）咖啡：「我們在美國是銷售量第三大的咖啡。」

　　艾維斯（Avis）：「艾維斯在租車行業是第二位……」

　　舍費爾（Schaefer）啤酒：「當你要喝一瓶以上啤酒時，這就是你要喝的啤酒。」

　　這些訴求都是通過深入調研而尋找到的市場位置，事實證明極富銷售力。艾爾·里斯和杰克·特勞特認為消費者頭腦中存在一級級小階梯，他們將產品按一個或多個方面的要求在這些小階梯上排隊。定位就是要找到這些小階梯，並將產品與某一階梯聯繫上。在這一主要思想之上，他們進一步提出了定位的理論。

　　根據艾爾·里斯和杰克·特勞特定位論的原始論述，我們將定位論的基本主張歸納為以下幾個基本要點：

　　第一，廣告的目標是使某一品牌、公司或產品在消費者心目中獲得一個據點，一個認定的區域位置，或者佔有一席之地。國際商業機器公司（IBM，下同）沒有發明電腦，電腦是蘭德公司發明的，然而IBM是第一個在消費者心目中建立了電腦位置的公司。米克勞（Miche Lob）啤酒定位於美國最高價啤酒、宣稱「第一等啤酒是米克勞」。它不是美國國內第一個高價位啤酒，但是它在喝啤酒的人士心智中第一個占據該位置。因而IBM和米克勞都取得巨大的成功。

　　第二，廣告應將火力集中在一個狹窄的目標上，在消費者的心智上下功夫，是要創造出一個心理的位置。在傳播中不被其他聲音淹沒的辦法就是集中力量於一點。換言之，就是要做出某些「犧牲」，放棄某些利益或市場。沃爾沃（Volve）定位於安全、耐用，它就放棄對外觀、速度、性能等利益的訴求。這裡需要明確的兩點是：集中力量於狹窄的目標，但是同時必須是意義並不太狹窄的訴求；訴求的目標對象（消費者）並不是狹窄的群體。

　　第三，應該運用廣告創造出獨有的位置。特別是「第一說法、第一事件、第一位置」。因為創造第一才能在消費者心中造成難以忘懷的、不易混淆的優勢效果。從心理學的角度看，人們容易記住位居第一的事物。例如，你可以不假思索地答出世界第一高峰的名字：珠穆朗瑪峰。可是第二高峰的名字呢？歷史也證明，最先進入人腦的品牌，平均而言比第二進入人腦的品牌在長期的市場佔有率方面要高出一倍。因而占據第一就具備了特別的優勢。艾爾·里斯和杰克·特勞特指出，如果市場上已有一種強有力的頭號品牌，創造第一的方法就是找出公司的品牌在其他方面可以成為「第一」的優勢。因此，要在消費者頭腦中探求一個還沒有被其他人占領的空白領地。

　　第四，廣告表現出的差異性，並不是指出產品的具體的特殊的功能利益，而是要

顯示和實現品牌之間的區別。快樂牌香水並沒有表現它的高品質或香味特徵，而是聲稱「世界上最貴的香水只有快樂牌」，以高價位的定位與同類其他品牌相區分。舒立滋（Schlitz）啤酒定位於「淡啤」沒有其他功能利益性訴求。在消費者心目中確立了「淡啤＝舒立滋」，從而實現了區別，贏得「淡啤」這一市場。

第五，這樣的定位一旦建立，無論何時何地，只要消費者產生了相關的需求，就會自動地、首先想到廣告中的這種品牌、這家公司或產品，達到「先入為主」的效果。定位最終的結果就是在消費者心目中占據無法取代的位置，讓品牌形象根植於消費者腦海，一旦有相關需求，消費者就會開啟記憶之門、聯想之門，自然而然地想到它。

資料來源：「定位」概念［J/OL］．http：//www.worlduc.com/blog2012.aspx？bid＝3842329．

二、國際市場定位的步驟

實現產品市場定位，需要通過識別潛在競爭優勢、選擇適宜的競爭優勢、傳播精準的市場定位三個步驟實現。

（一）識別潛在競爭優勢

通常企業的競爭優勢表現在兩方面：成本優勢和產品差別化優勢。成本優勢使企業能夠以比競爭者低廉的價格銷售相同質量的產品，或以相同的價格水平銷售更高質量水平的產品。產品差別化優勢是指產品獨具特色的功能和利益與顧客需求相適應的優勢，即企業能向市場提供的在質量、功能、品種、規格、外觀等方面比競爭者能夠更好的滿足顧客需求的能力。在識別潛在競爭優勢時，營銷人員不能過於刻板地看待價格和產品差異，因為定位主要不是對產品做什麼事，而是對潛在顧客的心理採取的行動。因此，要認真研究潛在顧客心智中關於該項產品的價格和產品特性的顯性和隱性想法。

（二）選擇適宜的競爭優勢

與主要競爭對手相比，企業可能會識別出多種可能的競爭優勢，如在產品開發、服務質量、銷售渠道、品牌知名度等方面的優勢。但是從最有利於競爭的角度出發，企業還必須運用一定的方法評估並選擇出最適宜的競爭優勢。通常可以採用逐項打分的方法，同競爭者的競爭項目進行打分比較，從而選擇最有利於本企業的競爭項目中作為國際市場定位的依據。

（三）傳播精準的市場定位

企業在市場營銷方面的競爭優勢不會自動地在市場上得到充分表現。對此，企業必須制定明確的市場戰略來充分表現其優勢和競爭力。例如，企業可以通過廣告和公共關係，利用各種媒體進行有效的傳播，才能到達目標受眾。市場定位的傳播使企業競爭優勢逐漸形成一種鮮明的市場概念，並使這種概念與顧客的需求和追求的利益相吻合。

三、國際市場定位的方法

國際市場定位通常可以依據產品特色、消費者利益、消費者類型和競爭者進行定位。

（一）依據產品特色定位

如果企業的產品在某個方面相對於競爭者的同類產品具有明顯的差異性，則可以此作為廣告宣傳的訴求點，進行市場定位。依據產品特色定位，強調的是其他產品所不具有的產品屬性。能填補市場空白的某種產品屬性，往往較容易被消費者接受。例如，在消費者的印象中，美國生產的小汽車往往「大而氣派」，德國生產的小汽車則「實用且質量上乘」，而日本生產的小汽車則「小而經濟」。從小汽車的外觀上，消費者能大致感受到這是來自於哪一個國家企業的產品。

（二）依據消費者利益定位

如果企業產品可以給消費者帶來不同的利益，或者解決消費者關心的某一類問題，則可以以消費者利益為訴求點進行市場定位。例如，1975年，美國米勒（Miller）啤酒公司推出了一種低熱量的Lite牌啤酒，將其定位為喝了不會發胖的啤酒，迎合了那些經常飲用啤酒而又擔心發胖的人的需要。又如，消費者購買牙膏，有的是為了防治牙病，有的是為了消除口臭，有的則是為了保持牙齒潔白而滿足求美的願望。因此，企業可以根據不同的消費者需求，給企業的產品進行不同的利益定位。

（三）依據消費者類型定位

企業針對不同類型消費者的需求和偏好，對產品和其營銷組合因素進行改進，使之符合消費者的需求和偏好，並以此作為市場定位的訴求點。例如，米勒啤酒公司曾將其原來唯一的品牌「高生」啤酒定位於「啤酒中的香檳」，吸引了許多不常飲用啤酒的高收入婦女。後來米勒啤酒公司發現，占比為30%的狂飲者大約消費了啤酒銷量的80%，於是該公司在廣告中展示石油工人鑽井成功后狂歡的鏡頭，還有年輕人在沙灘上衝刺後開懷暢飲的鏡頭，塑造了一個「精力充沛的形象」。在廣告中提出「有空就喝米勒」，從而成功占領啤酒狂飲者市場達10年之久。又如，某化妝品企業將消費者細分為三類：第一類是職業女性，喜歡「自然型」化妝品；第二類是交際型女性，需要再社交場合使用「濃豔型」化妝品；第三類是運動型女性，偏愛適合運動場合使用的「清淡型」化妝品。該企業根據這一特點，分別對不同的女性推出不同的產品，收到了良好的效果。

營銷透視

不僅僅是香水

在露華濃設計一種新香水時，香味或許是最后開發的部分。露華濃首先調查婦女不斷變化的價值觀、理想和生活方式相適應的新香水概念。當露華濃找到一種有前途的新概念之后，就創造和命名某種香味使其與該構思相一致。露華濃在20世紀70年代初的調查表明當時的婦女比男人更具競爭力，她們在努力尋求個性。針對這些20世紀70年代的新女性，露華濃開發了查利（Charlie）香水——首種「生活方式」香水，成千上萬的婦女把查利香水當成勇敢的「獨立宣言」，因此它很快成為世界上最暢銷的香水。

到了20世紀70年代末，露華濃的調查發現婦女的態度正在轉變——「婦女已取得了平等地位，這正是查利香水要表明的。現在，婦女正渴望體現一種女人味。」使用查利香水的女孩子們已長大成人，她們現在想要令人難以幻想的香水。因此，露華濃

稍微巧妙地改變了一下查利香水的市場定位：該香水仍然是獨立生活方式的宣言，但同時又加上了一點女人味和浪漫的情形。露華濃研製了一種針對20世紀80年代婦女的香水——瓊秀（Jontue）香水。該香水的市場定位以浪漫為主題。露華濃繼續精心改進查利香水的市場定位，在20世紀90年代，公司的目標市場是「全都能做，但是又清楚地知道自己想幹什麼」的婦女。通過不斷調整但又很精妙的市場重新定位，目前查利香水仍然是大眾市場上最暢銷香水之一。

資料來源：不僅僅是香水［J/OL］. http://doc.mbalib.com/view/cdd4b0e2de71821ee5ae5cbc02832c47.html.

（四）依據競爭者進行定位

企業可以根據競爭產品的對比來進行定位，即參照競爭對手的定位方法，或者通過與競爭對手進行針鋒相對的對抗進行定位，把與競爭產品相同的特徵作為定位依據。或者與競爭對手進行迴避定位，把與競爭產品在某一屬性或特徵上的不同作為定位依據，以求區別於競爭對手。例如，七喜汽水的定位是「非可樂」，強調七喜汽水是不含咖啡因的飲料，與可樂類飲料不同。又如，泰寧諾止痛藥的定位是「非阿司匹林的止痛藥」，顯示藥物成分與以往的止痛藥有本質的差異。

四、國際市場定位策略

（一）對抗定位

對抗定位是指企業在目標市場上選擇與競爭對手接近或相同的定位方式來確定自身的產品位置，在產品、服務、宣傳、價格等方面展開針鋒相對的競爭。例如，可口可樂與百事可樂的競爭、麥當勞與肯德基的競爭、柯達與富士的競爭。對抗定位是一種強強對話式的市場定位方法，適用於實力雄厚、旗鼓相當的大企業。

1984年，蘋果公司為找到以小博大的突破口，推出麥金塔（Macintosh）電腦1984篇。廣告以喬治·歐威爾的經典小說《1984》為主題，將IBM定位為殘酷的「老大哥」，而將麥金塔電腦定位為自由的化身。它暗示「藍色巨人」IBM是人類的噩夢，正以前所未有的、專制式的資訊奴役人類，剝奪人類夢想的空間。蘋果公司的麥金塔電腦親切而人性化，是自由呼吸的工具，是獨立思考的武器。蘋果電腦因此而絕地逢生。採用這種定位策略需要具備三個條件：一是企業產品總體上優於競爭對手，或至少和競爭對手相同；二是目標市場具有相當的規模或潛量；三是這個市場定位能充分發揮企業的資源條件和競爭優勢。

（二）避強定位

避強定位策略是指企業力圖避免與實力最強的或較強的其他企業直接發生競爭，而將自己的產品定位於另一市場區域內，使自己的產品在某些特徵或屬性方面與最強或較強的對手有比較顯著的區別。避強定位策略能使企業較快地在市場上站穩腳跟，並能在消費者或用戶中樹立形象，因而風險小。美國七喜汽水的定位策略就是一個避強定位策略的典型案例。因為可口可樂和百事可樂是市場的領導品牌，佔有率極高，在消費者心中的地位不可動搖。因此，將產品定位於「非可樂型飲料」就避免了與兩大巨頭的正面競爭，成功的市場定位使七喜汽水在美國市場暢銷。

（三）反向定位

　　反向定位是指企業主動說出自己的差距或缺陷，從而增加消費者對它的信任。反向定位具有較大的風險，如果消費者喜歡最好的產品或服務，這種策略會讓企業的願望落空。因此，在使用這種策略時，要強調存在的差距並不影響消費者的利益。反向定位的經典案例是美國的安維斯（Avis）汽車租賃公司，它公開承認自己只是汽車租賃業的老二，但強調自己更加努力。在實施反向定位策略後，該公司扭虧為盈。

（四）間接定位

　　間接定位是指通過對競爭對手的產品進行定位，而事實上達到為自己的產品定位的一種策略。這種策略適用於當消費者無法分清企業產品和競爭對手產品的時候。例如，拉斐爾（Rapnael）是法國生產的一種葡萄酒，而杜本內（Dubonnet）是一種美國生產的葡萄酒，拉斐爾公司通過「每瓶少花1美元，你可以享受進口產品」的廣告訴求，讓消費者知道了杜本內是美國的產品，間接達到了明確自己是純正法國葡萄酒的市場定位的目的。

（五）重新定位

　　公司在選定了市場定位目標後，如定位不準確或雖然開始定位得當，但市場情況發生變化時，如遇到競爭者定位與本公司接近，侵占了本公司部分市場，或由於某種原因消費者或用戶的偏好發生變化，轉移到競爭者方面時，就應考慮重新定位。重新定位是以退為進的策略，目的是為了實施更有效的定位。例如，萬寶路香菸剛進入市場時是以女性為目標市場，它推出的口號是「像5月的天氣一樣溫和」。然而，儘管當時美國吸菸人數年年都在上升，萬寶路香菸的銷路卻始終平平。後來，廣告大師李奧貝納為其做廣告策劃，他將萬寶路香菸重新定位為男子漢香菸，並將它與最具男子漢氣概的西部牛仔形象聯繫起來，樹立了萬寶路香菸自由、野性與冒險的形象，從眾多的香菸品牌中脫穎而出。自20世紀80年代中期到現在，萬寶路香菸一直居世界各品牌香菸銷量首位，成為全球香菸市場的領導品牌。

五、常見的幾種市場定位失誤

（一）定位過低

　　定位過低也稱定位不足，定位過低導致消費者對企業產品印象模糊，與競爭產品相比顯示不出明顯差異，或者這種差異被顧客認為不具有實質意義。例如，百事可樂公司在1993年推出清爽克里斯托飲料時，消費者並不清楚它在軟飲料中的重要利益在哪裡，對這種飲料也沒有特別的印象。

（二）定位過高

　　定位過高也稱定位過窄，定位過高導致無法吸引足夠數量的消費者。例如，蒂凡尼公司由於定位過高，使消費者認為該公司只生產5000美元的鑽石戒指。而事實上，它也生產人們可承受的900美元的鑽石戒指。

（三）定位混亂

　　定位混亂導致消費者對產品印象模糊不清，使得消費者感到無所適從。定位混亂的原因包括企業定位主題太多、重點不突出、定位依據相互矛盾、頻繁更換產品定位等。

（四）定位懷疑

企業的定位不符合實際，提出的定位目標難以實現，導致消費者不相信企業在產品特色、價格或製造商方面的宣傳。

復習題

1. 國際市場細分的意義是什麼？
2. 國際消費品市場細分的標準有哪些？
3. 國際工業品市場細分的標準有哪些？
4. 請敘述國際市場細分的步驟。
5. 國際目標市場的營銷策略有哪些？
6. 應依據什麼對國際市場進行定位？
7. 國際市場定位的方法有哪些？
8. 舉例說明國際市場定位策略。

思考與實踐題

1. 選擇一個產品所處的行業市場，如乳製品、英語培訓、家用小汽車、智能手機等，嘗試對該行業市場進行細分。
2. 查找資料，瞭解一家國際企業的產品在進入中國市場時是如何細分市場、選擇目標市場並進行市場定位的。

案例分析一

「清揚」洗髮水的市場細分與定位

一、「清揚」品牌介紹

2007年4月27日，國際快速消費品業巨頭聯合利華公司在北京召開新聞發布會，高調宣布該公司進入中國市場十年以來推出的第一款新產品、全國首款「男女區分」去屑洗髮水「清揚」正式上市。期間，聯合利華公司高層更指出，從2007年開始將憑藉「清揚」洗髮水在全球去屑洗髮水領域的專業優勢搶占去屑洗髮水市場。「如果有人一次又一次對你撒謊，你要做的就是立刻甩了他」——這是「清揚」洗髮水廣告片中的廣告語，置身當前競爭複雜的市場環境中，「清揚」洗髮水離奇、自信的畫外之音顯得意味深長。一時間，臺灣知名藝人小S（徐熙娣）所代言的「清揚」洗髮水廣告頻頻出現在各種高端雜誌上，幾乎占據了全國各大城市戶外廣告的核心位置，點擊進入國內各大門戶網站，「清揚」洗髮水廣告無處不在。

長期以來，在寶潔公司與聯合利華公司的洗髮水大戰中，寶潔公司無論是在品牌影響力、市場規模還是在市場佔有率方面，都處於絕對優勢。特別是在去屑洗髮水市場領域，聯合利華公司一直都沒有一個優勢品牌足以同寶潔公司的「海飛絲」洗髮水

抗衡。作為聯合利華公司十年來首次推出的新品牌，「清揚」洗髮水旨在彌補、提升其在去屑洗髮水市場競爭中的不足和短板。

二、「清揚」洗髮水的功能定位：去屑

（一）「清揚」洗髮水面市的市場背景

在聯合利華公司等外資日化公司進入中國市場以前，消費者對洗髮水的要求無非是乾淨、清爽，並無去屑、柔順、營養等多重要求。經過近20年的發展，中國消費者對洗髮水的品牌意識已經被各大公司培養出來，同時消費者對頭髮的關注日益增加，為新的洗髮水概念進入市場提供了廣泛的顧客基礎。各洗髮水品牌紛紛打出富有新意的定位以獲取自己的一席之地，極大地刺激了中國洗髮水品牌的繁榮。賽迪顧問公司的研究結果表明：2006年中國洗護髮產品市場銷售額達220億元左右，市場上的洗髮水品牌超過3000個，其中寶潔（中國）有限公司的洗髮水市場就占到60%之多。中國洗髮水市場已經高度集中和壟斷。寶潔公司、聯合利華公司、絲寶集團、拉芳集團占去了80%左右的市場份額；好迪、採樂、蒂花之秀、飄影等二線品牌又搶占了13%；剩下7%左右的市場則被上千個三線、四線品牌瓜分。更為嚴峻的是，自2006年開始中國洗髮水市場增速減慢，2007年各洗髮水品牌的競爭更是激烈異常。市場的壓力和巨大的利潤蛋糕使各品牌在定位上各創新招，期望找到刺激消費者購買的新亮點。

（二）去屑洗髮水市場現狀

就洗髮水的功能定位而言，去屑洗髮水是洗髮水目前最大的細分市場，大約占洗髮水市場一半的比例。作為一個有著100多億元的市場，巨大的蛋糕吸引了幾乎所有的洗髮護髮品牌都建立了去屑的品種。經過十餘年的市場培育和發展演變，「海飛絲」洗髮水的「頭屑去無蹤，秀髮更出眾」早已深入人心。人們只要一想到去屑，第一個想到的就是「海飛絲」洗髮水。另外，隨著「風影」洗髮水的「去屑不傷髮」的承諾，使之在這個細分市場也擁有了一席之地。專業市場調查資料顯示，去屑市場80%的市場份額一直以來都被寶潔系列的「海飛絲」品牌所占據，而眾多本土品牌則蠶食著剩餘的20%的市場存量，相比之下，呈現的兩極分化現象十分嚴重。

去屑概念一直是洗髮水市場一個重要訴求點，市場競爭激烈。但消費者調查表明，人們對現有產品的去屑效果並不滿意。2007年4月2日，中華醫學會科學普及部公布最近對5351人進行的網絡調查顯示，對於「去頭屑」這個日常問題，60%的人對去屑效果不滿意。由此可見，消費者對去屑品牌認同的程度並不太理想，市場潛力仍然巨大。

儘管進入中國市場早於寶潔公司並擁有力士、夏士蓮等知名品牌，相對於寶潔公司巨大的洗髮水品牌家族所取得的成績而言，聯合利華公司的表現差強人意。特別是在去屑市場上，聯合利華公司沒有一個像「海飛絲」那樣專門的去屑品牌，使其洗髮水品牌族在市場覆蓋面上產生很大的缺失。因此，「清揚」洗髮水被聯合利華公司寄予厚望，聯合利華公司提出「清揚」洗髮水的戰略目標和未來願景是要在未來三年內成為中國洗髮水去屑市場上的領袖品牌。

（三）「清揚」洗髮水去屑新訴求：「維他礦物群」去屑

「清揚」洗髮水是聯合利華公司進入中國市場十年以來首次推出的新品牌，品牌定位為「專業去屑」。聯合利華（中國）公司認為專業防治型去屑產品是目前的市場空

缺，是當前去屑市場所面臨的最大問題，而依託於數十年專業去屑研究經驗的聯合利華公司對「清揚」洗髮水在中國市場的未來表現充滿信心。「清揚」洗髮水信心百倍地作出承諾，要帶領中國消費者走出 20 年頭皮屑痼疾的困擾。

「清揚」洗髮水去屑新訴求是「維他礦物群」去屑，聯合利華公司擁有全球專利及臨床測試驗證，同時為「維他礦物群」進行了商標知識產權註冊。聯合利華公司表示其一直在為研究適合中國人的去屑產品而努力，在過去 10 年中，聯合利華公司研發中心在中國已為超過 3000 名消費者進行過臨床實驗，以更多瞭解中國消費者的頭皮狀況和問題，從而為中國消費者提供更精純的去屑產品配方。「清揚」洗髮水在進入中國以前，已經在南美、歐洲及東南亞地區去屑市場成為了當仁不讓的第一品牌，並被數億消費者證實了其在去屑方面的功效。因此，「清揚」洗髮水也將是中國市場的最佳去屑產品。

「清揚」洗髮水用「科技保健」引導消費者，產品宣傳中強調「深入去屑，治標治本」，強調專業性。聯合利華公司宣稱「清揚」洗髮水是「消費者信賴的頭皮護理專業品牌」，其去屑功能是針對頭皮護理，並通過廣告的方式強化頭屑由頭皮產生這一少有競爭對手關注的消費者固有心理認知，表明「清揚」洗髮水對去屑的根本作用，有效地與其他去屑品牌形成品牌區隔。

三、「清揚」洗髮水市場細分創新：性別細分

作為一個新品牌，想在品牌林立的中國去屑洗髮水市場分一杯羹，必然需要「清揚」洗髮水在品牌推出之前找出去屑市場的定位空白點。傳統洗髮水市場細分常常以功能為標準進行，如去屑、營養、柔順、防脫髮、黑髮等，或以頭髮顏色來細分黑頭髮專用、染髮專用等。「清揚」洗髮水首次以性別為細分變量，將市場細分為男士用、通用和女士用市場，並選擇男士和通用細分市場作為目標市場。雖然只是簡單的性別細分，但在洗髮水市場上的確存在男性和女性不同市場的不同需求，而這個需求差異一直是廠家所忽略的。「清揚」洗髮水的性別細分在情理之中又在意料之外，這一細分市場的創新使消費者耳目一新，市場上刮起了一股強勁的「清揚」風。

「清揚」洗髮水將旗下產品分男士和通用兩大系列共有 34 個品種，作為首家推出男士去屑洗髮水的品牌，「清揚」洗髮水通過「倍添維他礦物群」這一概念的宣揚，表明其對男士洗髮的關注，可謂開創了男士去屑洗髮水的「藍海」領域。並通過男士系列與通用系列兩大陣容所形成的品牌組合構成了聯合利華公司「專業去屑」的洗護完整產品線，可以極大限度地滿足消費者的要求。同時，在宣傳過程中，通過說教式的廣告語言展示「清揚」洗髮水對男士頭屑問題的研究，令消費者產生去屑洗髮水分女士洗髮水和男士洗髮水的心理認知，有效地將「清揚」洗髮水與其他眾多去屑品牌區分開來。

四、「清揚」洗髮水定位的立體式傳播

聯合利華公司在宣傳過程中處處表明「清揚」洗髮水的去屑功能，並試圖通過傳播培養中國消費者對待頭屑問題的正確態度來引導消費者，「清揚」洗髮水在傳播中指出，中國消費者在洗髮水使用中存在四大誤區——洗髮水男女混用、重沖洗輕滋養、頭皮營養失衡、洗髮護髮習慣不良，識別這些誤區並加以改進是改善頭髮的根本。

2007 年 3 月 25 日，隨著「清揚」品牌在全國各地開始投放廣告，清水出芙蓉、個

性似飛揚的「清揚」洗髮水開始走進了人們的視野，步入了人們的生活。

為了使「清揚」洗髮水迅速搶占市場，聯合利華公司發起了「清揚」洗髮水巨大的宣傳攻勢，聯合利華公司為這一品牌的市場推廣準備了不低於3億元的市場費用預算，用以保障廣告投入、業務銷售和品牌等各項業務工作的有序推進。無論是在線上廣告和線下廣告，「清揚」洗髮水相比「海飛絲」洗髮水都占據了絕對優勢。

此外，聯合利華公司還十分重視「清揚」洗髮水在全中國同步上市，即使在網上也可以看到很多「清揚」洗髮水招聘促銷人員的廣告。在上市前半年的產品推廣期，「清揚」洗髮水僅在中國市場的廣告費投入就占到聯合利華公司全年全球推廣費用的一半。聯合利華不惜血本，聘請的臨時導購的工資在廣州就達每月1800元另外再加每月300元的獎勵。推廣期間電視、廣播、網絡雜誌、終端、街道站牌、公交車廣告和試用裝發放一個也不能少，「清揚」洗髮水對消費者的衝擊可謂無所不在。

不管消費者是否認同宣傳中許諾的種種功能，「清揚」品牌已經在不知不覺中深入人心，不少消費者都樂於嘗試「清揚」洗髮水，樂於對「清揚」洗髮水宣揚的洗髮水使用四大誤區保持認知和關注。

資料來源：「清揚」洗髮水的市場細分與定位［J/OL］. www.docin.com/p-536016755.html.

討論題

1. 結合案例，查閱相關資料，瞭解中國洗髮水市場的競爭結構，分析「清揚」洗髮水的市場細分策略。

2.「清揚」洗髮水是如何在去屑洗髮水市場中獲得競爭地位的？你如何看待「清揚」洗髮水的性別細分？

案例分析二

周大福公司：營銷策略演繹成功經典

中國人對於珠寶首飾的喜愛，可謂是由來已久，因為它不僅具有保值功能，更凝結著悠悠華夏幾千年的文化古韻，而穿金戴銀更是富貴顯赫的象徵，也是身分、地位的標記。香港的周大福公司，以自己滄桑而富有傳奇色彩的發展歷程，見證了中國幾十年來珠寶首飾業的歷史巨變，用自己獨特而張揚個性的營銷策略，演繹著周大福珠寶首飾成功拓展的經典。

提起香港的周大福公司及其系列珠寶首飾，在業界及消費者中，可謂是耳熟能詳。周大福公司，這個創立於1929年，后輾轉遷移並正式在香港成立的珠寶銀行，歷經70餘年的風雨歷程，逐步奠定了其在香港珠寶首飾業界的領導地位，並備受消費者的鍾愛與信賴。在有些地域，周大福品牌已成為珠寶首飾的代名詞。

周大福公司進軍內地市場始於20世紀90年代。為避開香港激烈的市場競爭壓力，尋找新的突破與增長點，周大福公司以設立武漢周大福珠寶金行有限公司為標誌，正式吹響了進攻內地珠寶飾品零售市場的號角。周大福公司於1998年全面「挺進」內地市場，在短短幾年時間裡，在內地發展分行數目已近200家，成為內地珠寶飾品領域裡躍出的一匹「黑馬」。

周大福公司這個入選中國最具品牌價值的珠寶首飾企業，緣何能在較短的時間裡，星火燎原，成功占領港澳及內地的大片市場，其市場拓展成功的奧秘到底在哪裡？

　　珠寶首飾作為一種特殊的商品，具有市場區隔明顯，消費人群集中等特點，其目標消費群主要為女性。因此，圍繞時尚、新潮等消費心理，周大福公司推出了適合中國國情的系列產品組合。

1.「絕澤」珍珠系列

　　所有的美麗都離不開水，珍珠正是水的化身、水的結晶，是品格高貴的象徵。「絕澤」珍珠系列將顆顆富有靈性與生命力的珍珠置於流暢、唯美的線條之中，增添了女性的清新風格，含蓄卻耀目，是熱愛自然，追求意境的女性之首選。

2.「絕色」紅藍寶石系列

　　絕色紅藍寶石系列將性感魅惑、甜蜜動人與浪漫鮮明、前衛個性的元素完美結合，將女性嫵媚動人的氣質演繹到極致，打造出了一款款古典浪漫又兼具現代時尚氣息的飾物，是摩登女郎心中之至愛。

3.「水中花」系列

　　鉑金「水中花」系列的設計概念源於「鉑金如水」，主打吊墜和指環以女性「心湖中的漣漪」為主題，設計時尚優雅，將清雅與燦爛完美協調，靈巧地勾勒出盛放的花兒在平靜心湖中泛起的絲絲漣漪，就像「水中花」般含蓄，但卻是心湖中真實而恆久的燦爛回憶。其清新、高雅的格調，讓人浮想聯翩。

4.「迪士尼公主」首飾系列

　　「迪士尼公主」首飾系列設計主要以六個深受歡迎的迪士尼童話公主故事為主題，整個系列均圍繞著公主的華麗、優雅及純潔等特質設計而成，包括鑽石系列、18K 金、鉑金及純銀系列。其中，鑽石系列中更首推限量版「公主方鑽石首飾」，增添一份尊貴非凡的氣派。

5.「惹火」系列

　　「惹火」單顆美鑽系列吊墜和戒指借助層次空間與柔美線條的完美結合，詮釋極度的女性化風潮，在動感與和諧中運用奇妙的層次空間令鑽石展現出無與倫比的折射光芒，而撩人的曲線更是喻義了無限舒展的女性魅力，讓新潮的女性嘆為觀止。

　　周大福系列產品不僅高貴時髦，品質優良，而且產品定位合理，層次分明。周大福產品既有端莊樸實大眾化的首飾，也有設計新潮、動感前衛的年輕系列，更有雍容華貴的高檔飾品。為滿足女性求變的消費心理，周大福公司於 75 周年紀念慶典之際，隆重推出「絕配」組合套配，該套配可以隨意變換不同戴法，成為市場追逐的新寵。

　　周大福公司高超的產品研發能力，使其在市場的角逐中始終開合有度，從而在白熱化的激烈交鋒中傲視群雄，以至立於不敗之地。

　　兵法有雲：「凡戰者，以正合，以奇勝。」周大福珠寶飾品之所以能夠成功占領市場，與其首創推出的 999.9 純金飾品這一「市場奇兵」有很大的關係。它打破了業界傳統而狹隘的眼光，開創了金飾製造新工藝的先河，領導了消費新潮流，為周大福公司以後的快速穩定發展奠定了雄厚的經濟基礎。現在，周大福公司首創的 999.9 純金首飾已經成為香港的黃金成色標準與典範。

　　一個產品能否暢銷，其關鍵還在於該產品有沒有獨特的銷售主張（Unique Selling

Proposition，USP），即賣點，它是一般的競爭對手所不會或不能提出的，它向消費者陳述一個銷售主張，即購買該產品應得到的好處，並且具有打動千百萬人的吸引力。周大福999.9純金產品的推出，曾經受到同行的非議與質疑，但周大福公司成功了，其成功就在於4個「9」的產品優越於2個「9」的產品，向眾多的女性消費者展示了產品獨特的賣點，即純度這一難以跨越的「門檻」，使其風靡市場，讓競爭對手難以望其項背。

周大福品牌產品的成功，得益於其準確的產品定位與市場細分，使其擁有了最大化的消費群，而其不斷創新、與時俱進的研發風格，使其品牌含金量不斷積澱，並煥發出恆久的個性張揚魅力。

近年來，珠寶首飾行業在國內的發展風起雲湧，且有愈演愈烈之勢，因此尋找未來商戰的突破點與增長點成為必須。

在這次戰略戰術的調整上，周大福公司仍然先人一步，率先提出了「珠寶時裝化，首飾生活化」的突破性營銷概念，把首飾變成生活必需品，將珠寶變成時尚，甚至是一種藝術。這種營銷思路對於周大福將是一次新的飛躍，它使珠寶首飾推向了大眾化消費，並走「平民化」路線，它使珠寶首飾更多地走入「尋常百姓家」，並掀起珠寶首飾領域的一場新浪潮。

隨著時代的進步與發展以及人們生活水平的日益提高，周大福公司已經認識到以往單件款式的經銷形式已不能滿足現今消費者的購買欲求。消費者在選購過程中，「求新」、「求異」、「求變」，他們追求各自的藝術素養、文化品位、個性主張和時代風格，他們喜歡的是一件帶點個人主義的潮流首飾，並不再單純追求產品本身的價值。消費模式的轉變，更加促使周大福公司銳意革新，將品牌年輕化，由店鋪裝修到推出面向年輕消費群的潮流飾品產品線，以此來吸納和擴大市場份額。

戰略思路的轉變，必將引發珠寶首飾行業的新動向，周大福公司有理由相信，經過「珠寶時裝化，首飾生活化」的戰略調整，周大福公司將增加新的銷售空間，並將繼續領導珠寶首飾行業快速向前發展。

如今，周大福公司在內地已經開設了200余家分店，並形成了以北京、上海、廣州、武漢為中心的華北、華東、華南、中西部4大片區。除了西藏、新疆、內蒙古之外，周大福公司的專營店鋪網絡已經遍布全國各地，周大福公司已經成為中國內地珠寶首飾行業的領頭羊，並被評為中國500個最具價值品牌之一。

資料來源：王雲飛. 周大福, 營銷策略演繹成功經典［J/OL］. http://www.cmmo.cn/article-47084-1.html.

討論題

1. 周大福公司是如何來進行市場定位的？有效的市場定位需要滿足什麼條件？

2. 消費品細分的標準有哪些？周大福公司是如何來進行細分的？為什麼會取得這樣的成功？

第六章　國際市場營銷的產品策略

引例

擺脫「苦笑曲線」——讓品牌代表中國製造

一位日本前首相講演時曾說：「豐田是我的左臉，松下是我的右臉。」這兩個品牌對日本的重要性，可見一斑。但在中國，鮮有哪個產業出了一個品牌，可以代表國家的臉面。在著名的微笑曲線的兩端，設計和品牌意味著更高的附加值，但在中國製造這裡，大多數時候，情況卻是「苦笑曲線」，設計和品牌隱藏在製造的巨大陰影之下。

可惜的是，為繁榮世界市場立下汗馬功勞的中國製造，自己的品牌並沒能在國際市場上登堂入室、享受禮遇，卻被幾乎所有上檔次的營銷場所拒之門外。不夠大牌的「中國製造」在國際市場上往往出現在 99 美分店、低端超市裡。在國外受到排擠的中國品牌，在中國的高檔商場也受到同樣的待遇。在北京王府井大街、上海南京西路及淮海中路的高檔商場裡，你可以看到路易威登（LV）、普拉達（Prada）等各國各種高檔品牌，卻依然很難看到中國國產品牌的身影。

在過去的 30 年中，中國企業主要做的是年復一年地承接外貿訂單，加班加點地生產來料加工的產品，並且出口到國外，掙著辛苦錢。這種辛苦有時甚至還伴隨著資源和環境的成本。備受爭議的富士康也是蝸居在微笑曲線的最低端，美國一家市場調查機構提供了這樣的數據：蘋果公司每臺平板電腦，售價是 499 美元，成本為 260 美元，而富士康為其組裝費用為 11.2 美元，只占其成本的 4%，占其售價的 2% 多一點。調查顯示，中國出口企業中擁有自主品牌的只有 20%，自主品牌出口約占全國出口總額的 1%，在中國龐大的對外貿易額中，加工貿易占到了半壁江山。在外資企業的大規模出口中，中國獲得的真實收益並不算高。

由於外方控制了收益最高的設計、研發、品牌等環節，過度依賴外資企業出口和加工貿易，不但不能為中國經濟帶來相應的利益，反而會使國內產業產生空洞化的趨勢。這種經濟增長模式可能使中國經濟套牢在低端產業的陷阱之中。輕研發、輕設計、輕品牌、輕服務，在只顧埋頭製造的中國企業這裡，微笑曲線變成了「苦笑曲線」。儘管中國已是世界第二大的經濟體，品牌研究機構國際品牌集團（Interbrand）發布的 2010 年「全球最佳品牌榜」上，中國品牌依然在全球最佳 100 個品牌榜上無名。

一個品牌要成為在國際上有影響力的品牌，先要成為國內強勢品牌，但是中國目前的經濟結構、分配結構，使得國內消費市場一直處於非合適水平，消費者沒有能力去支付品牌的溢價。同時，有利於自主品牌成長的法律法規體系不夠完善，也阻礙了企業投入品牌的熱情。無論是在宏觀體制還是微觀體制上，中國都還沒有形成讓自主品牌更加順利成長和發展的機制。

蝸居在「苦笑曲線」低利潤製造端的中國企業，轉型是大勢所趨，「中國製造」到「中國創造」也是必由之路。回顧一下經濟發展史，這個轉移確實很艱難，但絕不是不可實現的。事實上，西方的歐洲、美國曾經走了這條路，亞洲的日本、韓國也走過這條路，這些國家轉型的過程都歷經痛苦，但最終結果都比較成功。

例如，美國在 1900 年前後基本上完成了工業革命，成為了世界最大最強的製造業中心。隨著日本以及后來韓國的工業化，美國在許多製造業領域漸漸失去了競爭力。但是，就是從那個時候開始，美國經濟已經靜悄悄地發生了又一次革命，電腦軟件和互聯網為代表的信息與通信技術產業異軍突起，深刻地改變了美國的經濟結構，徹底刷新了美國的經濟面貌，使美國繼續成為全球經濟的領袖。看看國際品牌集團 2010 年「全球最佳品牌榜」上榜企業，美國科技品牌持續在排行榜上領先，IBM、微軟、谷歌、英特爾以及惠普，在前十強占據半壁江山。而蘋果（第 17 位）由於其管控得當的信息傳播以及隨著新產品發布帶來的持續熱議，品牌價值飆升 37%。

在質量上，中國產品還沒有擺脫「低端製造」，中國名牌產品也往往在可靠性上有令人遺憾的缺陷；在技術上，製造設備大部分靠外國進口，製造技術缺少自主知識產權，風行全國的「山寨現象」更暴露了中國在知識產權方面的軟肋；從市場角度看，中國產品在國際市場上沒有自己的銷售渠道，國內市場上假冒偽劣的屢禁不止和崇洋媚外的「排內現象」，都嚴重阻礙著中國自主品牌的成長。

中國需要一場品牌革命，中國的品牌包括國家品牌、區域品牌、產業品牌、企業品牌、產品品牌，它們在世界範圍內的崛起，既是中國未來 30 年發展的最重要的槓桿，又是最重要的任務和最重要的標誌。

資料來源．劉瑛：擺脫「苦笑曲線」——讓品牌代表中國製造［N］．第一財經日報，2010-09-29．

對於從事國際市場營銷的企業而言，更廣闊的國際市場、更複雜多變的市場環境、更多元化的消費者需求和更激烈的競爭態勢，體現在企業營銷組合（Marketing Mix）策略的制定上，需要考慮的因素更多，決策過程更複雜，面對的挑戰也更艱鉅。

營銷組合策略包括產品策略（Product Strategy）、價格策略（Pricing Strategy）、渠道策略（Place Strategy）和促銷策略（Promotion Strategy），也就是我們通常所說的 4P 策略。在國際市場營銷組合中，產品是最核心和最重要的要素。離開了產品，價格、渠道和促銷便失去了意義。具有競爭力的產品，是企業成功開拓國際市場的前提。產品策略是國際市場營銷策略的基礎。

第一節　國際產品和產品組合策略

一、國際產品的整體概念

人們通常理解的產品是指具有某種特定物質形狀和用途的物品，是看得見、摸得著的東西，這是一種狹義的定義。市場營銷學認為，廣義的產品是指人們通過購買而

獲得的能夠滿足某種需求和慾望的物品的總和，它既包括具有物質形態的產品實體，又包括非物質形態的利益，這就是「產品整體概念」。

產品整體概念是現代市場營銷學的一個重要理論，它具有寬廣的外延和深刻而豐富的內涵。一般來說，國際產品概念包括三個層次，即核心產品、形式產品和附加產品，如圖6.1所示：

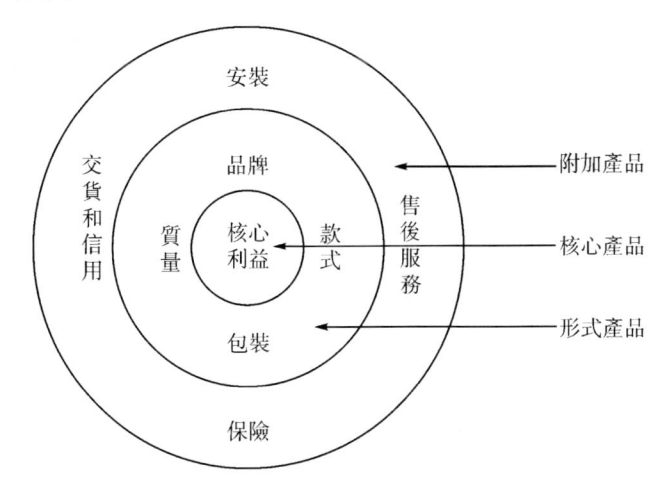

圖6.1　產品整體概念的三個層次

1. 核心產品

核心產品（Core Product）是指向顧客提供的產品的基本效用和利益，也就是產品的使用價值或最基本的功能。用戶購買某種產品並不是僅僅為了獲得產品實體本身，更重要的是滿足某種需要。例如，消費者購買口紅的目的不是為了得到某種顏色某種形狀的實體，而是為了通過使用口紅提高自身的形象和氣質；購買鑽頭的消費者真正要購買的是「孔」；在旅館住宿的旅客真正需要的是睡眠與休息。總之，核心產品是促使消費者購買的基本因素，是產品最基本、最重要的組成部分。

2. 形式產品

形式產品（Physical Product）是指生產者實際提供給顧客的產品基本形態，它是核心產品的有形載體。形式產品包括了產品的品牌、款式、質量、式樣、特徵及包裝。核心產品必須通過形式產品才能實現。例如，佳能照相機就是一個形式產品，它的品牌、零部件、外觀、質量、包裝等組合形成了它的核心利益——將重要時刻的情景給予快速便捷和高質量的攝取保存。形式產品是核心產品的實現形式，它對產品的銷售無疑起著極其重要的作用和影響。

3. 附加產品

附加產品（Augmented Product）是指銷售者為顧客提供的附加服務和利益，是指企業通過提供安裝、保險、維修、送貨、培訓等服務，給消費者帶來超出顧客期望的部分。例如，旅館在為顧客提供良好休息環境的同時，還能為其提供漂亮的鮮花、叫醒服務、商務服務、旅遊諮詢等。又如，日本本田汽車公司在全世界許多國家的大城市都設有維修中心，為該公司銷售的產品進行修理、保養和更換零部件等工作，開展

全面的售後服務，這就給消費者帶來了許多的產品的附加利益。國際市場的需求和企業間競爭的日益多樣化，顧客對企業生產和銷售產品的附加利益提出了更高的要求。這些附加利益有利於引導、啓發和刺激消費者的購買慾望或增加對該產品的消費。

國際產品的整體概念體現了以顧客需求為核心的現代市場營銷觀念，樹立產品整體概念，有利於企業充分認識不同國家市場中的消費者對產品各層次的需求特徵。企業尤其應注重核心產品的需求差別，調整自身產品策略，適應市場需求。

二、國際產品的分類

在國際市場營銷中，要根據不同產品制定不同的營銷策略，而要科學地制定有效的營銷策略就必須把產品進行科學的分類。

（一）按照產品的耐用性和有形性分類

1. 非耐用品

非耐用品是指使用一次或少數幾次的有形產品，如食鹽和飲料等。這些產品消費很快，購買較為頻繁。

2. 耐用品

耐用品一般是指能多次使用的有形物品，如彩電、空調、汽車等。

3. 服務

服務通常是指為出售而提供的活動、利益和滿足感等，如修理汽車、旅館住宿。服務具有無形、不可分離、可變和易消失等特徵。

（二）根據產品的購買者和購買目的的不同分類

1. 消費品

消費品（Consumer Goods）是指個人和家庭為滿足生活消費而購買的商品和服務。根據消費者的購買行為和購買習慣，消費品可以劃分為便利品、選購品、特殊品、非渴求品。

（1）便利品。便利品是指消費者要經常購買、反覆購買、即時購買、就近購買、慣性購買，且購買時不用花時間比較和選擇的商品。便利品具體又可以分為日常生活用品，如食鹽、香菸、飲料等；衝動品，即事先不在購買計劃之內，由於一時衝動而即時購買的商品，如合意的書籍、折價的小飾品、旅遊途中購買的工藝品和紀念品等；救急品，即消費者在某種情況下緊急購買的商品，如饑腸轆轆時購買的食品、傾盆大雨突然而至時購買的雨傘等。對便利品的營銷，企業要特別重視「地點效用」和「時間效用」，建立密集的銷售網點，備足貨品，採取特價、折價、集中突出陳列以及贈品等促銷策略，方便消費者隨時隨地購買，刺激衝動性需求。

（2）選購品。選購品是指消費者在購買過程中對功效、質量、款式、色彩、特色、品牌、價格等花較多時間進行比較的商品，如家用電器、服裝、鞋帽等。選購品又可以分為同質選購品和異質選購品。前者在質量、功效等非價格因素方面差別不大，但價格差異較大，因此要認真比較選購。后者在功效、質量、款式、色彩、風格等方面差異較大，消費者購買時重視和追求特色，特色比價格對購買決策的影響更大。企業在異質選購品的營銷中首先要重視產品差異的設計與研製，在產品的品種、花色、款式、風格方面實行多樣化，並通過廣告宣傳和促銷活動將產品差異有效地傳遞給消費

者，以滿足消費者的差異化需求。

（3）特殊品。特殊品是指具有特定品牌或獨具特色的商品，或對消費者具有特殊意義、特別價值的商品，如品牌服裝、名車、名菸、名酒，具有收藏價值的藝術品以及結婚戒指等。特殊品的購買者對所需產品已經有所瞭解，注重其特殊價值，情有獨鍾，願意為此付出更多的努力或支付更高的價格。對於這類商品，企業的營銷重點應放在品牌聲譽、特色和對消費者而言的特殊價值上，並要相應地選擇有較好信譽的經銷商或專賣店銷售。

（4）非渴求品。非渴求品是指消費者不熟悉，或雖然熟悉但不感興趣，不主動尋求購買的商品，如環保產品、人壽保險以及專業性很強的書籍等。非渴求品往往屬於消費者的潛在需求或未來需求。在營銷中，企業需要採用較強的開發性策略，採取諸如人員推銷、有獎銷售等刺激性較強的促銷措施，製作強有力的廣告，幫助消費者認識和瞭解產品，將產品使用價值和消費者的需求緊密相連，以引導消費者的興趣，激發消費者的購買行為。

2. 產業用品

產業用品（Industrial Goods）是指各種組織，如企業、機關、學校、醫院為生產或維持組織運作需要而購買的商品和服務。判斷具體產品是消費品還是工業品的標準，就是看誰購買和購買的目的是什麼。如果個人和家庭購買電腦作為自家的學習、娛樂之用，這臺電腦就是消費品；如果一家企業購買電腦用於生產控製、日常辦公、產品銷售等，這臺電腦就成了產業用品。對於產業用品，可以根據它們參與生產過程的程度和價值大小劃分為材料和部件、資本項目以及供應品和服務三大類。

三、國際產品組合的概念

現代企業所經營的產品往往種類繁多。例如，美國光學公司生產的產品超過 3 萬種；美國奇異電氣公司經營的產品多達 25 萬種。但企業並不是無條件地經營產品越多越好。一個企業應該生產和經營哪些產品才是有利的？這些產品之間應該如何配合？這就是產品組合的決策問題。產品組合的決策當中又涉及以下產品組合以及產品組合的相關概念。

產品組合（Product Mix）是指一個企業生產或經營的全部產品線、產品項目的集合，或者說是一個企業生產經營的全部產品的構成。

產品線（Product Line）是指企業按照一定的分類標準對企業生產經營的全部產品進行劃分，每一組密切相關的產品構成一個產品大類或產品線。

產品組合的寬度（Product Width）是指一個企業生產經營的產品線的多少。一個企業生產經營的產品線越多，產品組合也就越寬，反之組合就越窄。以寶潔公司生產的部分日用品為例，從表 6.1 中可以看出，寶潔公司擁有清潔劑、牙膏等 5 條產品線，因此其產品組合的寬度為 5。

產品組合的長度（Product Length）是指產品組合中所有產品項目的總數。表 6.1 中，寶潔公司的產品組合的長度為 25。其中，清潔劑產品線的產品組合長度為 9，條狀肥皂產品線的產品組合長度為 8。

產品組合的深度（Product Depth）是指產品項目中每種品牌有多少花色和規格。

例如，佳潔士品牌牙膏有 3 種規格，每個規格有 2 種口味，則佳潔士品牌產品組合的深度為 6。

表 6.1　　　　　　　　　　　寶潔公司的產品組合

	產　品　組　合　的　寬　度				
產品組合的長度	清潔劑	牙膏	條狀肥皂	紙尿布	紙巾
	象牙雪	格利	象牙	幫寶適	媚人
	德米夫特	佳潔士	柯克斯	露膚	粉撲
	汰漬		洗污		旗幟
	快樂		佳美		絕頂 1100's
	奧克雪多		香味		
	德希		保潔淨		
	波爾德		海岸		
	圭尼		玉蘭油		
	依拉				

資料來源：菲利普・科特勒．營銷管理——分析、計劃、執行和控製 [M]．9 版．梅汝和，梅清豪，等，譯．上海：上海人民出版社，1999．

　　產品組合的關聯度（Product Consistency）是指產品組合中各個產品線在生產條件、分銷渠道、最終使用或其他方面相關聯的程度。這種相關聯的程度越高，產品組合的相關性越大，各個產品線之間可以共享的資源也越多。

　　通常來說，致力於多元化的企業產品組合的關聯度較小，各個產品線之間的資源共享性較差。例如，全球知名的家電企業海爾集團在中國的業務已經拓展到了保險業、金融業和物流業。與之對應的，發達國家的著名企業很多都是專業化的，產品相關性較高。面對複雜多變的國際市場環境，企業應結合自身的發展目標和資源狀況，確定適合自己的產品組合，並經常對自己的產品組合進行分析、評估和調整，以保持最適當和最優的產品組合。

四、國際市場的產品延伸策略

　　企業的國際產品策略在產品組合層面主要包括產品組合寬度的增加和產品線的延伸。產品組合寬度的增加是指增加新的產品大類，即新產品策略。產品的延伸策略一般有三種：向上延伸策略、向下延伸策略和雙向延伸策略。

（一）向上延伸策略

　　向上延伸策略是指企業將原來定位於中低端市場的產品線向上延伸，增加產品項目以進入高端產品市場。例如，2010 年 3 月 26 日，在奇瑞汽車公司成立 13 年後，其生產的第 200 萬輛汽車隆重下線。而當天下線的主角就是奇瑞高端商務車 G5，另外兩款新車威麟 X5、威麟 H5 同時上市，威麟 X5 是奇瑞的高端運動型多用途（SUV）車型，威麟 H5 則是奇瑞汽車公司針對中型、大型客車領域開發的一款高端商務車。通過

這三款車，奇瑞汽車公司的產品佈局調整更有力地支撐了奇瑞汽車公司向中高端市場進軍的戰略路線，有助於與國際品牌展開有力競爭。

採用向上延伸策略的考慮主要源於以下幾點：一是高端市場的快速增長率和高利潤的吸引力；二是企業自身提升品牌資產價值，改善品牌形象的需求；三是通過完善產品線成為全線製造商的自身發展需求。

當企業實行向上延伸的產品策略成功後，將會獲得巨大的利潤。但是要想使原本低端的品牌重新獲得高端的形象是非常困難的，這就需要企業輔之以實行合理有效的營銷策略，推動品牌高端形象的塑造。

（二）向下延伸策略

向下延伸策略是指企業以高端品牌推出中低端產品，通過品牌向下延伸策略擴大市場佔有率。以奶粉為例，2009年開始，已經在高端市場擁有70%的市場份額的外資品牌，不斷加大對三四線城市的運作，低端產品高調上市，其中包括多美滋的貝樂嘉奶粉和美讚臣的培樂奶粉；又如，在經歷了2008年的全球金融危機後，全球的奢侈品牌幾乎都開始考慮是否需要將產品延伸到大眾市場。在中國市場，為應對更多平民奢侈品迷的需求，不少奢侈品推出副線品牌，如阿瑪尼（Armani）推出了售價較為親民的副線品牌「A/X」，愛馬仕（Hermes）在上海開了一家「上下」品牌店。

一般來講，採用向下延伸策略的企業可能是在高端產品市場受到打擊，企圖通過拓展中低端產品市場來反擊競爭對手；或者是為了填補自身產品線的空檔，防止競爭對手的攻擊性行為；也可能是因為中低端產品市場存在空隙，銷售和利潤空間較為可觀。

企業在實行這一策略時要特別注意的是，向下延伸策略可能會破壞高檔產品原有的市場形象，使企業一貫的高端形象遭到破壞。此時，企業應該重新考慮是否有必要實行低端延伸策略，如果一定要向低端市場發展，也應該重新創立低檔產品品牌，塑造新的品牌形象，而不是繼續使用高檔產品線的品牌。

（三）雙向延伸策略

雙向延伸策略，即產品線同時向上、向下延伸，也就是將定位於中端的品牌，向高端和低端市場進行向上和向下兩個方向的延伸。例如，豐田公司在自己的中檔產品卡羅拉牌汽車的基礎上，為高檔市場增加了佳美牌，用以吸引中高層經理人員，在低檔市場則增加了小明星牌，用以吸引普通工薪階層，此外還在豪華市場推出了凌志牌，用以吸引收入較高的高層管理人員。

企業在原有的市場平穩立足並取得了一定的知名度之後，在考慮到企業發展目標、自身資源和市場競爭狀況等因素後，會做出同時向兩端延伸的決策。企業通過延伸策略，可以豐富產品線，加大產品市場覆蓋，搶占市場空間，擴大企業規模，實現企業發展。

五、國際產品的標準化與差異化策略

進入國際市場的產品必須樹立產品的整體觀念，以滿足消費者綜合的、多層次的利益和需求為中心來設計和銷售產品。與國內市場營銷不同的是，國際市場營銷面對

的是世界各國和地區不同的市場環境，因此企業是向全世界所有不同的市場都提供標準化產品，還是為適應每一特殊的市場而設計差異化產品，這是企業所面臨的重要決策問題之一，即國際產品的標準化與差異化策略的決策。

(一) 國際產品的標準化策略

1. 產品標準化的提出及其涵義

國際產品的標準化策略（Standardization Strategy）是指企業向全世界不同國家和地區的所有市場都提供相同的產品。實施產品標準化策略的前提是市場全球化。自20世紀60年代以來，社會、經濟和技術的發展使得世界各個國家和地區之間的交往日益頻繁，相互之間的依賴性日益增強，消費者需求也具有越來越多的共同性，相似的需求已構成了一個統一的世界市場。因此，企業可以生產全球標準化產品以獲取規模經濟效益。例如，在北美、歐洲及日本三個市場上出現了一個新的顧客群，他們具有相似的受教育程度、收入水平、生活方式及休閒追求等，企業可將不同國家相似的細分市場作為一個總的細分市場，向其提供標準化產品或服務，如可口可樂、麥當勞快餐、柯達膠卷、好萊塢電影、索尼隨身聽等產品的消費者遍及世界各地。

2. 產品標準化策略的優點

在經濟全球化步伐日益加快的今天，企業實行產品標準化策略，對企業奪取全球競爭優勢無疑具有重要意義。

(1) 產品標準化策略可使企業實現規模經濟，大幅度降低產品研究、開發、生產、銷售等各個環節的成本而提高利潤。

(2) 在全球範圍內銷售標準化產品有利於樹立產品在世界上的統一形象，強化企業的聲譽，有助於消費者對企業產品的識別，從而使企業產品在全球享有較高的知名度。

(3) 產品標準化還可使企業對全球營銷進行有效的控制。國際市場營銷的地理範圍較國內營銷擴大了，如果產品種類較多，則每個產品所能獲得的營銷資源相對較少，難以進行有效的控制。產品標準化一方面降低了營銷管理的難度，另一方面集中了營銷資源，企業可以在數量較少的產品上投入相對豐富的資源，對營銷活動的控製力更強。

3. 影響產品標準化策略選擇的因素

(1) 產品的屬性特徵。相對於生活用品而言，工業品更適合於標準化，如鋼材、石油產品、機床、生產設備、零部件等。而在生活消費品中，耐用品較非耐用品更適合標準化，如德國的奔馳汽車多採用標準化的產品策略。

(2) 產品技術的標準化程度。電視機、錄像機、音響、計算機硬件和軟件等研究開發成本高的技術密集型產品，基於技術標準化的產品標準化，既是對產品研發的巨額投資的補償，也有利於產品的全球推廣與升級。例如，微軟公司的軟件、波音公司的飛機等產品。

(3) 產品的地方和民族特色。例如，中國的絲綢、瓷器，美國的香菸、口香糖和牛仔褲，法國的香水，各國消費者正是需要這種原汁原味的民族特色的東西。

(4) 競爭環境。如果目標市場國上沒有競爭對手出現或市場競爭不激烈，企業可

以採用標準化策略；若競爭激烈，但企業擁有獨特的核心競爭能力，且該核心競爭能力是其他企業無法效仿的，也可採用標準化產品策略。

(5) 原產國效應（Country-of-Origin Effect）。原產國效應是產品附帶的「某國製造」的標籤對顧客產生的影響，或者說是某一品牌的產品或服務的製造國家對顧客所產生的影響。當原產國效應形成了一種特殊的國別優勢時，採用產品的標準化策略會更加合適。例如，中國的青島啤酒，在美國市場主要通過餐館渠道銷售，並被認為是「最適合與中國菜一起飲用的啤酒」。

實施標準化產品策略必須做成本—收入分析，嚴格根據收益情況來進行決策。產品、包裝、品牌名稱和促銷宣傳的標準化無疑都能大幅度降低成本，但只有對大量需求的標準化產品才有意義。

此外，還應考慮各國的技術標準、法律要求及各國的營銷支持系統，即各國為企業從事營銷活動提供服務與幫助的機構和職能。例如，有的國家零售商沒有保鮮設施，新鮮食品就很難在該國銷售。儘管產品標準化策略對從事國際營銷的企業有諸多有利的一面，但缺陷也是非常明顯的，即難以滿足不同市場消費者不同的需求。當忽略了差異性存在的標準化產品不能夠被國際市場所接受時，企業應考慮放棄標準化，轉而採用差異化產品策略。

(二) 國際產品的差異化策略

1. 產品差異化策略的涵義

國際產品差異化策略（Adaptation Strategy）是指企業向世界範圍內不同國家和地區的市場提供不同的產品，以適應不同國家和地區市場的特殊需求。如果說產品標準化策略是由於國際消費者存在某些共同的消費需求的話，那麼產品差異化策略則是為了滿足不同國家和地區的消費者由於所處不同的地理、經濟、政治、文化及法律等環境尤其是文化環境的差異而形成的對產品的千差萬別的個性化需求。

儘管人類存在著某些需求共性，但在國際市場上不同國家和地區消費者的需求差異是主要的。在某些產品領域特別是與社會文化的關聯性強的產品領域，國際消費者對產品的需求差異更加突出。企業必須根據國際市場消費者的具體情況改變原有產品的某些方面，以適應不同的消費需求。

2. 產品差異化策略的優點

實施產品差異化策略，即企業根據不同目標市場營銷環境的特殊性和需求特點，生產和銷售滿足當地消費者需求特點的產品。這種產品策略更多的是從國際消費者需求個性角度來生產和銷售產品，能更好地滿足消費者的個性需求，有利於開拓國際市場，也有利於樹立企業良好的國際形象，是企業開展國際市場營銷的主流產品策略。

然而，產品差異化策略對企業也提出了更高的要求。首先是要鑑別各個目標市場國家消費者的需求特徵，這對企業的市場調研能力提出了很高的要求；其次是要針對不同的國際市場開發設計不同的產品，要求企業的研究開發能力要跟上；最後是企業生產和銷售的產品種類增加，其生產成本及營銷費用將高於標準化產品，企業的管理難度也將加大。因此，企業在選擇產品差異化策略時，要分析企業自身的實力以及投入產出比，綜合各方面的情況再進行判斷。

3. 影響產品差異化策略選擇的因素

影響產品差異化策略選擇的因素包括政府政策、法律、法規因素，經濟因素和消費者收入水平，社會、文化傾向，自然環境因素，公用設施和產品使用條件因素以及產品的特性。

（1）政府政策、法律、法規因素。每個國家和政府都會通過法律、法規等規範企業生產和產品進出口，設置貿易壁壘，保護消費者。這種因為法律法規和標準的限制而對產品做出的強制性修改和調整，是企業實施差異化策略的重要原因之一。例如，海爾集團為滿足國際社會對環保的要求而推出的超級無氟冰箱達到了德國 A 級能耗標準。在德國，凡購買海爾集團這一冰箱的德國消費者均可以得到一定的政府補貼。

（2）經濟因素和消費者收入水平。處於不同經濟發展階段的市場，人們的收入水平不同，文化和教育程度不同，消費觀念及消費習慣不同，對於產品的需求也不同。例如，人均收入高的國家，消費者追求高檔產品和休閒享受，注重產品的款式和包裝。而人均收入低的國家，消費者更願意選擇耐用與實用的產品。微軟集團自 2003 年開始實施差異化產品策略，在泰國推廣僅售 20 英鎊的 Windows XP 簡化功能修訂版，2007 年在中國銷售低價 Windows Vista 操作系統中文版彩包，被視為滿足特定目標市場需求的、能夠反應一個國家生活成本的定制化產品。

（3）社會、文化傾向。世界各國在語言、宗教、風俗、習慣、價值觀念等方面的差異，影響著消費者的觀念和消費需求。因此，識別消費者真正的需求很重要。例如，中國香港的迪士尼主題公園擁有一個全球獨一無二的「夢幻花園」，花園內的主要景點就是中國古代塔樓，由卡通片《花木蘭》中的人物駐守。哈根達斯在中國除了不失時機地推出自己的系列月餅，還推出了中華美食冰淇淋，包括冰淇淋製作的年糕、叉燒包、小籠包和春卷等。

（4）自然環境因素。地理環境、氣候環境、人口密度、居住環境等也影響人們對於產品的需求。海爾集團的「小小神童」洗衣機和嵌入式酒櫃是兩款專門為日本市場設計的產品。該洗衣機以其小巧時尚的外觀、輕鬆易用的人機界面，深受日本單身貴族的青睞；該嵌入式酒櫃則因符合日本家電開放式廚房的發展趨勢而大受歡迎。

（5）公用設施和產品使用條件因素。基礎設施的不同會對產品的使用產生影響。最鮮明的例子是各個國家電壓制度是不同的，中國是 220 伏，而日本、美國等國家均為 110 伏。因此，中國出口的電器產品必須要在電源配置上做出相應的調整。還有我們習以為常的左舵駕駛和右側行駛的交通規則，在英國則正好相反。無論是出口的汽車，還是進口的汽車，對產品的適當改動和修正都是必需的。

（6）產品的特性。一般來說，非耐用消費品比耐用消費品更需要差異化，耐用消費品比工業品更需要差異化。例如，肯德基餐廳在中國市場推出的「老北京雞肉卷」、「海鮮蛋花粥」和「香菇雞肉粥」則是為中國早餐市場定制的差異化產品。

（三）產品標準化與差異化策略的選擇

隨著經濟的發展和人們生活水平的提高，消費者需求的個性化日益凸現，選擇產品差異化策略應是從事國際營銷企業的主要產品策略。然而在營銷實踐中，企業往往將產品差異化和產品標準化策略綜合運用。許多產品的差異化、多樣化主要是體現在

外形上，如產品的形式、包裝、品牌等方面，而產品的核心部分往往是一樣的。可見，國際產品的差異化策略與標準化策略並不是獨立的，而是相輔相成的，有些原產國產品並不需很大的變動，而只需改變一下包裝或品牌名稱便可進入國際市場，有些原產國產品要想讓世界消費者接受則需進行較大的改變。

　　企業在標準化策略或差異化策略的選擇中，有兩個分析方法非常實用：一個方法是根據自身特點，進行系統的跨文化分析與研究，揚長避短，選擇最適合的策略；另一個方法是通過成本—收益分析，權衡收益與成本，做出最優選擇。事實上，很多企業靈活運用標準化策略和差異化策略，將幾個相近市場並為同一市場，採取地區性標準化策略；在另外一些市場，則採取差異化策略，從而在國際市場營銷中大獲成功。

第二節　國際市場的新產品開發

一、國際新產品的概念和分類

(一) 國際新產品的概念

　　國際新產品（International New Product）主要是指採用新技術原理、新設計構思研製、生產的全新產品，或在結構、材質、工藝等方面比原有產品有明顯改進，從而顯著提高了產品性能或擴大了使用功能，在國際市場上首次投入生產和銷售的產品。從市場營銷的角度看，凡是企業向市場提供的過去沒有生產過的產品都叫新產品。具體地說，只要是產品整體概念中的任何一部分有變革或創新，並且給消費者帶來新的利益、新的滿足的產品，都可以認為是一種新產品。

(二) 國際新產品的分類

　　按產品研究開發過程，國際新產品可分為全新產品、改進型新產品、模仿型新產品、降低成本型新產品和重新定位型新產品。

　　1. 全新產品

　　全新產品是指應用新原理、新技術、新材料，具有新結構、新功能的產品。該新產品在全世界首先開發，能開創全新的市場，與已有任何產品毫無雷同之處，如蒸汽機、電燈、電子計算機等產品的發明。

　　2. 改進型新產品

　　改進型新產品是指在原有老產品的基礎上進行改進，採用新技術、新工藝、新材料、新元件等，使產品在結構、功能、品質、花色、款式及包裝上具有新的特點和新的突破。改進后的新產品，其結構更加合理，功能更加齊全，品質更加優質，能更多地滿足消費者不斷變化的需要。例如，黑白電視機革新成彩色電視機，電子計算機從電子管、晶體管、集成電路、大型集成電路發展到具有人工智能的第五代新產品。

　　3. 模仿型新產品

　　模仿型新產品是指企業對國內外市場上已有的產品進行模仿生產。這種產品研製相對最為容易，市場競爭也最為激烈。

4. 降低成本型新產品

降低成本型新產品是指以較低的成本提供同樣性能的新產品，主要是指企業利用新科技，改進生產工藝或提高生產效率，削減原產品的成本，但保持原有功能不變的新產品。

5. 重新定位型新產品

重新定位型新產品是指原有的老產品進入新的市場成為該市場的新產品。例如，著名香菸品牌萬寶路，其最初定位是女性香菸，但其銷量並不理想，后來萬寶路「脫胎換骨」，變身「男人裝」，成就了香菸史上的經典。

二、國際新產品開發過程

國際市場新產品的開發過程是一個複雜的系統工程，需要營銷、開發、生產等各部門的參與，而且風險較大，因此遵循科學的開發程序十分重要。新產品設計開發過程分為八個階段：構思產生、構思篩選、概念發展和測試、制訂營銷戰略計劃、商業分析、產品實體開發、市場試銷、商業化。

1. 構思產生

國際市場新產品的構思可來源於多個方面，如國外消費者和用戶對現有產品的反應以及新的需求；國外科技情報、國外營銷調研公司和國際競爭對手的產品啟示；國際產品展覽會、展銷會、博覽會以及政府出版的行業指導手冊等。

2. 構思篩選

新產品構思篩選是採用適當的評價系統及科學的評價方法，對各種構思進行分析比較，從中把最有希望的設想挑選出來的一個過濾過程。在這個過程中力爭做到除去虧損大和必定虧損的新產品構思，選出潛在盈利大的新產品的構思。構思篩選包括以下兩個步驟：

第一，要確定篩選標準。第二，要確定篩選方法。對構思進行篩選的主要方法是建立一系列的評分模型。評分模型一般包括評價因素、評價等級、權數和評分人員等內容。其中，確定合理的評價因素和適當的權數是評分模型是否科學的關鍵。影響國際市場新產品開發成功的各主要評價因素可以從企業拓展海外市場目標、技術優勢、生產的可能性、產品的國際市場吸引力、產品的盈利能力等方面進行評價，以提高篩選的準確程度。

市場營銷系數評價法是一種多因素的新產品構思篩選評價方法。首先，將影響新產品成功的各主要因素（即要因）分別化簡為具體要素；其次，用概率加權的辦法還原成複合系數，即市場營銷系數；最后，用市場營銷系數的大小來判斷新產品成功的可能性。

3. 概念發展和測試

從產品構思發展成產品概念，通常要回答下面三個問題：誰使用該產品？該產品提供的主要利益是什麼？何時使用該產品？

新產品概念測試主要是調查消費者對新產品概念的反應，測試的內容包括：產品概念的可傳播性和可信度；消費者對該產品的需求程度；該產品與現有產品的差距；

消費者對該產品的認知價值；消費者的購買意圖；誰會購買此產品及購買頻率。

4. 制訂營銷戰略計劃

營銷戰略計劃包括三個部分：第一部分是描述目標市場的規模、結構和行為，新產品在目標市場上的定位，市場佔有率及頭幾年的銷售額和利潤目標等；第二部分是對新產品的價格策略、分銷策略和第一年的營銷預算進行規劃；第三部分是描述預期的長期銷售量和利潤目標以及不同時期的市場營銷組合。

5. 商業分析

在新產品進入正式產品開發階段以前，還需對已經形成的產品概念進行商業分析。商業分析的主要內容是對新產品概念進行財務方面的分析，即估計銷售額、估計成本和利潤，判斷是否滿足企業開發新產品的目標。

6. 產品實體開發

新產品的實體開發是將新產品概念轉化為新產品實體的過程，主要解決產品構思能否轉化為在技術上和商業上可行的產品這一問題。新產品的實體開發是通過對新產品實體的設計、試製、測試和鑒定來完成的。新產品開發過程是對企業技術開發實力的考驗，能否在規定時間內用既定的預算開發出預期的產品，是整個新產品開發過程中最關鍵的環節。

7. 市場試銷

市場試銷是對新產品的全面檢驗，可為新產品是否全面上市提供全面、系統的決策依據，也為新產品的改進和市場營銷策略的完善提供啟示，但是試銷也會使企業成本增加。由於產品試銷一般要花費一年以上的時間，這會給競爭者提供可乘之機，而且試銷成功並不意味著市場銷售就一定成功。因為各國及各地區消費者的心理不易準確估計，還有競爭的複雜多變等因素，所以企業對試銷結果的運用應考慮一個誤差範圍。

8. 商業化

市場試銷大體上為管理層提供了足夠的信息，以便對是否推出新產品做出最后的決策。如果市場反應良好，與預期經濟、技術要求基本吻合，就要準備組織大量生產，並加強研究營銷前的準備工作，如何時進入、向何地區銷售、銷售給誰以及採用什麼樣的導入戰略等。

營銷透視

用戶體驗至上的產品開發戰略

在 2010 財務年度，蘋果公司的營業收入達到 652 億美元，淨利潤達到 140 億美元，分別比 2009 財務年度增長了 152%和 170%。蘋果公司的股價也再創新高，2011 年 4 月底，其股價為每股 350 美元，市值達 3238 億美元，為全球市值最高的信息技術企業。

喬布斯的理念是蘋果公司的產品是個人工具，幫助個人解決問題。蘋果公司沒有選擇機構或企業作為其客戶，而是以個人作為目標客戶。事實上，蘋果公司從未成功地推出過面向企業的產品，這使得蘋果公司專注於個人用戶的體驗。從某種意義上講，蘋果公司的成功來自對人們如何使用電腦設備的透澈理解，以及開發「酷斃了的產品」

的高度承諾。

作為一個電子消費品企業，始終堅持不變的是滿足消費者的體驗需求，不斷推出能更好地滿足消費者體驗的產品，即使在產品非常暢銷的時候也依然推陳出新。

對喬布斯和他的開發團隊的骨幹成員而言，其設計的電腦應該既能幫助顧客完成工作，又讓顧客喜歡使用電腦。他們認為，對潛在的電腦使用者而言，如果他們能掌握複雜的電腦並且願意花錢，蘋果電腦的設計就是要讓他們喜歡上電腦，用戶應該能夠看到蘋果電腦給他們帶來的好處，也樂意享用這些好處。只有顯著地簡化電腦的複雜程度，才能使顧客相信電腦是有用的。因此，蘋果公司特別推崇設計的簡單易用。為了實現簡單易用這一目標，蘋果公司在產品設計時就專注於顧客的想法和需求，以及顧客如何與產品互動。當設計人員確信其抓住了客戶的想法和需求時，再設法從工程技術上實現。在這種理念的指導下，用戶往往只需要按一個鍵，就可以完成其想要實現的功能。例如，iPod、iPhone、iPad 的操作均極為簡單，以至銷售的產品中不附帶產品說明書。

簡化是蘋果公司產品設計流程裡最重要的一步，iPod、iPhone、iPad 等蘋果產品的設計中無不體現出對「簡單即是美」這一邏輯的推崇。正如 1983—1993 年擔任蘋果公司首席執行官的斯卡利回顧他與喬布斯共事經歷時所說的，喬布斯是個極簡主義者。喬布斯總相信，你做的最重要的決定並不是你要做的事情，反而是你決定不去做的事情。

喬布斯同時又是個完美主義者。在產品系統設計、外觀設計及工業設計中，喬布斯極力捍衛他的完美主義的理念。他追求每個步驟、每個細節的精準，做事有條不紊、細心謹慎，盡善盡美。體現在產品設計中，蘋果公司高度關注細節。

設計時專注於顧客想法和需求，專注於簡單易用，蘋果公司實際上抓住了用戶體驗最實質的東西。當蘋果公司的產品以精致誘人的造型面市時，就已經超越了時尚。在喬布斯看來，從設計意圖到概念的提出，再到實現概念的整個產品設計過程，一直到用戶使用該產品的體驗，最后到外在的華麗外形，都體現了「簡單即終極複雜」的設計理念。

資料來源：陳武朝. 蘋果公司何以走到今天 [J]. 清華管理評論，2011（3）.

第三節　國際產品生命週期

產品從投入市場到最終退出市場的全過程稱為產品的生命週期，它經歷產品的導入期、成長期、成熟期和衰退期四個階段。產品的生命週期表明任何產品的市場生命都是有限的，產品的新陳代謝是不可避免的。在產品生命週期的不同階段，產品的市場佔有率、銷售額、利潤額是不一樣的。這就需要企業認真分析和識別產品所處生命週期的具體階段，根據產品生命週期不同階段的特點，採取相應的營銷組合策略。

一、產品生命週期理論

產品生命週期理論是美國哈佛大學教授雷蒙德・弗農（Raymond Vernon）於 1966

年在其《產品週期中的國際投資與國際貿易》一文中首次提出的。

產品生命週期（Product Life Cycle，PLC）是產品的市場壽命，即一種新產品從開始進入市場到被市場淘汰的整個過程。弗農認為，產品和人的生命一樣，要經歷形成、成長、成熟、衰退這樣的週期。就產品而言，也就是要經歷一個開發、引進、成長、成熟、衰退的階段。而這個週期在不同技術水平的國家裡，發生的時間和過程是不一樣的，期間存在一個較大的差距和時差，正是這一時差，表現為不同國家在技術上的差距，反應了同一產品在不同國家市場上的競爭地位的差異，從而決定了國際貿易和國際投資的變化。為了便於區分，弗農把這些國家依次分成創新國（一般為最發達國家）、一般發達國家、發展中國家。

典型的產品生命週期一般可以分成四個階段，即導入期（Introduction Stage）、成長期（Growth Stage）、成熟期（Maturity Stage）和衰退期（Decline Stage）。在整個產品生命週期中，企業的銷售、利潤呈現出由弱到強，又由盛到衰的過程。如圖6.2所示：

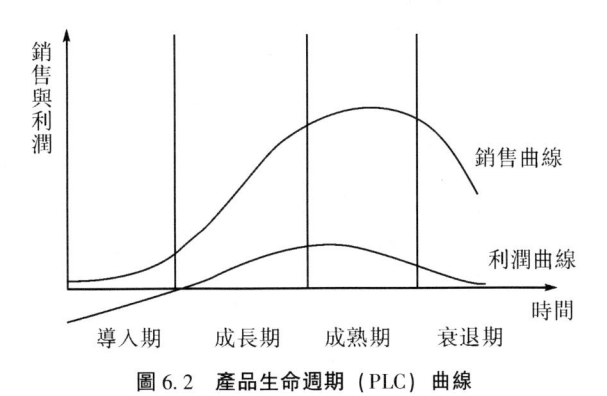

圖6.2　產品生命週期（PLC）曲線

（一）第一階段：導入期

這是指產品從設計投產直到投入市場進入測試階段。新產品投入市場，便進入了導入期。此時產品品種少，顧客對產品還不瞭解，除少數追求新奇的顧客外，幾乎無人實際購買該產品。生產者為了擴大銷路，不得不投入大量的促銷費用，對產品進行宣傳推廣。該階段由於生產技術方面的限制，產品生產批量小、製造成本高、廣告費用大、產品銷售價格偏高、銷售量極為有限，企業通常不能獲利，反而可能虧損。

（二）第二階段：成長期

當產品進入導入期，銷售取得成功之后，便進入了成長期。成長期是指產品通過試銷效果良好，購買者逐漸接受該產品，產品在市場上站住腳並且打開了銷路。這是需求增長階段，需求量和銷售額迅速上升。生產成本大幅度下降，利潤迅速增長。與此同時，競爭者看到有利可圖，將紛紛進入市場參與競爭，使同類產品供給量增加，價格隨之下降，企業利潤增長速度逐步減慢，最后達到生命週期利潤的最高點。

（三）第三階段：成熟期

當產品走入大批量生產並穩定地進入市場銷售，經過成長期之後，隨著購買產品的人數增多，市場需求趨於飽和。此時，產品普及並日趨標準化，成本低而產量大。

153

銷售增長速度緩慢直至轉而下降，由於競爭的加劇，導致同類產品生產企業之間不得不加大在產品質量、花色、規格、包裝、服務等方面加大投入，在一定程度上增加了成本。

(四) 第四階段：衰退期

隨著科技的發展以及消費者需求的改變等原因，產品的銷售量和利潤持續下降，產品在市場上已經老化，不能適應市場需求，市場上已經有其他性能更好、價格更低的新產品，足以滿足消費者的需求，此時成本較高的企業就會由於無利可圖而陸續停止生產，該類產品的生命週期也就陸續結束，以致最后完全撤出市場。

二、國際產品生命週期

(一) 國際產品生命週期理論的含義

國際產品生命週期理論是產品生命週期理論在國際間的擴展與運用。20世紀60年代，隨著國際貿易及跨國投資的迅速發展，國際分工趨勢日益加劇，哈佛大學教授雷蒙德·弗農在《經濟學季刊》上發表了《產品週期中的國際投資與國際貿易》一文，從產品生命週期的角度解釋了國際投資與國際貿易的關係，成為二戰後著名的國際貿易理論。國際產品生命週期理論從技術創新和傳播的角度分析了產品生產與貿易在國際間的轉移，實際上是技術差距理論的完善和發展。弗農認為，在國際市場上，產品的生命週期劃分成三個階段，圖6.3描述了國際產品生產週期的運動過程。

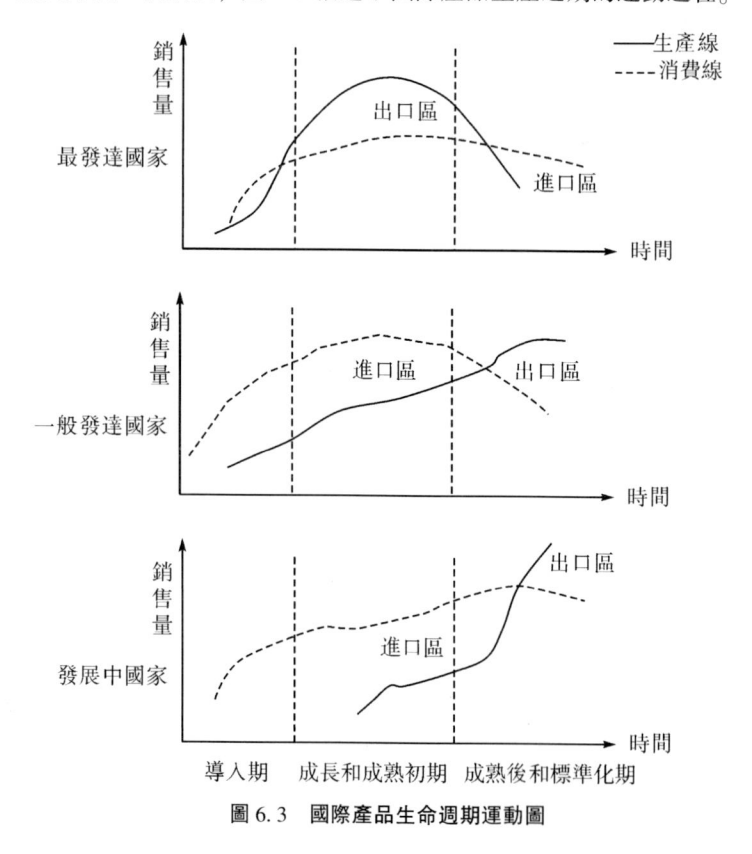

圖6.3 國際產品生命週期運動圖

1. 新產品階段

新產品階段，又稱產品導入期。在這個階段，工業發達國家通過研究與開發技術生產出新的產品。同時，生產技術還有待發展，產品品質並不穩定，成本也較高，但由於競爭對手較少，產品在國內生產並首先滿足國內市場的需求。當技術發展到一定水平之後，產品質量穩定下來，競爭較以前激烈，國內市場基本飽和，開始有少量產品出口到其他發達國家。

2. 成熟產品階段

成熟產品階段，又稱產品的成長或成熟初期。在這個階段，產品日益成熟，生產技術更加完善，生產規模的擴大給企業帶來規模經濟效益，生產成本下降，國內市場供過於求，產品大量出口到其他發達國家及發展中國家。同時，其他發達國家也逐漸掌握產品的生產技術，開始仿製生產該種產品，國際市場上出現越來越多的競爭者。技術創新國開始對外投資，在國外設立子公司或分公司，以保持和擴大國際市場份額。

3. 標準化產品階段

標準化產品階段，又稱成熟后和標準化期。在這個階段，產品和技術都已標準化，並被大量生產，其他發達國家產品可以和技術創新國相抗衡，由進口國轉為出口國。由於技術已被廣泛知曉，發展中國家在進口的基礎上，可以輕易掌握標準化技術生產出標準化產品，而且由於發展中國家存在自然資源和勞動力的優勢，可以低成本地生產出同類產品參與國際競爭，使最先技術創新和產品出口的國家喪失競爭優勢。這時，最早技術創新國可以有兩種選擇：一是逐步退出該產品的市場，研製出新的技術和產品；二是將生產基地完全轉移到發展中國家。至此，發展中國家由進口國變成出口國，而最早生產的發達國家向發展中國家進口產品，由出口國變為進口國。

需要指出的是，國際產品生命週期的階段不同，要素的密集度也相應地不同。在產品導入期，需要大量科學技術的投入，這時產品屬技術密集型。在成長或成熟初期，技術和產品日益完善，企業開始大規模的批量化生產，需要大量的資金投入，這時產品屬資金密集型。在成熟后期，產品和技術都已標準化，低成本的勞動力成為競爭中的關鍵優勢，這時產品屬勞動密集型。因為產品要素密集度的相應變化，所以不同階段具有不同的比較優勢，產品能在不同類型的國家傳播和生產。

(二) 國際市場產品生命週期理論的意義

國際產品生命週期理論對企業的國際營銷活動具有十分重要的現實意義，主要表現如下：

第一，企業可以利用產品在不同國家市場所處的不同生命週期階段，調整出口產品的地區結構，及時轉移目標市場，延長產品生命週期，以達到長久占領國際市場的目的。

第二，企業可以利用產品生命週期來不斷調整產品結構，及時推出新產品，淘汰沒有前途的產品，加速出口產品的更新換代。

第三，發展中國家可利用產品生命週期，引進發達國家的新產品，依靠本國自然資源和勞力優勢，以較低成本研製生產，將產品出口到原產國，從而促使本國產業結構的調整和提高。

第四節　國際市場營銷的品牌策略

品牌是用以識別不同生產經營者的不同種類、不同品質產品的商業名稱及其標誌。現代社會中，品牌是一個非常重要的經濟和社會現象。消費者依賴品牌來辨別、選擇產品和服務，乃至於依靠品牌展現自身的品位、價值觀和情感取向；製造商或服務商則通過品牌來傳達產品質量、情感乃至價值取向等諸多內容，以贏得顧客忠誠和隨之而來的長遠發展。

一、品牌的概念和構成

（一）品牌

品牌（Brand）是用以識別某個銷售者或某群銷售者的產品或服務，並使之與競爭對手的產品或服務區分開來的商業名稱及其標誌，通常由文字、標記、符號、圖案和顏色等要素或這些要素的組合構成。品牌屬於產品整體概念中的形式產品，是產品的重要組成部分。品牌是一個集合概念，包括品牌名稱和品牌標誌。

（二）品牌名稱

品牌名稱（Brand Name）是指品牌中可以用文字表述的部分，如索尼（SONY）、日立、海爾（Haier）、聯想（Lenovo）、五糧液等。

（三）品牌標誌

品牌標誌（Brand Mark）是指品牌中可以被識別和認識的，但不能用文字表述的部分，如特殊的符號、圖案、術語、字體造型和其他元素等。圖 6.4 是為我們非常熟悉的蘋果公司和海爾集團的品牌標誌。

蘋果公司　　　　　　　　　海爾集團

圖 6.4　著名的品牌標誌

在國內外企業中曾經掀起一場換標熱，如中國的汽車企業吉利和長城、互聯網企業騰訊公司以及世界知名的蘋果公司和英特爾公司。其中的原因既有商標在海外市場遭遇搶註而不得不進行的被動換標，也有企業為了樹立國際化品牌形象，順應企業走向國際市場的需要而採取的主動換標，更有企業為實現「超越未來」的戰略需求而實施的換標之舉。圖 6.5 是英特爾公司與騰訊公司的換標圖示。

圖 6.5　企業換標示例

營銷透視

卡夫的拆分和品牌標示的變化

2012 年 10 月，全球第二大食品公司卡夫公司正式拆分成為全球零食業務和北美雜貨業務兩個獨立營運機構，並作為兩家獨立的上市公司進行交易。全球業務被命名為 Mondelez 國際公司（「Monde」是拉丁語「世界」之意，「delez」則代表「美味」（delicious），合起來寓意為「美味世界」），其麾下的國際品牌包括吉百利、麥斯威爾、奧利奧和納貝斯克等。卡夫公司拆分后，卡夫中國公司的產品組合與 Mondelez 國際公司（Mondelez International）非常貼近，因此卡夫中國公司順理成章地融入 Mondelez。

卡夫中國公司總裁肖恩・沃倫（Shawn Warren）表示，在新的 Mondelez 框架下，卡夫中國公司的策略不會有什麼改變，將繼續堅持以下三點：繼續專注於明星品牌、重點品牌；加大研發新產品的投資，不斷滿足消費者新需求；繼續加強對店內的執行能力，使每一種產品的擺放位置都符合消費者的購物心理。通過對這三方面的投資，帶動整個品類的消費增長，如在餅乾層面，由於卡夫中國公司的強勁增長，帶動了整個中國餅乾品類也大幅增長。

肖恩表示，從全球來看，中國的經濟增長依然很快。卡夫中國公司的業務增長率遙遙領先於全球業務。不管是在營銷方面的投入，還是跟消費者的溝通，不管是線上線下，還是店內店外，卡夫中國公司都將加大對市場的投入，並將同時對所有品類都加大投資。

卡夫中國公司名稱的變更也是一個焦點。此前，卡夫中國已確定更名為「億滋」。很多人認為從卡夫到億滋是一個品牌的損失，但品牌專家王啓認為，這未必是壞事，

新名字「億滋」比之前的卡夫更加貼近市場。卡夫很難在字面上做中國式的理念,「億滋」比較適合中國人的口味,「億萬好滋味」的釋義更容易拉近與中國消費者的距離。但是,換成「億滋」後可能需要3~5年的花費成本。

由於卡夫的標誌在中國已經深入人心,所以還會暫時保留在包裝上。卡夫中國公司表示,過渡期為多長時間還沒有敲定,不過食品包裝上的生產資料,比如廠家的地址和名稱會陸續更新為「億滋」。在名稱變更完成之前,卡夫中國公司保持現有的中英文名稱不變。

資料來源:趙陳婷,經緯.卡夫的拆分:是挑戰,更是機遇〔J〕.食品界,2013(2)。

(四) 註冊商標

註冊商標(Registered Trademark)是一個法律術語,是指已獲得專用權並受法律保護的一個品牌或一個品牌的一部分。企業在政府有關主管部門註冊登記以後,就享有使用某個品牌名稱和品牌標誌的專用權,這個品牌名稱和品牌標誌受到法律保護,其他任何企業都不得仿效使用。在國際範圍內,商標的申請、註冊和使用應遵循保護工業產權的《巴黎公約》和關於商標國際註冊的《馬德里協定》及《商標註冊公約》等國際公約。這些公約對商標的國際註冊、國際權利、馳名商標的保護、商標的轉讓以及不能作為商標註冊的內容等問題都做出了明確的規定。

據不完全統計,中國一些商標特別是知名商標被搶註的事件屢屢發生,造成了每年約10億元的無形資產流失。

營銷透視

企業戰略:「名正」才能「行順」

一度在業內引起強烈反響的西門子合資公司搶註中國海信商標一案最近又有了新進展。西門子公司在與海信公司就商標轉讓問題進行談判的同時,於2004年就將海信公司告上德國科隆地方法院。目前海信公司正調集人馬,積極準備應對這場在德國展開的訴訟。

實際上,海信商標的這一事件只是眾多中國企業商標在國際上被搶註的一個縮影。中國商標已進入了被境外搶註的高峰期,馳名商標、知名商標和原產地保護產品名稱是境外搶註的熱門。目前,已有15%的內地知名商標在境外遭搶註。據不完全統計,中國有超過80個商標在印度尼西亞被搶註,有近100個商標在日本被搶註,有近200個商標在澳大利亞被搶註。

搶註中國商標的主體主要有兩類:一類是專門為了搶註商標進行商標炒賣而成立的公司,如加拿大就有「老字號商標轉讓公司」,專門搶註老字號商標;另一類是和中國企業具有競爭關係的外國公司,出於競爭的目的搶註商標,以壓制中國企業在某些具有豐富潛力的國際市場的發展。近幾年來,由於中國企業在產品製造上的比較優勢得以發揮,產品在國際市場上的競爭力迅速增強,因而第二類外國企業搶註中國商標的事件呈現迅速上升的勢頭,給中國企業的國際化發展帶來不小的麻煩。

在這種情況下,中國企業需要具備遠大目光,從國際市場競爭的角度看待商標和

品牌的保護。具體來說，就是要提高商標和品牌的保護意識，在管理上採取切實的行動，並且善於利用國際上的保護商標的相關法律，未雨綢繆，保證自有商標的名分。名分正了，國際化經營管理的行動才能順暢起來。

資料來源：企業戰略：「名正」才能「行順」［J/OL］. http://www.ceconline.com/strategy/mn/8800037614/01/.

二、品牌的內涵

品牌實質上代表著賣者對交付給買者的產品特徵、利益和服務的一貫性的承諾。最佳品牌就是質量的保證。但品牌還是一個更複雜的象徵，品牌的整體含義可分成以下六個層次。

（一）屬性

品牌首先代表某種屬性。例如，「奔馳」牌意味著昂貴、工藝精湛、馬力強大、高貴、轉賣價值高、速度快等。多年來奔馳的廣告一直強調它是「世界上工藝最佳的汽車」。

（二）利益

顧客不是買屬性，而是買利益。因此，屬性需要轉化成功能性或情感性的利益。耐久的屬性可轉化成功能性的利益。例如，「多年內我不需要買新車」。昂貴的屬性可轉化成情感性利益。例如，「這輛車讓我感覺到自己很重要並受人尊重」。

（三）價值

品牌體現生產者價值。例如，「奔馳」牌代表著高效、安全、聲望及其他東西。市場營銷人員必須分辨出對這些價值感興趣的消費者群體。

（四）文化

品牌代表著一種文化。奔馳汽車代表著德國文化：組織嚴密、高效率和高質量。

（五）個性

品牌反應出個性。如果品牌是一個人、動物或物體的名字，會使人們想到什麼呢？例如，「奔馳」（Benz）可能會讓人想到嚴謹的老板、凶猛的獅子或莊嚴的建築。

（六）用戶

品牌暗示著購買或使用產品的消費者類型。如果我們看到一位20來歲的秘書開著一輛奔馳汽車時會感到很吃驚，我們更願意看到開車的是一位50歲的高級經理。

以上說明品牌是一個複雜的符號。如果公司只把品牌當成一個名字，那就錯過了品牌化的要點。品牌化的挑戰在於制定一整套品牌含義。當受眾可以識別品牌的六個方面時，我們稱之為深度品牌；否則只是一個膚淺品牌。品牌最持久的含義是其價值、文化和個性，它們構成了品牌的實質。

三、品牌的作用

（一）品牌給企業帶來的利益

菲利普·科特勒在其著作《營銷管理》中強調，品牌暗示著特定的消費者，即暗

示了購買或者使用產品的消費者類型，也即品牌的潛在顧客。他還對品牌功能做了論述，認為擁有高品牌資產的公司具有如下競爭優勢：

第一，由於消費者高水平的品牌知曉和忠誠度，公司營銷成本降低；

第二，由於顧客希望分銷商與零售商經營這些品牌，加強了公司與其討價還價的能力；

第三，由於品牌產品有更高的品質，公司可比競爭者賣出更高的價格；

第四，由於品牌有高信譽，公司可以較容易地開展品牌拓展；

第五，在激烈的價格競爭中，品牌給公司提供了某些保護作用。

以上這些說明，成功的品牌管理在企業創造競爭優勢過程中發揮著重要的作用。

營銷透視

中國彩電只培養了工廠沒有培養出品牌

當年一味追求規模的彩電企業在品牌的收穫上，只獲得了一面寫有自己企業商號的旗子，這面旗子上除了瘋狂的價格吶喊聲之外，沒有太多市場信用的累積，虛幻的優勢也導致我們的彩電戰略至今沒有瞄準彩電工業體系內生能力的培養。

主導中國彩電工業發展的主要路線是被稱為「規模放大型」的路線。這種發展模式的主要方式是借助中國彩電市場生產要素價格低廉的特點，把發展的重點放在了產品價格的降低上，憑藉國內彩電巨大的內需容量，拼命地放大產量從而降低價格。在市場短缺時代，這種循環有無往而不勝的感覺。低價生產要素導致產品價格低，從而推動銷量增長，而銷售增長又給製造體系的擴大創造了條件。中國彩電在這種產量與價格的反向循環中，規模越來越大。而近年來的市場現實證明，這種靠規模得來的經濟性取勝的邏輯的有效性已經大大減弱，即使海外市場沒有貿易壁壘的保護，我們的彩電產品在全球可以覆蓋更大市場的前提下，也很難盈利。

把中國彩電全球品牌創造的幻想，放在低價加吆喝上是沒有根本效果的。在與跨國彩電品牌的比較上，我們的品牌顯得粗糙化、表面化。其實，品牌的創建應是一個完整工業體系進化的必然結果，而不是宣傳的結果。強大的工業體系創新能力的系統提高必然使企業有能力滿足苛刻的消費需求，而這種對苛刻消費需求滿足的大量累積就是品牌的創建過程。從本質上說，品牌創造過程實際上是工業體系創新過程的社會化過程。

「規模放大型」的發展戰略產生了兩個結果：一是讓中國的彩電企業對市場的認知產生了片面化的結果，即市場就是更低的價格，新的市場需求就等於價格新低，而不是具體的消費需求；二是消費需求的苛刻，這種消費需求的苛刻實際上是對中國彩電企業提供劣質供給的一種反彈性的否定。隨著生活水平的提高，再加上外資產品的影響，中國消費者對需求的渴望更加精致，也更為苛刻。當消費需求驟然轉變為苛刻的、精致的要求時，中國彩電企業的發展戰略仍然沒有轉變，還是想以低價格應對這個他們自認為很熟悉、實際上正在變得陌生的市場。

其實，即使是成本價格屬性也已經成為一種產業幻想了，中國彩電工業抵擋外資的關稅的柵欄早已經拆除。此外，外資的彩電製造基地已經全面轉移到中國市場，形

成中國彩電價格優勢的生產要素已經完全被外資企業所使用，我們的彩電企業的價格優勢已經基本消失。與此同時，我們也發現需求對低價格的感應已經非常遲鈍。

生產要素是否具有優勢，不是由生產要素的價格單方面決定的，生產要素優勢發揮的一個關鍵變量是生產率，然而一旦涉及生產率，技術、組織、管理就成關鍵變量。中國彩電前20年的發展戰略實質上是單一的低價格生產要素的依賴化的生存，這是我們只發展出了工廠，而沒有發展出品牌的真實原因。

工廠是產品價值形成的一個環節，而非競爭性工具，品牌是參與國際競爭的工具。一個國家或者是一個企業只去培養環節而不去培養競爭工具的話，就不會有國際競爭的優勢。跨國彩電企業在中國的競爭優勢實際上是自己的技術、組織與管理變量與中國生產要素的乘數，而中國彩電企業競爭所依賴的是跨國競爭對手可以輕易獲得的低成本資金、低成本勞動力等沒有差別的低層次的生產要素。這些生產要素是企業競爭需要的外生變量，是可以用技術、組織、管理這些組織內生變量去控制使用的生產要素，其在創造品牌的過程中屬於后決條件，而非先決條件。

資料來源：羅清啓. 中國彩電只培養了工廠沒有培養出品牌［J/OL］. www.cneln.com/colub/pubset/clumn_list_detail.php? id=26512.

(二) 品牌給消費者帶來的利益

現代品牌理論特別重視和強調品牌是一個以消費者為中心的概念，沒有消費者，就沒有品牌。品牌的價值體現在品牌與消費者的關係之中。在現實生活中，品牌代表著特定的品質和價值。如果沒有品牌，消費者即使購買一瓶飲料也會有相當的麻煩，比如要閱讀大量飲料的標籤和說明，要花大量時間去比較和選擇，要考慮購買後是否后悔等，有了品牌之後，這個選擇就變得十分簡單。

四、品牌資產和品牌價值

品牌資產（Brand Equity）是與品牌、品牌名稱和標誌相聯繫的，能增加或減少企業所銷售產品或提供服務的價值和顧客價值的一系列品牌資產與負債。品牌資產包括品牌忠誠度（Brand Loyalty）、品牌知名度（Name Awareness）、品牌認知度（Perceived Quality）、品牌聯想（Brand Association）和品牌資產的其他專有權——專利權、商標和渠道關係等。

品牌價值（Brand Value）是品牌資產的市場價值，即消費者對品牌的認可、依賴與忠誠。2011年世界品牌實驗室與明略行諮詢公司（Millward Brown Optimor）旗下BRDANZ分別通過調研發布了全球及中國品牌的價值排行榜。表6.2與表6.3分別是BRDANZ發布的2011年全球最具價值品牌百強排行榜，和由世界品牌實驗室發布的中國品牌價值百強排行榜的前10位企業和品牌。

表6.2　　　　　　　2011年全球最具價值品牌百強排行榜　　　　　單位：百萬美元

排名	英文品牌名	地區	品牌價值	所屬行業
1	Apple	北美	153,285	科技
2	Google	北美	111,498	科技

表6.2(續)

排名	英文品牌名	地區	品牌價值	所屬行業
3	IBM	北美	100,849	科技
4	McDonald's	北美	81,016	快餐
5	Microsoft	北美	78,243	科技
6	Coca-Cola	北美	73,752	軟飲料
7	AT&T	北美	69,916	電信
8	Marlboro	北美	67,522	菸草
9	China Mobile	亞洲	57,326	移動營運商
10	GE	北美	50,318	綜合集團

資料來源：2011年BRANDZ全球最具價值品牌百強排行榜 http://www.ftchinese.com

表6.3　　　　　　2011年中國最具價值品牌排行榜前10位　　　　　　單位：億元

排名	品牌名稱	品牌價值	所屬行業
1	工商銀行	2,162.85	金融
2	國家電網	1,876.96	能源
3	中國移動通信	1,829.67	通信服務
4	中央電視臺	1,261.29	傳媒
5	中國人壽	1,035.51	金融
6	中國石油	1,006.23	石油化工
7	中國石化	958.57	石油化工
8	華為	867.46	通信、電子、信息技術
9	中國一汽	842.66	汽車
10	聯想	825.91	通信、電子、信息技術

資料來源：世界品牌實驗室 http://brand.icxo.com。

五、國際產品品牌的命名

國際產品品牌和商標的設計應遵循產品品牌和商標設計的一般性原則，如簡單易懂、便於識別、有助記憶等，能實現構思獨特新穎、引人注目、適應產品性質、便於宣傳商品等則是上乘之作。著名的國際汽車品牌「奔馳」、飲料品牌「可口可樂」等都是消費者耳熟能詳且朗朗上口的名字。中國企業中的「立信」會計、「同仁堂」制藥也是非常成功的命名。

此外，由於語言的差異、文化的不同和目標市場國的法律、法規限制，國際市場營銷中產品的命名還應特別注重以下設計原則：

(一) 品牌名稱不會引起消費者的誤解，進一步的要求是使消費者能夠產生正面的聯想

當企業將產品推向國際市場的時候，直接使用原來品牌名稱或原來品牌名稱的外文翻譯時，應避免產生歧義，而恰當的名稱翻譯是對好品牌的錦上添花。例如，我們熟知的可口可樂（Coca-Cola），韓國的廚房用品樂扣樂扣（LOCKLOCK）保鮮盒等。

(二) 品牌名稱應符合各國消費者的傳統文化和風俗習慣

出口商品的商標設計應注意與各國和地區的文化和習俗相適應，因此必須充分認識和瞭解各國消費者對顏色、數字、動物、花卉、圖案、語言等方面的喜好與禁忌。

(三) 品牌名稱不可違反相應的法律、法規

例如，中國的「三槍」(Three Gun) 內衣在出口美國的時候，美國海關以「槍」為危險物品為由，不準以「槍」為品牌的內衣進入美國。

(四) 品牌名稱應符合國際商標法和目標國商標法的規定

符合國際商標法的規定是國際產品商標設計必須遵循的一個重要原則。主要是遵循保護工業產權的《巴黎公約》和關於商標國際註冊的《馬德里協定》及《商標註冊公約》等。這些國際公約對商標的國際註冊、商標權利在不同國家互不牽連、馳名商標的保護、商標的轉讓以及不能作為商標註冊的內容等問題都做出了明確的規定。

企業還必須充分瞭解和遵守目標國有關商標的法規，以避免法律糾紛和蒙受經濟損失，使企業的商標得到目標國的法律保護。例如，美國採用「商標使用在先」的法律，而中國則是遵循「商標註冊在先」的法律。

營銷透視

宏基 (Acer) 電腦的品牌命名

被譽為華人第一國際品牌、世界著名的宏基 (Acer) 電腦1976年創立時的英文名稱叫 Multitech，經過十年的努力，Multitech 在國際市場上小有名氣。就在此時，一家美國數據機廠商通過律師通知宏基公司，指控宏基公司侵犯該公司的商標權，必須立即停止使用 Multitech 作為公司名稱與品牌名稱。經過查證，這家名 Multitech 的美國數據機制造商在美國確實擁有商標權，而且在歐洲許多國家都早宏基公司一步完成登記。商標權的問題如果不能解決，宏基公司的自有品牌 Multitech 在歐美許多國家恐將寸步難行。在全世界，以「~tech」為名的信息技術公司不勝枚舉，因為大家都強調「技術」(tech)，這樣的名稱沒有差異化，又因雷同性太高，在很多國家都不能註冊，導致無法推廣品牌。因此，當宏基公司加速國際化腳步時，就不得不考慮更換品牌。

宏基公司不計成本，將更改公司英文名稱及商標的工作交給世界著名的廣告公司奧美 (O&M) 公司。為了創造一個具有國際品位的品牌名稱，奧美公司動員紐約、英國、日本、澳大利亞等分公司的創意工作者，運用電腦從4萬多個名字中篩選，挑出1000多個符合命名條件的名字，再交由宏基公司的相關人士討論，前後歷時七八個月，終於決定選用 Acer 這個名字。

宏基公司選擇 Acer 作為新的公司名稱與品牌名稱，出於以下幾方面的考慮：

第一，Acer 源於拉丁文，代表鮮明的、活潑的、敏銳的、有洞察力的，這些意義和宏基公司所從事的高科技行業的特性相吻合。

第二，Acer 在英文中，源於詞根 Ace (王牌)，有優秀、傑出的含義。

第三，許多文件列舉廠商或品牌名稱時，習慣按英文字母順序排列，Acer 第一個字母是 A，第二個字母是 C，取名 Acer 有助宏基公司在報章媒體的資料中排行在前，增加消費者對 Acer 的印象。

第四，Acer只有兩個音節，4個英文字母，易讀易記，比起宏碁公司原英文名稱Mutitech，顯得更有價值感，也更有國際品位。

宏碁公司為了更改品牌名和設計新商標共花費近100萬美元，應該說宏碁公司沒有在法律訴訟上過多糾纏而毅然決定摒棄平庸的品牌名Multitech，改用更具鮮明個性的品牌名Acer，是一項明智之舉。如今，Acer的品牌價值超過1.8億美元。

資料來源：楊文京. 全球著名品牌的產品命名案例［J/OL］. http://brand.icxo.com，2005-11-14.

六、國際市場營銷的品牌決策

在國際產品策略中，品牌決策涉及品牌歸屬策略和品牌統分策略。

(一) 品牌歸屬策略

如果一家國際企業確定產品應該有品牌之後，就涉及如何抉擇品牌歸屬的問題。對此，企業有以下兩種可供選擇的策略：

1. 製造商品牌

製造商品牌（Manufacturer Brand）是由製造商創建、擁有和控製的品牌，如「小天鵝」、「海爾」、「長虹」、「娃哈哈」，中國知名品牌中大多數都是製造商品牌。

2. 中間商品牌

中間商品牌（Distributor Brand）是由中間商創建、擁有和控製的品牌。在實際經營中，製造商將產品賣給零售商或中間商，中間商再以自己的品牌來銷售該種商品。例如，沃爾瑪超市在中國的超市所銷售的「惠宜」牌的食品和日用品，「吉之島」（JUSCO）在中國境內推出的「萊貝屋」牌月餅等，都是中間商品牌。對於中間商來講，這種品牌策略又稱為自有品牌策略。

企業進入國際市場的產品，可採用自己的品牌，亦可採用中間商的品牌。企業產品採用製造商的商標，其好處是可以建立起企業的國際信譽，建立消費者對本企業產品的忠誠，為以后擴大銷量打下基礎。但是生產商常常會面臨著如何迅速打開國際市場的難題。許多知名度不高，實力不雄厚的企業，為使產品能順利迅速進入目標國市場，更傾向選擇使用經銷者的品牌。

西方許多批發商、經銷商都使用自己的品牌，如美國著名的西爾斯（Sears）百貨公司，它所出售的商品有90%是用自己的品牌。製造商借助於經銷商的信譽可迅速使產品打開銷路，卻抹煞了企業的功績，不利於企業在國際市場上的進一步發展。總之，企業在選擇品牌歸屬時，應衡量生產者和經銷商的聲譽、費用開支、企業的未來發展以及企業進入國際市場的方式等因素。

如果企業以間接出口、直接出口方式進入國際市場，通常面臨的選擇是採取本企業品牌或者採用經銷商品牌。以許可證貿易方式進入國際市場的企業則是由許可方向國外的受證方提供生產製造技術的使用權、專利使用權的同時，提供其商標的使用權。如果企業採用合資和直接投資方式進入外國市場，其產品的品牌策略則面臨以下選擇：採用本企業的品牌，或採用合作夥伴的品牌，或採用合資雙方的共同品牌，或根據目標國的法規及消費偏好合資雙方共同設計新的品牌。

(二) 品牌統分策略

品牌無論歸屬於生產者還是中間商，都必須考慮如何對所有的產品組合進行命名，是全部產品都用一個品牌，還是各種產品分別使用不同的品牌，通常有統一品牌、個別品牌與多品牌三種可以選擇的策略。

1. 統一品牌策略

統一品牌策略又稱家族品牌策略（Family Brand Strategy），即企業的所有產品組合都統一採用同一個品牌名稱，多見為「品牌名＝企業名」的操作方式。例如，美國通用電器公司對其產品就只採用一個品牌「GE」；索尼公司的所有產品（隨身聽、電視機、手機、電腦等）都以「SONY」為品牌名；中國海爾集團的系列產品（空調、彩電、冰箱等）也全部採用「海爾」這一品牌。

統一品牌策略有利於企業利用品牌已取得的聲譽，擴大企業的影響；有利於企業將其他新產品帶入國際市場或擴大原有產品的國際市場份額；同時還可節約品牌及商標設計和廣告促銷的費用。採用此策略的企業常常具有較強的競爭實力，且該品牌在國際市場已獲得一定的知名度和美譽度。採用統一品牌的產品必須具有較高的相同質量標準。該品牌的名稱或標示必須符合目標國的法規和風俗習慣。

2. 個別品牌策略

個別品牌策略（Individual Brand Strategy）是指企業對各種不同的產品分別使用不同的品牌。例如，美國杜邦公司在全世界銷售 3 萬種產品，共使用約 2000 個品牌，杜邦公司為保護這些品牌而註冊了 1.5 萬個商標。個別品牌策略有助於消費者從品牌上區分商品的檔次、質量和價格差異，以滿足不同消費者的需求，當市場機會發生變化時，可以分散企業的風險。在國際市場上運用個別品牌策略的缺點也十分顯著：對每一品牌都必須分別做廣告，其促銷費用過大；一種產品採用一種品牌，造成信息過多，不便記憶，不利於企業樹立統一的國際形象。因此，企業須根據企業規模、實力及企業已有的國際形象等謹慎選擇個別品牌策略。

3. 多品牌策略

多品牌策略（Multi-brand Strategy）通常是指企業同時為一種產品設計兩種或兩種以上互相競爭的品牌的做法。例如，寶潔公司在中國市場上推出的洗髮水品牌就有近 10 個，中國消費者熟悉的「潘婷」、「飄柔」、「海飛絲」三個品牌，分別吸引需要滋潤營養、飄逸柔順和去頭屑三類不同需求的消費者，從而使得保寶公司在中國的洗髮水市場佔有率第一，高達 50% 以上。這顯然是寶潔公司成功運用多品牌策略的成果。

多品牌策略要求企業根據各目標市場的不同利益，分別設計使用不同的品牌。多個品牌能較好地定位不同利益的細分市場，強調各品牌的特點，吸引不同的消費者群體，從而佔有較多的細分市場。消費者的需求是千差萬別、複雜多樣的，不同的地區有不同的風俗習慣，不同的人群有不同的審美觀念等。同一品牌在不同的國家或地區有不同的評價標準，如上述寶潔公司就是運用了多品牌策略，充分適應了市場的差異性。

多品牌有利於提高產品的市場佔有率。其最大優勢就是給每一品牌進行準確定位，從而有效地占領各個細分市場。多品牌策略也給企業提出了更高的駕馭品牌的能力要

求，每一品牌的定位必須形成差異化和有效區分，而不是讓自己的產品相互競爭。如果企業原先單一目標顧客範圍較窄，難以滿足擴大市場份額的需要，此時可以考慮推出不同檔次的品牌，採取不同的價格水平，形成不同的品牌形象，以抓住不同偏好的消費者。

復習題

1. 什麼是產品的整體概念？產品概念的三個層次分別是什麼涵義？
2. 什麼是產品組合？產品組合的寬度、深度和關聯度對企業營銷活動的意義是什麼？
3. 舉例說明什麼是企業國際市場營銷中的產品標準化策略和差異化策略？各自適用的條件是怎樣的？兩種策略的優勢和劣勢分別是什麼？
4. 什麼是產品生命週期？產品生命週期理論對企業的國際市場營銷活動有什麼指導意義？
5. 舉例說明什麼是品牌？品牌的內涵和作用是什麼？
6. 什麼是製造商品牌？什麼是中間商品牌？採用中間商品牌的好處是什麼？
7. 簡述統一品牌、個別品牌和多品牌策略的特點，它們分別的優勢和劣勢、適用條件是什麼？

思考與實踐題

1. 查找資料，選擇一家感興趣的國際企業，分析其在中國市場的產品組合策略。
2. 查找資料，選擇一家感興趣的國際企業，分析其在國際市場的品牌戰略。

案例分析一

聯合利華：以品牌戰略為核心競爭力

1929 年，英國 Lever 公司與荷蘭 Margarine Unie 公司簽訂協議，組建聯合利華 (Unilever) 公司。經過 80 年的發展，聯合利華公司已經成為了世界上最大的日用消費品公司之一，每天有 20 億消費者在世界各地使用聯合利華的產品，每年全球的消費者共購買 1700 億件聯合利華的產品，其品牌受到各地消費者的信賴，家樂、立頓、奧妙、力士、多芬、和路雪等都已經成長為銷售額超過 10 億歐元品牌。

聯合利華在中國的業務主要是日化和食品，主要品牌包括奧妙、中華、力士、旁氏、清揚、多芬、夏士蓮、凌仕、舒耐、家樂、立頓、和路雪等。經過多年的大力培植，這些品牌都已家喻戶曉，成為中國消費者日常生活中的常用品牌。聯合利華在中國市場的產品組合和品牌結構圖如下：

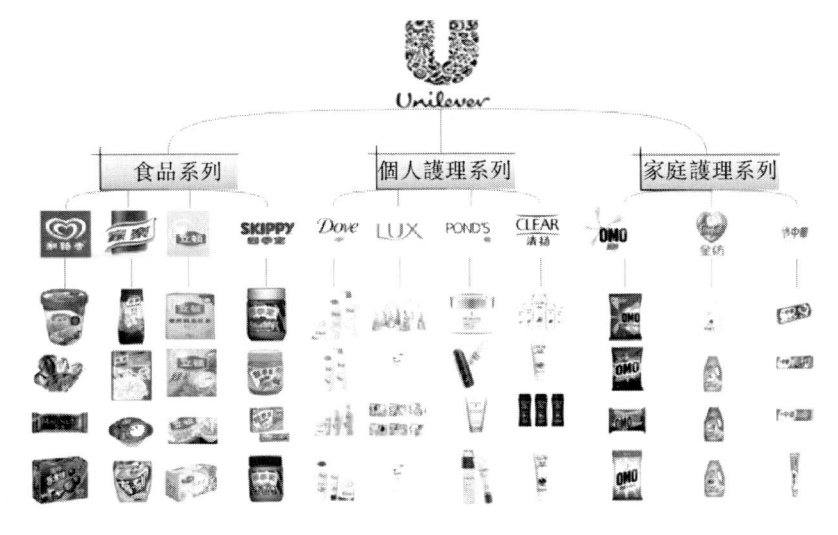

經過80載歲月的磨煉，聯合利華公司如今已經發展成為全球最大的冰淇淋、茶飲料、人造奶油和調味品生產商之一，並且也是全球最大的洗滌、潔膚和護髮產品生產商之一。聯合利華公司2008年全球銷售額約405億歐元，在100個國家和地區設有300多處分支機構，在全球範圍內擁有6個全球研發中心、270個生產基地，總計擁有174,000名。聯合利華公司持有全球著名品牌400餘個，產品銷售範圍覆蓋150多個國家和地區。

《財富》雜誌2009年世界500強企業排名結果顯示，聯合利華公司的年營業額為593億美元，實現利潤74億美元，排名比上年前進了1位，為121位。有業內專家認為，聯合利華公司取得上述佳績得益於聯合利華公司1999年提出的全球戰略，即實施「增長之路」。其主要內容包括：簡化企業內部經營管理和決策機制；與消費者建立更加廣泛的聯繫；資金與技術向優勢品牌集中；探索新的銷售模式與分銷方法；建立區域和世界級的產銷、物流中心；鼓勵創造具有特色的企業文化。此外，聯合利華公司還確定了「不斷調整和規劃行業範圍、優化產品類別以及打造知名品牌」的三項原則。

聯合利華公司認為，衡量公司發展是否健康的標準有兩個：一是主要品牌的市場佔有率和增長率；二是企業銷售額與利潤的同比上升幅度。近年來的業績表明，聯合利華公司已走出一條「以企業增長為長久目標，以品牌戰略為核心競爭力」的可持續發展之路。

要為大眾健美 首先自己「減肥」

· 在2000餘個品牌中篩選出400個核心品牌予以保留
· 核心品牌在整個公司銷售的佔有率超過90%

與大多數國際知名企業集團不同的是，聯合利華公司自創建以來就同時存在兩個母公司，分別設在荷蘭的鹿特丹和英國的倫敦。這兩家公司雖然在法律地位上各自獨立，並且股票分開上市交易，但是營運始終是一個單一的實體。這兩家公司的股東不同，但董事會只有一個。就這樣，聯合利華公司創業之初經過了一段較長時間的膨

脹期。

　　隨著聯合利華公司業務領域的不斷擴張和產品種類的不斷派生與繁衍，20世紀90年代初，一個集團、兩個母公司、兩套班子的企業結構逐漸使得集團職責不清、決策緩慢。而過度「肥胖」的規模使聯合利華公司逐漸陷入增長乏力的困境。與此同時，產業分散、品牌老化引起的競爭力減弱成為企業發展徘徊不前的主因，企業陷入持續的低迷時期。據悉，當時聯合利華公司的產品品牌多達2000餘個。

　　費哲羅於1996年出任聯合利華公司的全球總裁後，即著手進行大刀闊斧的改革，關閉部分工廠、精簡公司機構、優化產品種類等。尤其是在篩選產品的過程中，逐步淘汰過時的老品牌，兼併和購買新品牌。主要做法有四條：一是「瘦身」。到2002年，聯合利華計劃建立的130家工廠削減到75家；2003年，聯合利華公司把4個家用護理產品品牌出售給雷曼兄弟公司和維特科夫（Witkoff）集團。在2000餘個品牌中篩選出400個核心品牌予以保留，改善了品牌在各自價值鏈中間的戰略定位，並將精力集中於市場和促銷方面。而保留下來的那些品牌，都是在某個特定的市場或是地區具有相當競爭力的產品，如和路雪、力士還有奧妙等。通過一系列的品牌清理，聯合利華公司的品牌組合得到了優化，核心品牌在整個公司銷售的佔有率由1999年的75%上升到了2003年的90%，直到2008年的95%以上。二是創新。聯合利華公司在三大洲建立了6個全球研發中心，將精力集中於開發應用多種新技術，並將創新成果轉化到未來的品牌價值中去，以塑造新品牌，更好地滿足消費者的需求。三是收購。為了實現增長目標，2000年和2001年兩年，聯合利華公司開始了大舉收購，其中2000年用於收購的金額就達到280億美元，聯合利華公司先是以3.26億美元收購美國的Ben&Jerry's冰淇淋，以23億美元收購Slim Fast食品，以及以243億美元收購了美國百仕福公司等。四是企業內部改制。根據2005年2月10日公布的新組織架構，結束長期以來業務部門各自為政的局面，任命集團首席執行官和董事長，各地區公司總裁以及創新、營銷、財務總監，強調統一聯合利華公司的概念，進行統一的人事、辦公以及財務營運管理。聯合利華中國公司在1999年把14個獨立的合資企業合併為4個由聯合利華公司控股的公司，改革使企業經營成本下降了20%，管理人員減少了75%。

讓品牌出效益 以名牌拓市場

- 企業80%的銷售額由20%的品牌產品創造
- 400個品牌年平均增長率可達到4.6%以上

　　進入21世紀的頭一個10年，全球化與國際化市場競爭日益激烈。在聯合利華公司看來，品牌是公司核心競爭力的最重要組成部分，抓品牌、創名牌的過程就是企業增強核心競爭力的過程。因此，企業有沒有品牌、名牌多不多，就是衡量一個企業核心競爭力的關鍵所在。經過國際金融危機後，聯合利華公司管理層更加清楚地認識到，品牌作為企業核心競爭力體系中最重要組成部分，它是企業文化、核心技術、人力資源等綜合因素薈萃的結晶，著名世界品牌無不包含著豐富而獨特的企業文化。由核心技術打造的名牌產品，往往是品牌的支柱產品。

　　聯合利華公司對名牌產品有著非常清楚的界定，其名牌產品的標準是：優異的質量和可靠的信譽、有極大的市場吸引力和高附加值；有廣泛的市場規模，或者有潛力

發展成為具有較大市場規模的品牌；名牌的生產、銷售理念是建立在對消費者或消費群體深入理解的基礎之上；同時，名牌也要隨著經濟、文化、社會的發展而變化，起到引領消費趨勢和時尚的角色。凡是有國際影響力的品牌，凡是本地化特色鮮明、有市場化發展潛力的，符合以上的標準的品牌都會成為聯合利華公司的重點關注和精心培育對象。

聯合利華公司在篩選400個品牌時花費了很長的時間。聯合利華公司希望進入高級香水市場，於是早年曾收購了「伊麗莎白雅頓」品牌，並開始對其進行高檔護膚品的研發，嘗試把產品推廣到大眾化市場。但是，直到2000年「伊麗莎白雅頓」的業務增長率仍然只有6%，繼續推動「伊麗莎白雅頓」的再發展與「增長之路」計劃相抵觸。雖然「伊麗莎白雅頓」的經營狀況開始呈現一些新的轉機，但重組或是賣掉這個品牌更加符合聯合利華公司的整體發展戰略。聯合利華公司經過慎重選擇，最終將香水品牌「伊麗莎白雅頓」所屬的業務、資產賣給了美國的FFI香水公司。

聯合利華公司還先後購入多個知名品牌，並逐步將其打造為王牌產品。2000年購入的「百仕福」使聯合利華公司在調味品市場處於全球領先地位。現在「家樂」暢銷100多個國家，年銷售額達30億歐元。

豐富、成熟的企業管理與營運經驗，極大地增強了聯合利華公司駕馭品牌的能力。例如，在壓縮產業類別、品牌規模的過程中，聯合利華公司總結出80%和20%的規律，即企業80%的銷售額通常是由20%的品牌或名牌產品創造出來的這一「黃金法則」。

在向品牌要效益的過程中，聯合利華公司十分注意將市場的「全球化」與「當地化」相結合，打破了名牌就一定名貴的傳統定式，聯合利華公司在印度的品牌經營之道就是最好的詮釋。聯合利華公司生產的兼具洗衣、洗澡和洗頭多用途的「博潤澤二合一」(Bree) 廉價香皂，一舉博得印度消費大眾特別是婦女的青睞，成為平民使用的名牌商品。通過「博潤澤二合一」的經驗，聯合利華公司在研究和確定開發一些全球性新品牌投入市場時，會在新產品的配方、配料甚至廣告和包裝上最大限度地考慮符合當地用戶的品位與習慣。聯合利華公司所保留的400個品牌年平均增長率可達到4.6%以上，它們均是日用消費品品牌中的佼佼者。

資料來源：聯合利華中國 http://www.unilever.com.cn/

孫健. 聯合利華：以品牌戰略為核心競爭力［N］. 經濟日報，2010-01-16 (6).

討論題

1. 根據聯合利華中國公司的產品組合結構圖，查找相關資料，分析其產品組合策略。

2. 結合案例資料，分析聯合利華中國公司的品牌策略。

3. 聯合利華公司在國際市場營銷中的品牌戰略堅持了什麼原則，採用了什麼方法，從而確立了其品牌在市場中的核心地位和競爭優勢？

案例分析二

給創新立規矩——3M 的「新產品開發流程」

談到這個世界上最善於開發新產品的公司，明尼蘇達礦業製造公司必然位居前列。你可能對這個名字有點陌生，但是一說它的簡稱「3M 公司」，你肯定就知道了。

這家以勇於創新、產品繁多而著稱的世界 500 強企業，成立於 1902 年，在過去 100 多年中，3M 公司開發出了 6 萬多種產品，涉及領域包括工業、化工、電子、電氣、通信、交通、汽車、航空、醫療、安全、建築、文教辦公、商業及家庭消費品等各個方面。粗略統計，世界上有一半人每天直接或間接地接觸到 3M 公司的產品，3M 公司每年由此產生的銷售額超過了 200 億美元。值得一提的是，3M 公司每年有數百種新產品面世，公司目標是每年 30% 以上的銷售額來自近五年研發的產品。在新興國家如中國，這個比例會更高——達到 50%，而且很多新增業務來自本土設計和製造的產品。

那麼，這個航空母艦級的公司是如何管理新產品開發的過程，並能在激烈的市場競爭中既保持創新的速度又保證成功率的呢？

「七環節流程」循環

在引入新產品開發精益管理流程（NPI）之前，創新活動在 3M 公司是比較隨意的，公司內部並沒有一個統一的流程去規範、控製創新的過程。創意從產生到最終產品實現往往一路綠燈，但可能直到最後才發現並沒有多少顧客需要這種產品。

此外，沒有規範和控制的創新也往往導致項目進展緩慢，新產品上市時間被延誤。過去由於公司有大量的項目同時推進，每年的營業收入依舊可以穩定增長。但是隨著全球化深入，競爭日趨激烈，如果讓競爭對手搶了先，貽誤時機會使整個新產品項目前功盡棄；同時，客戶也越來越沒有耐心等待，而且對產品質量、價格、個體適用性等方面的要求也日益苛刻。

3M 公司的管理者們認識到以往天馬行空的創新將不再是市場制勝的獨一無二的法寶。那些市場需求模糊的產品開發項目或許應該在立項前就被砍掉，而真正有商業前景的產品應該有專業的工具來保證商業化的成功。面對現實壓力，3M 公司管理者在內部引入了新產品開發精益管理流程。

對此，3M 公司中國商業清潔護理部的新產品研發小組深有體會。2006 年，3M 公司法國分公司設計製造的某款全新地墊在全球上市，但最初在中國的銷售結果並不理想——產品的適用性和質量受到中國酒店、商場等高檔場所客戶的質疑。按照過去的做法，如果經過各種營銷努力銷售業績仍沒有改善的話，業務部門會放棄對這個產品的推廣。

但在實施新產品開發精益管理流程以後，產品上市只是管理的一個環節而非終結。這七個環節包括：提出創新的想法（Ideation）、形成概念（Concept）、可行性分析（Feasibility）、產品開發（Development）、量化生產（Scale up）、上市（Launch）及上市以後的反省與改良（Post-launch）等。通過這個系統化的新產品開發流程，幫助有

商業前景的新產品成功進入市場。

在新產品開發精益管理流程的指引下，新產品開發中的決策不再是拍腦袋的決定，縝密分析、周密計劃、循環改進成為創新的紀律。在上面的例子中，面對由國外同事開發的、已經上市的地墊新產品，3M公司中國產品開發小組進入上市以後的反省與改良環節，通過搜集、分析客戶反饋的意見（Voice of Customer），向業務部門高層交付一份反省與改良的報告。

調研發現，客戶其實對這種地墊的形式設計和材料還是非常認可的，但產品的某些缺陷讓他們失去了興趣。例如，美觀的鏤空設計可能會造成女士高跟鞋陷入的風險，僅此一點就讓很多酒店、商場客戶因為擔心安全問題而拒絕使用。當然還有客戶抱怨地墊表面的毯面容易脫落、尺寸大小不合適等問題。此外由於產品從國外進口，成本很高，交貨週期也長達2~3個月，這些都大大降低了產品的競爭力。

產品開發小組運用新產品開發精益管理流程提供的一系列的分析工具。例如，SWOT分析、波特的五力分析、經濟性分析等工具，這些工具可以比較競爭的門檻與技術優勢、確立產品的價值點；性價比工具則能分析客戶可能接受的價格。最終產品開發小組向部門高層提議，既然市場需求是存在的，建議對這款新產品進行二次開發、本地化生產，進入下一輪七個環節的流程。提案獲得了3M公司高層的支持。

事後開發小組成員的感受是：「新產品開發精益管理流程使得我們的創新更科學、更有保障，就像一條紅線把眾多的市場機遇用專業的工具串成了一條珍珠項鏈。」通過新產品開發精益管理流程，一個有著不錯市場前景，又有些許缺陷的產品的命運出現了轉機。下一步該怎麼做呢？

可行性報告嚴把關

商業清潔護理部的新品研發啟動之後，很快技術部、工程部的人員就加入到項目團隊中來了。項目小組開始討論各種可行性方案，而新產品開發精益管理流程則成為溝通和交流的基礎。

根據新產品開發精益管理流程要求，業務團隊需要向業務高層提交一份可行性報告，高層領導才會決定是否立項。這個可行性報告包括市場需求和概念設計、設計方案的技術可行性、項目產品的業務模式等多個方面，這需要跨部門的合作才能完成。這個可行性報告要求市場營銷和技術在發明創新過程中結合起來的時間必須大大提前，以增加新產品成功的機率。

無論是新產品的開發還是改進，都不是一件簡單的事情，它涉及了設計、研發及技術管理、生產管理、市場營銷和工程學等諸多領域，需要橫跨市場部、技術部、工程部、採購部等各個部門。在強調多元化科技創新的3M公司，這種跨部門的協同和管理更加複雜。

在3M公司，常規的組織結構是按照職能部門劃分的，分別是業務部、技術部、工程部、研發部、採購部等，而組建項目團隊的時候，則會從這幾個部門中抽調人員組合成項目小組。由此可以產生無數種組合。對於工程部、研發部這些讓各個業務部門分享的成員來說，每個人可能會同時參與好幾個項目。

項目組成員很多討論的結果都被採納到項目最後的可行性報告中。例如，商用清

潔護理產品開發小組的組員們提出針對原來地墊的鏤空設計重新設計模具進行開發；對容易脫落的毯面可以尋找新的膠水配方；大小不合適可以重新設計尺寸等。此外，他們還提出了更多新的建議，如吸收市場上某款受歡迎的產品的設計元素，把圖案設計成條狀結構等。市場部拿著這些方案去徵求客戶的意見，得到了很好的反饋。很快可行性報告被批准，項目正式立項。而為期兩周的培訓和討論使項目小組成員從陌生到熟悉，相處越來越融洽，內部溝通非常順暢。

老產品終獲新生

項目立項后，業務團隊和技術部、工程部以及採購部的各部門經理簽訂了項目協議書，明確了產品開發項目的市場部和技術部聯合項目負責人制。來自市場部的項目負責人將重點關注客戶群的選擇、產品的定位、成本目標等商務目標的確立；來自技術部的項目負責人將負責設計出符合客戶需要的產品功能，並努力達到成本目標；工程部、採購部等各支援部門的代表為小組核心成員。項目協議書還明確了產品的功能、成本要求和希望上市的時間。

項目開始後，新產品開發小組定期舉行例會溝通項目進展情況。小組成員們將在培訓中學到的新產品開發知識充分運用到了現實案例中。例如，通過客戶拜訪獲得的客戶心聲將轉換為可以傳達特定客戶需要的產品功能設計（QFD）；客戶反應模塊化設計的地墊搭扣容易老化，技術部就對模塊化地墊的搭扣進行了重新設計；工藝工程師要設計出確定的工藝來保證這種產品的設計得以實現；採購工程師則面對苛刻的成本和物料供應週期竭盡所能敦促供應商給到最優的價格和最短的貨期。

所有這些在新產品開發精益管理流程中產生的問題都在溝通例會中得到釋放，利用各種工具對各個環節進行分析，找到可以改進的地方。在這個過程中，聯合項目負責人必須學會折衷和妥協，平衡質量、時間和成本之間的關係，同時激勵小組成員群策群力，盡最大努力按時完成工作。經過5個月緊張的開發，一款全新的地墊產品終於上市了。客戶的反饋非常良好。目前這款本地化新產品已經獲得了某全球連鎖品牌的大額訂單、進入全球市場，成為3M公司商用清潔護理業務全球上市的又一款新產品。

這款產品在新產品開發精益管理流程的引導下從一度的缺陷、困境到走向成功，雖然只是3M公司在創新中的滄海一粟，卻詮釋了這家百年老店通過精益管理鼓勵創新的秘訣。

平衡「靈活」和「規範」

新產品開發精益管理流程使得產品創新不再是天馬行空的即興之作。它要求必須明確市場需求，按照市場需求不斷實現產品優化。3M公司中國分公司的各業務部門每年都會有很多新產品開發項目，因此必須制定項目的優先序列。每個業務部門會對項目按照可行性進行打分評估。這個打分由業務部經理和技術部經理負責。例如，業務部經理認為A項目的市場可行性為80%，而技術經理認為該項目的技術可行性為70%，那麼兩者相乘就是56%。根據打分情況對項目進行排序，然后再根據排序情況進入立項申請的流程。對於評估不夠格的項目，新產品開發精益管理流程會說「No」，以避免研發資源的浪費。

新產品開發精益管理流程有利於調整項目安排、減少失敗率。3M 公司中國分公司市場部 2008 年年初提過一個新產品開發方案：一款產品銷售十余年後，遭到了質量中等、價格便宜的某國內二線品牌的挑戰。這份建議開發二線品牌的方案經過業務領導評估後被更改，直接上報高層尋找併購的可能性。

除了這些來自市場和技術一線的經理對項目進行前期的評估外，高層管理者也會根據實際情況進行調整。比如有些項目市場可行性高、戰略意義重大，而技術可行性偏低，高層領導就會考慮提高引進技術能力，增加設備投資來解決技術可行性問題。這樣類似項目最後很可能通過立項。

總之，新產品開發精益管理流程的工具是死的，靈活應用是十分必要的。3M 公司倡導的是「有紀律的創新」。在新產品開發精益管理流程中，最重要的是遵守「創新要有紀律」的思想，而不是死板地事事都要照著流程的每一步進行。在商用清潔護理事業部地墊新品開發的項目中，由於客戶需求分析得十分透澈，而競爭對手又虎視眈眈，所以項目小組加快了開發週期，將原本新產品開發精益管理流程的七個階段縮短到三個：只對可行性分析、規模化生產和上市三個階段進行評估，從而縮短了產品上市的時間，先行占領市場。

資料來源：龔森蔚.給創新立規矩——解讀 3M「新產品開發精益管理流程」[J].中歐商業評論，2008（6）.

討論題

1. 結合本案例，查找相關資料，試畫出 3M 公司的產品組合圖，瞭解其日用消費品的主要創新產品和品牌。

2. 3M 公司的新產品開發的基本流程如何？在其產品開發流程中有哪些關鍵點保證了產品開發的成功？

第七章　國際市場營銷的價格策略

引例

新經濟時代的定價策略

　　定價策略會大大影響顧客和企業本身，營銷人員需要在追求短期獲利能力和長期獲利能力的定價策略之間徘徊、權衡。因此，營銷人員必須清楚地瞭解本企業的營銷目標，以便於使自己的定價目標能與企業的戰略相一致。通常，企業可能的定價目標有4種：降低顧客流失率；鼓勵顧客採用新科技；在某些特定的細分市場上提高市場滲透率；裁減無利可圖的通路或客戶。

　　許多營銷人員認為，互聯網將大大提高消費者的價格敏感度（Price Sensitivity），因為購物者只要輕按鼠標便可找到提供同類產品的供應商及各自的價格。然而，關於網絡購書的一項近期研究卻顯示：一般的購書者在做出購買決策之前，只會比較1~2個網站。有趣的是，與最便宜的網絡書店相比較，亞馬遜書店的市場佔有率仍在不斷攀升。很顯然，購物者未必會尋求最低的價格，對那些價格較低的物品而言更是如此。然而，在比較性網站出現後，比較價格則變得較為容易，因此這種情況也許會有所改變。例如，價格守望者（Price Watch）網站會顯示出各種不同電腦系統和周邊設備的說明和價格，並且可連結到銷售這些產品的網絡商店。

　　換一個角度來看，具有一定特色或獨特利益的網站能夠提高消費者付費購買的意願。舉例來說，甲骨文公司便對其業務諮詢的能力、為顧客量身定做的解決方案、在線的支援性信息及培訓支援提供了廣泛的信息，其目的是要證明甲骨文公司所提供的服務是物超所值的。這些特色都強調了公司獨特的價值訴求，並且降低了顧客的價格敏感度。

　　隨著拍賣網站、現貨市場（Spot Market）、交換網站和團體採購力量的成長，互聯網為動態、即時的定價策略提供了推波助瀾的作用，動態的定價策略（Dynamic Pricing）對傳統的由供應商制定的固定的定價方式構成了挑戰。舉例而言，機票和旅館的價格可能每天都不一樣，因為隨著「把座位或房間租出去」最後時間的逼近，補滿空位的目標也會有所不同。航空公司常常運用智慧型軟件來考慮旅客利用登機前一刻購買便宜機票的機率——它會估計「以一定的價格賣出剩餘機位」相對於「飛機起飛後，仍有機位未賣出所造成的收益損失」的機率。

　　資料來源：菲利普・科特勒. 新經濟時代的定價策略 [J/OL]. www.emkt.com.cn/article/8518539.html.

儘管非價格因素在市場競爭中的作用越來越顯著，但是在產品和服務同質化程度越來越高，競爭日趨激烈的國際市場上，價格仍是很多企業制勝的重要法寶。德國兩大汽車巨頭的比拼已經從德國本土市場延伸到中國的汽車市場，奔馳汽車與寶馬汽車的價格廝殺就是一個例證。

價格是消費者為獲得一定數量的產品或服務所需要付出的貨幣數量，或者說是產品或服務的貨幣表現。價格還是營銷組合中唯一能產生收入的因素，其他因素均表現為成本。因此，價格直接地決定著企業市場份額的大小和盈利率的高低。

價格策略是市場營銷中最具彈性的一個策略。企業可以通過價格策略，快速、及時地修正基本定價，應對消費者和競爭者的變化，其他策略的調整則相對較難、費時、費力、成本高、見效慢。

第一節　國際產品價格的影響因素

從經濟學的觀點來看，價格是嚴肅的，是商品價值的貨幣表現形式，是不可隨意變動的。價格總是和成本的構成及利潤的實現緊密聯繫的，即價格＝總成本＋利潤。因此，從經濟學的角度來說，定價是一門科學。

從市場營銷學的觀點來看，價格是靈活的，是可以隨時隨地根據需要而變動的。價格應對整個市場的需求、競爭變化等做出反應。市場營銷學研究的價格是從企業角度，結合不斷變化的市場情況，著重研究產品進入市場、占領市場和開拓市場的活動中的具體應變價格。企業定價是為了促進銷售和獲取利潤，因而既要考慮成本的補償，又要考慮消費者對價格的接受能力。合理的定價應既能使消費者樂於接受，又能為企業帶來較多的收益，讓企業獲得更高的利潤與市場認同。因此，營銷定價是一門兼具科學性和藝術性的活動。

營銷定價的原理中，一種產品的可變成本是定價的最下限，上限則是顧客所願意支付的任何價格。一件產品制定多高的價格要看普遍的競爭價格和顧客對你的產品的青睞程度。產品定價與其影響因素之間的關係如圖 7.1 所示：

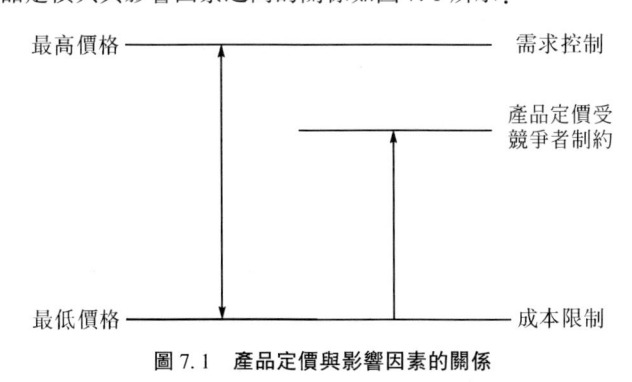

圖 7.1　產品定價與影響因素的關係

價格策略是企業營銷組合策略的重要構成部分，隨著國際貿易的不斷增加，國家和地區間合作和競爭態勢的演變，國際營銷環境變得日益複雜，定價決策的難度也越來越大。產品定價不僅要考慮成本問題、市場競爭狀況和消費者接受能力，還要考慮目標市場的文化社會因素和法律法規因素的影響以及由此產生的成本變化。影響國際市場產品定價的主要因素有以下一些方面：

一、企業定價目標

定價目標是指企業通過制定及實施價格策略所希望達到的目的。首先，定價目標和企業戰略目標一致，為經營戰略目標服務。其次，定價必須按照企業的目標市場戰略的要求來進行，定價目標必須在整體營銷戰略目標的指導下被確定，而不能相互衝突。企業對它的定價目標越清楚，制定價格越容易。

具體到國際市場營銷來說，企業的定價目標可能是立足生存、追求利潤、迅速佔有市場、快速的現金回流、致力於品牌樹立、最優質量的保證、行業領先者地位的確立。

（一）維持生存

企業有時也會陷入困境，面臨著大量商品積壓、資金週轉不靈、嚴峻的競爭態勢等狀況，此時的生存目標是第一位的，企業必須制定較低價格，可能是保本價格甚至是虧本價格，只要價格能夠彌補可變成本和一些固定成本，企業就可以維持下去，以爭取轉機。但是這種生存目標只能是過渡性的，最終一定會被其他定價目標所代替。

（二）當期利潤最大化

當企業的生產技術和產品質量在市場上居領先地位，同行業中競爭對手的力量較弱，或商品供不應求時，企業可以制定較高的價格，使之能產生最大的當期利潤、現金流量或投資收益率。

（三）市場佔有率最大化

有些企業通過定價取得控製市場的地位，即使市場佔有率最大化。企業犧牲短期利潤，縮減成本，降低產品價格吸引消費者，通過價格競爭優勢來追求市場佔有率的領先地位，以期獲得長期利潤。但是一些情況下，低價策略並不一定引起市場銷量的提升，它必須具備下述條件之一：

第一，市場對價格高度敏感，低價能刺激需求迅速增長。

第二，單位成本會隨生產規模和生產經驗的累積而大幅下降。

第三，低價能阻嚇現有的和潛在的競爭者。

（四）產品質量最優化

企業也可考慮質量領先這樣的目標，並在生產和營銷過程中始終貫徹質量最優的指導思想，這就要求用高價彌補高質量和研發的高成本。企業在保持產品優質的同時，還應輔以相應的優質服務。

不同的目標會影響企業定價的高低，以立足生存和迅速佔有市場為目標的企業傾向於採用低價格策略，而追求利潤和致力於品牌樹立的企業則更多地採用高價策略。2001年，長虹集團提出「搶占低端與搶占高端市場並舉」的市場戰略，在利用自身的

規模優勢最大限度地擠占全球低端產品市場份額的同時，開發出 300 多項新產品，搶灘高科技家電產品出口市場，如先後推出的數字高清電視、數字高清背投彩電、液晶（LCD）彩電、等離子（PDP）彩電、數字變頻空調、數字衛星接收機等一系列數字化產品，受到國際市場客戶的普遍歡迎，高附加值產品的出口比例已占長虹集團海外營業收入的 60% 以上。

營銷透視

兩家公司的定價目標與定價策略

葛蘭素制藥公司（Glaxo）推出了一種治療潰瘍的新藥扎泰爾（Zantal）來打擊該類藥品生產商泰格米特公司（Tagamet）。傳統的觀念認為：作為該市場上的第二生產商，葛蘭素公司的藥品（扎泰爾）的定價應該比泰格米特的定價低 10%。葛蘭素公司的總裁保羅·吉母拉姆（Paul Girolam）認為扎泰爾要比泰格米特公司的產品好，因為該藥物的相互影響和副作用小，而且更便於服用。當這些信息被充分反應到市場上後，這些優勢為該產品高溢價價格提供了堅實的基礎——葛蘭素公司扎泰爾產品的價格要比泰格米特產品的價格高得多，並且它獲得市場領導者地位。

巴根斯·伯格公司（Bugs Burgor）生產的伯格殺蟲劑的定價是生產同類產品的公司的 5 倍。巴根斯公司能夠獲得這個溢價價格是因為它把中心放在一個對質量特別敏感的市場（旅店和餐館）上，並向它們提供它們認為最有價值的東西：保證沒有害蟲而不是控制害蟲。該產品提供給這個特定市場的優質服務使企業能夠制定出這樣的價格。這樣高的價格使巴根斯·伯格公司有能力培訓服務人員並支付工資，這樣就可以激勵員工為客戶提供優質的服務。因此，巴根斯·伯格公司提供的產品的價值決定了其價格，而價格又反過來為提供這種價值所採取的必要行動提供了充足的資金。

資料來源：菲利普·科特勒. 定價是一種戰略手段［J/OL］. www.emkt.com.cn/article/83/8383.html.

二、成本

成本是影響國際定價的基本因素。跨國企業在制定產品價格策略時，除了要考慮生產成本，還要充分考慮流通成本和關稅的影響，這一點是與國內營銷不同的地方。

（一）生產成本（Production Costs）

成本是產品價格的主要組成部分，它給定了產品價格的底限。也就是說，產品的售價至少要涵蓋全部的製造費用，即固定成本（Fixed Costs）和可變成本（Variable Costs）。但是，在國際市場營銷中，當企業的戰略目標定位在快速進入國際市場或在新的國際市場上迅速推廣產品、獲取市場份額、搶占市場地位的時候，企業可能採用變動成本定價法，以低於國內市場淨價的價格打擊競爭對手。

（二）流通成本（Distribution Costs）

國際貿易的進出口活動牽涉長途運輸、裝卸、貨運儲存、保險、申請進出口許可證和保管納稅等特有的程序，會帶來流通成本的明顯增加，從而抬升產品的最終價格。從銷售環節看，國與國之間分銷渠道的長短和營銷方式差異很大，有些國家銷售渠道比較長，銷售環節比較多，中間商的費用也比較大，對產品成本的影響也比較大。由

於許多國家的分銷渠道的基礎設施比較薄弱，給海外經營的企業會帶來各種各樣難以預料的成本問題。倉儲和小批量發貨也會給經營者造成額外的開支。例如，坎貝爾湯料公司發現其在英國的分銷商的實際分銷成本比美國要高 30%，較高的成本是由於湯料的小份額銷售引起的，英國的食品雜貨商大多只買 24 聽 1 箱的什錦湯料，而美國的食品雜貨商習慣於購買 48 聽一箱的單一湯料，而且整車整車地購買。歐洲的購買習慣迫使公司在其分銷渠道中增加了額外的批發工作量以方便小批量的訂貨。歐洲的批發商和零售商的進貨次數一般要比美國多 1.2 倍，進貨頻率的提高會增加處理訂單的人力和物力成本。這些費用加上其他種種分銷成本的上升，迫使坎貝爾湯料公司調整其在歐洲市場的產品價格。

（三）稅金（Taxes）

國際市場的價格構成中，稅金主要由關稅和一般流轉稅構成。其中，關稅是國際市場營銷所特有的，是對商品從一國進入另一國所徵收的稅費，是當地政府為了保護本國市場或增加政府收入而徵收的特殊形式的稅。除了關稅以外，各種進口許可證費或其他各種管理費等都是一筆高昂的費用，如許多國家徵收適用於各類商品的進貨稅（Purchase Taxes）或消費稅（Excise Taxes），針對商品分銷渠道的增值稅（Value Added Taxes）以及零售營業稅（Retail Sales Taxes）。這些稅費提高了商品的最終價格。

三、市場競爭

供求關係的不平衡和激烈的市場競爭限制了企業的定價自由。全球化條件下的跨國公司，常常不得不以競爭對手的價格作為定價的參考和依據，甚至追隨競爭對手的定價，以順應行業價格。

四、消費者因素

消費者因素是影響價格決策的重要因素之一。消費者因素包括消費者的態度與行為、消費者的購買意願、消費者的購買力和消費者的價格敏感度等。

消費者心理對於企業的產品定價影響重要且微妙，如股市、樓市出現的「買漲不買跌」的現象，一定程度上都反應出消費者對未來一段時間內市場商品供求即價格變化趨勢的預測。消費者在購買商品時，還常常把商品的價格與內心形成的認知價值相比較，來確定商品的價值，決定是否購買。企業在制定商品價格時，可以利用消費者求名、求新、求廉、求吉利等各種心理，巧妙地制定價格策略，以促進產品銷售。

在消費者態度中，消費者對某個國家或地區的態度影響消費者對產品價格的接受度。例如，在中國，西方國家的商品一般比市場價格高出 20%～30%，除了高額進口稅所導致的價格升高以外，還有一個原因就是中國消費者對外國商品刮目相看的消費態度。因此，較高的定價成為了很多來自發達國家的跨國公司在發展中國家所實施的市場品牌策略中非常重要的一環。與之相對應的，中國製造的產品在海外市場中則以價格低廉著稱，這對中國企業的海外營銷非常不利，影響了企業的盈利能力。

營銷透視

機票的差別定價奧秘

航空公司為什麼要將艙位分頭等艙、商務艙和經濟艙三種等級？為什麼特價機票能打到二折，便宜過火車票，但是二折機票通常不容易買到？

假如一架飛機可以坐 100 人，假設機票為 100 元，不打折的話乘客為 40 人，那麼收益為 4000 元。如果把座位打八折出售，可能會增加 40 人，收益為 6400 元，再用特價二折吸引來余下的顧客，很可能產生的就是邊際利潤了。

接下來，如何能夠把不同折扣價格的機票出售給同樣是「上帝」的消費者呢？其關鍵是對消費者進行區分，比如固定線路的公費出差者或者臨時出發者，他們對機票價格不敏感，需求價格彈性較低，那麼可以全價；不固定路線的自費出遊者需求價格彈性較高，可能會受到低價的吸引而去乘坐飛機，航空公司可以指定規則即需提前多日訂票，來區分不同類的顧客。這就是價格歧視，從企業的角度來說，價格歧視是站在追求利潤最大化的角度出發的，是合理的決策。

鎖定具體的顧客，根據顧客的需求特點以及根據顧客對產品價格的敏感程度，探索一個恰當的價格水平，使得總利潤達到最大。否則，價格高，未必賺錢；客人多，也未必賺錢。

五、政府因素

政府對價格進行調控的主要方法包括規定最低限價和最高限價、限制價格變動水平、規定零售價格、實施價格補貼、直接參與國際市場競爭和買賣行為以及採取反傾銷措施等。在價格過高、過低或者價格協定違反了公平交易或消費者利益的時候，政府常常通過關稅、配額、限價和禁止價格協定等手段，干預、限制企業的定價自由。當跨國公司為逃避稅收、轉移利潤而採用轉移定價策略的時候，政府也可以通過以上手段防止企業利潤大量向海外轉移，避免國家稅收流失，同時保護本國企業免受低價格的衝擊和損害。

六、經濟因素

影響企業定價的經濟因素主要為目標市場的收入水平和消費者的購買力。2004 年，微軟公司推出為亞洲市場定制的產品，採用了「反應一個國家的生活成本」的價格制定策略；2007 年 8 月，微軟中國公司正式宣布 Windows Vista 操作系統中文版彩包產品價格大幅度調價，一款產品的最高降幅超過千元。截至 2007 年 8 月，Vista 已經在全球銷售了 6000 萬套，成為微軟公司歷史上銷售最快的產品。

七、匯率因素

國際市場營銷中影響企業定價的另一個因素是匯率因素。匯率直接影響國際營銷企業的出口成本和進口成本，從而影響企業的銷售額和利潤，進而影響一個國家的貿易順差和逆差。中國經濟的快速增長和對外貿易的巨大順差，引發了整個世界對於人

民幣升值問題以及匯率問題的關注，很多國家將其對中國的貿易逆差歸咎於人民幣的相對貶值，並試圖通過各種渠道逼迫人民幣升值。

第二節　國際市場營銷定價方法

國際市場產品價格的高低常常受到市場需求、成本費用和競爭情況等因素的影響和制約，企業在制定價格時應該全面考慮這些因素。確定產品價格的方法通常有三類，分別是成本導向定價法、市場導向定價法和競爭導向定價法。

一、成本導向定價法（Cost-oriented Pricing）

成本導向定價法是以產品的成本為基礎來確定產品價格的定價方法，即以成本為基礎，加上適當的期望利潤。具體的成本導向定價法有成本加成定價法、目標利潤定價法和邊際成本定價法。

（一）成本加成定價法

成本產品加成定價法是指按照單位成本加上一定百分比的利潤制定銷售價格。其基本公式為：

$$P = C(1+R)$$

式中，P 為單位產品價格，C 為單位產品成本，R 為成本利潤加成率。

這種方法計算簡單，簡便易行，成本資料容易獲得。製造商、中間商、農業部門經常使用成本加成定價法，特別是銷售量與單位成本相對穩定，供求雙方競爭不甚激烈的情況下更為實用。採用這種方法的關鍵是加成率的確定，企業要根據過往經驗和預測，對市場競爭狀況、行業和商品特點進行評估以確定恰當的成本加成率。

成本導向定價法是典型的生產者導向定價法，該方法的不足之處在於只考慮了成本因素，忽視了市場需求和競爭對定價的影響，難以適應迅速變化的市場，缺乏靈活性。一般而言，此定價方法適用於市場上銷售量大、市場需求穩定的產品。

（二）目標利潤定價法

目標利潤定價法又叫投資收益定價法，即根據企業的總成本和計劃的總銷售量，加上按投資收益率確定的目標利潤額作為定價基礎的一種方法，其基本公式為：

$$P = \frac{C(1+r)}{Q}$$

式中，P 為單位產品價格，Q 為預計銷售量，r 為目標利潤率，C 為總成本。

目標利潤定價法的優點在於計算簡便，有利於加強企業管理的計劃性。該方法的不足之處是沒有考慮市場需求和競爭因素。目標利潤定價法一般只適用於市場銷量穩定或市場佔有率高的產品以及市場中的壟斷性企業，而且這種方法要求較高，企業必須有較強的計劃能力，預測銷售量成為關鍵，如果無法保證銷售量的實現，則企業將無法實現目標利潤。

（三）邊際成本定價法

邊際成本定價法又稱變動成本定價法（Variable-cost Pricing），是以變動成本為基礎，不計算固定成本的定價方法。由於是不計固定成本的不完全成本定價，產品的價格較低，適用於企業將價格作為主要市場競爭手段以打擊或排斥競爭對手的情況。在國際市場營銷中，尤其適用於企業在將產品打入國際市場的初始階段，致力於盡快獲取市場份額的情形。

成本導向定價法是典型的生產者導向定價法，它的不足之處在於只考慮了成本因素，忽視了市場需求和競爭對定價的影響，難以適應迅速變化的市場，缺乏靈活性。一般而言，此定價方法適用於市場上銷售量大、市場需求穩定的產品。

採用成本導向定價法的企業，通常可以通過詢問和探查以下問題來幫助企業進行定價決策：

第一，與特定的定價決策相關的增量成本和可避免成本是什麼？

第二，包括製造、顧客服務和技術支持在內的銷售增量變動成本（不是平均成本）是什麼？

第三，在什麼樣的產量水平下半固定成本將發生變化，這個改變值是多少？

第四，以某個價格銷售產品，什麼是可避免的固定成本？

二、市場導向定價法（Market-oriented Pricing）

市場導向定價法是一種根據消費者對產品價值的認知和需求的強度，即消費者的認知價值來決定價格的方法。通常來說，消費者對企業產品的價值認同越高，產品的定價越高；市場對產品的需求強度越高，產品的定價越高。這正是在國際市場上，具有較高品牌知名度的國際化企業，通常可以給產品定一個很高價格的原因所在。市場導向定價法不是根據產品的成本進行價格的確定，而是隨著市場和消費者需求的變化而變化，符合現代市場營銷中以消費者需求為中心的營銷理念。市場導向定價法主要包括認知價值定價法和逆向定價法。

（一）認知價值定價法

某一產品的性能、質量、服務、品牌、包裝和價格，在消費者心目中都有一定的認識和評價。所謂認知價值定價法，就是根據購買者對產品價值的理解度，即以產品在消費者心目中的價值高低為基礎來確定產品價格的方法。認知價值定價與現代市場定位觀念相一致，價格的高低反應出產品的市場定位，貼切目標人群對該產品的價值認知和理解，反應出產品價值的市場接受水平。因此，根據認知價值定價可以獲得良好的市場反應。

營銷透視

拍賣：一種顧客認知價值的售賣方法

拍賣網站的出現使得價格更加難以捉摸，在線網站往往會以下述兩種主要方式加強拍賣的力度和效率。首先，由於網站能提供深入的信息，可以改善競標者對於被拍賣物品的瞭解；其次，這使得競標者的數目會不斷增加。今天，競標者可以從2000個

以上的電子市場中選擇出想要參加的拍賣網站。競標的物品幾乎包羅萬象，從二手車、大宗物品到化學藥品不一而足。以下是四種最基本的拍賣形態：

1. 英式拍賣（English Auction）

購物者彼此競標，由出價最高者獲得物品。當前的拍賣網站所開展的拍賣方式以英式拍賣為主，以這種方式進行拍賣的物品有二手設備、汽車、不動產、藝術品和古董等，易貝（e-Bay）網就是採用英式拍賣的網站。

2. 荷蘭式拍賣（Dutch Auction）

荷蘭式拍賣也叫降價式拍賣，賣方將要拍賣物品的價格公布到網站上，買方則選擇價格最低的賣方。荷蘭阿姆斯特丹的花市所採用的便是這種運作方式，通用電器公司的交易過程網絡（Trading Process Network）也是如此。

3. 標單密封式拍賣（Sealed-bid Auction）

這是一種招標方式，在這種拍賣方式中，拍賣商是唯一能看到各投標者投標價格的人。舉例來說，如果有一家公司想要建立工廠，它會請有意投標的廠商前來進行標單密封式投標，這種方式可讓各投標者不知道他人的出價究竟是多少。目前，在中國國內各大城市相繼展開的藥品招標活動所採取的也是這種方式。

4. 復式拍賣（Double Auction）

眾多買方和賣方提交他們願意購買或出售某項物品的價格，然后通過電腦迅速進行處理，並且就各方出價予以配對。股票市場便是復式拍賣的典型範例，在股票市場上，許多買方和賣主聚集在一起，供需狀況隨時會發生變化。

資料來源：菲利普·科特勒. 新經濟時代的定價策略［J/OL］. www.emkt.com.cn/article/85/8539.html.

（二）逆向定價法

逆向定價法是指企業通過市場調研，根據消費者能夠接受的最終銷售價格，在計算企業的成本和利潤后，逆向推算出產品的批發價和零售價。這種方法不以實際成本為依據，而以市場需求為定價出發點，力求使價格為消費者所接受。因而這種方法能夠反應市場需求狀況，有利於加強與中間商的良好關係，能使產品迅速向市場滲透，定價比較靈活，可根據市場供求狀況及時調整。

營銷透視

宜家家居的逆向定價法

儘管頭上光環籠罩，但「等待」二字仍是跨國公司邁入中國時的必經之路。可口可樂公司用了10年的時間培育市場，肯德基、麥當勞則把同樣長的時間花在了種土豆上，宜家家居也不例外。此前的9年時間，宜家家居不僅僅是等待消費人群的承認，也培養自己的消費文化。

「宜家是個完全不同的品牌。」一位前百安居家居的高管說。當其他家私巨頭紛紛「因地制宜」，對中國的消費水平和認知程度一再讓步時，宜家家居卻旁若無人堅持著北歐人的固執：單品牌、高庫存、不推銷、不做無償送貨組裝服務。這幾乎打破了所

有零售業的清規。

但是宜家家居也有自己的招徠方式。樣板間取代了推銷員，張貼在桌椅上的「感受一下有多舒服」取代了「非買勿動」。店內不分「名貴家私區」和「降價場」，而是主推不同風格的設計師。走在店裡，大到組合櫃、小到調料瓶全部是自營品牌。年輕人更願意認同，宜家家居出售的是一種風格。

當其他家裝超市在中國淪為傳統建材市場的展示場時，北京宜家家居的註冊會員已達35萬人，粉絲群初具規模。在華9年，宜家家居逐漸褪去了「奢侈品」的外衣，開始在中國找回自己的「本色」定位，把楔子插在了「格調」和「豐儉由人」之間。把消費群體鎖定在既想要高格調又付不起高價格的年輕人群體，讓宜家家居可以堂而皇之地把自己的「減價策略」貼在門店各處。因為這撥人在意品質，同時又樂意犧牲服務來換取便宜。

宜家家居所有壓縮成本的辦法，都在臺前披上了時尚外衣，成為宜家文化的一部分。因為不會把服務費折到價格中，所以顧客需要自行提貨。但是宜家家居精心布置的倉庫讓身在提貨區的顧客發現這並不是一件讓人厭煩的事情。而當家具運到家中需要自行組裝時，宜家家居的《美好家居指南》又會告訴你「DIY」（自己動手）是一件「尋找童年樂趣」的美事。

即便是那些並不適應中國國情的策略，宜家家居也有辦法小事化無。在其他跨國公司不得不為顧客免費送家具，作為一種競爭手段時，宜家家居卻自顧自地貼上了「派送價格表」。雖然價格一再被調低，「氣節」卻從未改變。如今在宜家家居的出貨大廳中，總徘徊著一撥自稱「宜家前員工」的人，承諾價格比「價格表」上便宜，還負責上門安裝。宜家家居對此視而不見，任由他們充當地域差異的「潤滑劑」。

宜家家居建立在實用基礎上的藝術感是這樣產生的：遠在瑞典的設計師們按照已確定的價格開始「命題作文」，100多名設計師在工作時會競爭激烈，為的是看「誰的設計成本更低」，這甚至包括是否在作品上多用了一條麻繩或一顆螺絲釘。作品出來後，供應商們也會在競價中保證宜家家居的成本低廉。

從這道「逆向」流程中出來的產品，到底好不好銷？關鍵還得看定價。宜家家居銷售部門參考了所有宜家家居的銷售記錄以及同類競爭產品的狀況，按照「價格矩陣」確定價格從而保證某類產品利於銷售，比如低於市場價格10%。如今這個方式正在中國發揮效力。

資料來源：商勤碩. 宜家的逆向定價戰略［J/OL］. www.linkshop.com.cn/web/archives/2007/79252.shtml.

採用市場導向定價法的企業，通常可以通過詢問和探查以下問題來幫助企業進行定價決策：

第一，哪些是潛在的消費者，他們為什麼購買這個產品？

第二，對於消費者來講，產品或服務的經濟價值是什麼？

第三，其他因素（比如很難在替代品之間進行比較、購買產品代表一種地位和財富、預算限制、全部或部分成本可以由他人分擔等）是如何影響消費者的價格敏感

性的？

第四，顧客感受到的價值的差異以及非價值因素的差異是如何影響價格敏感性的？如何根據差異將消費者劃分成不同的市場？

第五，一個有效的營銷和定位戰略如何影響顧客的購買願望？

三、競爭導向定價法（Competition-oriented Pricing）

競爭導向定價法是以市場上相互競爭的同類產品價格作為定價的主要依據確定自己產品價格的定價方法。雖然主要以競爭狀況的變化確定和調整價格水平，但是這一定價方法兼顧了產品的成本和市場的需求，是企業應用較多的定價方法。例如，日本豐田汽車公司進軍美國高端豪華汽車市場，推出了可以與奔馳公司相媲美的穩重、豪華和高檔的凌志汽車，售價卻比同級的奔馳汽車便宜至少30%。美國人很快就喜歡上了凌志汽車，尤其欣賞其無與倫比的性能價格比和令人驚訝的低噪音。這種以競爭為導向的差異定價的成功，更早反應到豐田汽車公司在美國市場長驅直入的中端產品「花冠」和「佳美」的暢銷中。

採用成本導向定價法的企業，通常可以通過詢問和探查以下問題來幫助企業進行定價決策：

第一，當前或潛在的能夠影響該市場盈利能力的競爭對手是誰？

第二，誰是目前或潛在的關鍵競爭對手？

第三，目前市場上，競爭對手的實際交易價格（與目錄價格不同）是多少？

第四，從競爭對手以往的行為、風格和組織結構看，他們的定價目標是什麼？他們追求的是最大銷售量還是最大利潤率？

第五，與本公司相比，競爭者的優勢和劣勢分別是什麼？他們的貢獻毛益是高還是低？聲譽是好還是壞？產品是高檔還是低檔？產品線變化多還是少？

第三節　國際市場營銷的定價策略

給產品制定一個恰當的價格是企業市場營銷成功的關鍵。合適的產品、恰當的渠道和正確的促銷，還需要適銷對路的價格。國際市場營銷的定價策略包括兩個方面的內容：一個是產品的價格制定；另一個是產品在國際市場競爭中的價格調整，主要是企業在某個特定市場中的價格應對。例如，應對競爭者的價格調整、不同季節和時段的價格調整、針對零售商的折扣定價以及地區的差異定價。除新產品定價決策之外，在國際市場定價決策中，與國內營銷的主要區別體現在第一個方面的決策，即統一定價策略與多元定價策略的決策。

一、統一定價策略與多元定價策略

（一）統一定價策略（Extension Pricing Strategy）

統一定價策略是指企業的同一產品在國際市場上採用同一價格的策略。這裡的同

一價格是指母公司與各國子公司的同一產品出廠價折合為同等金額的母國貨幣或同等金額的可兌換貨幣。

統一定價策略適用於擁有壟斷或差異化寡頭壟斷優勢的公司，如波音公司出售給全球所有國家的噴氣式飛機，都是統一定價。統一定價還適用於產品導入階段，市場僅局限於少數創新使用者的情形。另外，採用直銷方式的產品也可以採用全球統一定價策略。

統一定價策略的好處在於簡單易行。企業可以忽略，甚至不需要調研和掌握目標市場國的環境、市場和消費者等信息；有利於企業建立全球統一的公司形象和產品形象；有利於公司的價格管理和營銷管理，避免平行進口（Parallel Import）現象的發生。

在國際市場中，產品的成本因不同市場中稅賦水平、中間商利潤、匯率變化等因素的差異而很難統一。加上不同國家的市場狀況差異，競爭程度差異和競爭對手的情況差異，統一價格在不同的市場中可能會因為價格過低而失去獲取最大利潤的機會，也可能會因為價格過高而失去競爭力，從而影響企業在不同市場上的利潤水平，甚至競爭力。統一定價策略的弊端使得這一策略越來越少地為跨國公司所使用，取而代之的是多元定價策略。

（二）多元定價策略（Adaptation Pricing Straety）

與統一定價策略相反，多元定價策略是指企業在不同的市場中允許採用不同價格的策略。多元定價策略的最大優勢是充分考慮了各國市場競爭、市場條件和消費者購買能力，體現了各國市場實際存在的差異，能夠更好地滿足各國市場的實際需求。

營銷透視

微軟 Vista 降千元，首次打破全球統一定價

2007 年 8 月 1 日下午，微軟中國公司正式宣布 Windows Vista 操作系統中文版彩包產品價格大幅度調價。一款產品的最高降幅超過千元。這是微軟公司自進入中國以來，首次出現的降價行為。但更值得注意的是，降價行為只針對中國市場，這也是微軟公司首次為單一市場鬆動其全球統一定價策略。

當天下午的消息顯示，Vista 中文家庭普通版彩包此前售價為 1499 元，降價后為 499 元，為降價幅度之最，達到千元。其次是 Vista 中文家庭高級版彩包由此前的 1780 元降至 899 元。Vista 中文商用版彩包及 Vista 中文旗艦版彩包的降價幅度較小，分別由 1980 元降至 1880 元，2500 元降至 2460 元。微軟中國公司 Windows 客戶端產品部總監韋青告訴騰訊科技，降價將會是一個長期策略。而最新消息顯示，Vista 已經在全球銷售了 6000 萬套，成為微軟公司歷史上銷售最快的產品。韋青表示，這一降價行動經過了總部的討論與批准，是專門考慮到本地市場及不同國家消費者的獨特性做出的不同定價考慮，目前只針對中國市場。此前，微軟公司一直堅持全球統一定價。

資料來源：微軟 VISTA 降千元 首次打破全球統一定價［J/OL］. tech.qq.com/a/20070801/000233.htm

决定企业是否採用多元化定價策略的因素很多。例如，2003 年微軟公司曾在泰國推廣僅售 20 英鎊的 Windows XP 簡化功能修訂版，原因除了「反應一個國家的生活成本」以外，還迫於政府要求開放源代碼的壓力和亞洲市場大量盜版軟件的衝擊。當企業在不同的國家或市場具有不同的戰略目標和營銷目的的時候，多元化定價策略也是一個很適用的定價方法。

多元化定價策略的最大弊端在於由於不同市場的價格差異而導致的平行進口。當產品在不同國家或市場的價格差異很大，大到足以涵蓋國際運費和中間商利潤，且仍有利可圖的時候，平行進口就發生了。

二、撇脂定價策略與滲透定價策略

跨國公司向國際市場推出新產品時，企業有兩種策略可以選擇，即撇脂定價策略和滲透定價策略。

（一）撇脂定價策略（Skimming Pricing Strategy）

撇脂定價策略是指在產品生命週期的導入期，制定較高的價格，在競爭對手推出同類產品之前，最大限度地、迅速地攫取利潤，收回產品投資。在 20 世紀 90 年代末的中國，隨著民眾購買能力的提升和國家政策的鼓勵，汽車成了新的消費熱點，進口汽車通過高價撇脂定價策略賺取市場暴利，同等性能的汽車，其價格在中國市場與美國市場差異極大，大眾甲殼蟲汽車中國的售價是美國的 3.36 倍，別克汽車中國的售價是美國的是 2.36 倍，豐田花冠汽車中國的售價是美國的是 2.8 倍。

由於消費者對新產品缺乏瞭解，或是一些運用了新技術的新型產品，或是市場中某些極具影響的品牌產品，都可以通過撇脂策略來搶占先機，拔得頭籌，以快速收回投資和獲得高額利潤。例如，從彈性纖維「萊卡」在服裝面料中的應用，到化工物質「特富龍」在不粘鍋中的應用，美國杜邦公司將其新的專利產品和技術引入眾多的消費品時，均採用了高價格的撇脂策略，市場中反響很好。又如，不論是 Ipod 還是 Iphone，蘋果公司的每一個創新產品的問世，都會制定非常之高的價格，引起「蘋果迷」們的關注和翹首以盼。

利用高價產生的厚利，使企業能夠在新產品上市之初，即能迅速收回投資，減少了投資風險，這是使用撇脂定價策略的根本好處。此外，撇脂定價還有以下幾個優點：

第一，產品或換代新產品上市之初，顧客對其尚無理性的認識，此時的購買動機多屬於求新求奇。利用這一心理，企業通過制定較高的價格，以提高產品身分，創造高價、優質、名牌的印象。

第二，較高的價格，在其新產品進入成熟期后可以擁有較大的調價餘地，不僅可以通過逐步降價保持企業的競爭力，而且可以從現有的目標市場上吸引潛在需求者，甚至可以爭取到低收入階層和對價格比較敏感的顧客。

第三，產品開發之初，由於資金、技術、資源、人力等條件的限制，企業很難以現有的規模滿足所有的需求。利用高價可以限制需求的過快增長，緩解產品供不應求狀況，並且可以利用高價獲取的高額利潤進行投資，逐步擴大生產規模，使之與需求狀況相適應。

當然，撇脂定價策略也存在著以下缺點：

第一，產品的需求規模畢竟有限，過高的價格不利於市場開拓、增加銷量，也不利於占領和穩定市場，容易導致新產品開發失敗。

第二，暴利會導致競爭者的大量湧入，仿製品、替代品迅速出現，從而迫使價格急遽下降。此時若無其他有效策略相配合，則企業苦心營造的高價優質形象可能會受到損害，失去一部分消費者。

第三，價格遠高於價值，在某種程度上損害了消費者利益，容易招致公眾的反對和消費者抵制，甚至會被當作暴利來加以取締，誘發公共關係問題。

從根本上看，撇脂定價策略是一種追求短期利潤最大化的定價策略，若處置不當，則會影響企業的長期發展。特別是在消費者日益成熟、購買行為日趨理性的今天，採用這一定價策略必須謹慎。

從實踐來看，撇脂定價策略適用於以下幾種情境：

第一，市場有足夠的購買者，需求缺乏彈性，即使價格很高，需求不會減少，反而會激發起購買慾望。

第二，保護的產品、高新技術產品或獨家經營的產品沒有或很少有競爭對手和競爭的產品。

第三，具有較高的品牌認知度或很高的質量，消費者願意為此付出高價。

(二) 滲透定價策略（Penetration Pricing Strategy）

和撇脂定價策略正好相反，滲透定價策略是指在新產品投放市場的初期，將價格定得較低，以吸引大量顧客，防止競爭者的進入，保持並不斷擴大企業的市場份額。例如，日本精工手錶於20世紀70年代在國際市場與瑞士手錶角逐，它針對中低收入階層的消費者，採取了滲透定價策略。1975年每只精工石英表的平均出口價格為64美元，到1979年又下降到29美元，時尚而廉價的石英表迅速取代了傳統機械表的統治地位，奪取了瑞士手錶的大部分市場份額，直接導致瑞士製表業損失慘重。

採用滲透定價策略的企業應具備雄厚的實力，足以承擔由於低價策略所導致的新產品進入期的虧損。同時，具備迅速擴大生產和銷售的能力，以規模彌補低價格帶來的損失。或者擁有較低的土地成本、資源成本、人力成本等。中國企業在國際競爭中採取低價策略基本上是基於這樣的優勢。

從實踐來看，滲透定價需要具有以下條件：

第一，對價格極為敏感，低價可以刺激市場迅速增長。

第二，企業的生產成本和經營費用會隨生產經營規模和經驗增加而下降。

撇脂定價策略和滲透定價策略各有各的優劣勢和使用情境。企業在實際應用中，應充分考慮企業的市場目標、企業的資源狀況、產品的需求價格彈性以及目標市場的競爭狀況等因素，選擇最適合企業的定價策略。同時，根據具體情況的變化及時調整定價策略。在進入中國市場的最初階段，可口可樂公司採用撇脂定價策略，最大限度地獲取利潤。隨著時間的推移和公司的不斷發展，大規模的本土化支撐了可口可樂公司的成本降低，定價策略隨之轉向低價策略。

第四節　國際定價中的幾個問題

一、傾銷與反傾銷

依據世界貿易組織協議規定，傾銷（Dumping）是指一成員商品以低於其國內貿易正常價值的價格進入進口國市場。傾銷必須同時具備以下三個構成條件：

第一，產品以低於正常價值或公平價值的價格銷售。

第二，這種低價銷售的行為給進口國產業造成損害，包括實質性損害、實質性威脅和實質性阻礙。

第三，損害是由低價銷售造成的，二者之間存在因果關係。

反傾銷的最終補救措施是對傾銷產品徵收反傾銷稅。徵收反傾銷稅的數額可以等於傾銷幅度，也可以低於傾銷幅度。另外一種補救措施是價格承諾。若出口商自願做出了令人滿意的承諾，修改價格或停止以傾銷價格出口，則調查程序可能被暫停或終止，有關部門不採取臨時措施或徵收反傾銷稅。

營銷透視

中國與反傾銷

中國商務部新聞發言人沈丹陽透露，從 2013 年相關數據來看，中國將連續 18 年成為遭遇反傾銷調查最多的國家，連續 8 年遭遇反補貼調查最多的國家。中國仍然是貿易保護主義的最大受害國。沈丹陽是在中國商務部例行新聞發布會上做出上述表示的。他透露，2013 年全年共有 19 個國家和地區對中國發起了貿易救濟調查，總共有 92 起，比 2012 年增長了 17.9%，「從發起的案件數來看，增長得還較快」。

上述 92 起調查包括反傾銷調查 71 起、反補貼調查 14 起、保障措施 7 起。除此之外，美國還對中國發起了「337」調查 19 起，比 2012 年的 18 起增加了 1 起。除了發達經濟體立案增幅繼續大幅度上升以外，新興工業國家和發展中國家立案也呈增長趨勢。為了維護中國產業利益，中國商務部的工作主要有兩方面：一方面是對國外貿易保護的應對工作；另一方面是對中國產業的保護工作。

沈丹陽表示，在摩擦應對方面，中國商務部 2013 年有效應對了中歐光伏貿易摩擦等一批涉案金額大、影響範圍廣的重大案件，保護了企業出口市場份額。商務部還強化了貿易摩擦的預警機制，妥善運用世界貿易組織的爭端解決機制，維護中國企業合法利益，2013 年有多起案件都取得了滿意的結果。

在針對進口產品不公平競爭方面，沈丹陽指出，2013 年中國共對外發起反傾銷調查 11 起，涉及進口產品 6 種；發起反補貼調查 1 起，涉及進口產品 1 種。

沈丹陽表示，目前，中國貿易救濟的法律法規體系比較完善，調查的能力和水平不斷提高。通過依法立案和調查，及時遏制不公平競爭產品的進口，為保障產業安全和國家經濟安全都做出了積極貢獻。

資料來源：周銳，李曉喻. 中國連續 18 年成遭反傾銷調查最多的國家 [J/OL]. finance.chinanews.com/cj/2014/01-16/5746736.shtml

二、國際轉移定價

國際轉移定價（International Transfer Pricing）是跨國公司內部的各子公司、各部門之間，因原材料、半成品、製成品及勞務的轉移而制定的價格，以實現其全球戰略目標和謀求最大利潤。國際轉移定價不受國際市場供求關係的影響，只服從於跨國公司的全球戰略目標和跨國公司全球利益最大化目標。

假設一家美國企業來華投資設廠後，以 10 美元的價格從其母公司進口原材料，在中國又追加投資 2 美元，則其成本應為 12 美元。但是在華子公司以 11.5 美元的價格把產品返銷給其母公司。從帳面上看這家美國企業在華投資企業就是虧損的，而其母公司很可能以 14 美元的價格把產品轉手銷售給其他消費者，這樣利潤就被截留在國外了。

國際轉移定價的主要動機有以下幾種：

第一，轉移資金。如果一家企業要將資金從某一個國家轉移出去，它可以高價把產品賣給在目標國的子公司，使后者的資金通過轉移價格間接地從東道國轉出。同理，如果這家企業要對在國外的某個子公司進行財務支持，它也可以低價把產品賣給該子公司，通過間接渠道對后者融資。

第二，避稅。運用轉移價格避稅主要表現在兩個方面：一方面是減少公司所得稅，當兩個國家的稅率不同時，可以採用高轉移價格，將利潤從高稅區轉移到低稅區，以便使繳納的稅金減少。另一方面是減少關稅，合理利用轉移價格，有可能使企業在全球納稅最小化。

第三，規避風險。企業在跨國經營中還需要通過轉移價格來規避各種政治風險、外匯風險和通貨膨脹風險。當企業預見其在國外的財產面臨著被東道國國有化或沒收的政治風險時，企業可以以高轉移價格向子公司出售商品。轉移價格能用來抵消東道國外匯配額的強度效應，如某國政府對進口某種商品的外匯量加以限制，那麼母公司就可以通過低轉移價格將產品賣給子公司，以增加進口的產品量。同樣，企業母公司可以以高轉移價格將產品賣給海外子公司，將利潤從子公司轉出去，以對付東道國限制國外公司利潤返回的政策。轉移價格還可以通過高價向處於通貨膨脹壓力下的子公司出售商品或服務，將子公司的貨幣性資產如現金等盡可能多地轉移出去，以應對通貨膨脹的風險。

轉移價格策略的具體做法是：公司內部互相提供零配件、固定資產，或提供專利、專有技術、諮詢、管理、租賃、商標、運輸、保險、貨源等，或處理呆帳、賠償損失時，人為地提高或降低成本、費用、利息等，使轉移價格高於或低於相應的市場價格，造成跨國公司某一子公司取得超額利潤而另一子公司相應虧損，以達到調整利潤、轉移資金、逃避稅收和減少風險等目的，歸根究柢是為了獲取最大利潤。

在實踐中，相當多的外商投資企業通過「高進低出」、「低進高出」甚至「主觀列支」，可以達到調節利潤、逃避稅收、享受優惠、優化資產配置、減少和避免各類風險，進而達到對公司進行戰略性總體調控的目的。

三、灰色市場

許多企業常被所謂的灰色市場（Gray Market）所困擾。例如，由於較低的運輸成本和關稅，美能達相機在中國香港零售價是 174 美元，而在德國是 270 美元。一些中國香港的批發商注意到了這種價格差異，於是將美能達相機運到德國，以低於德國批發商的價格賣給零售商。德國批發商因不能售出存貨而抱怨美能達公司。許多企業發現有些冒險的批發商收購商品的數量遠遠超過其在國內銷售的數量，他們將多余商品航運至其他國家，以價格差異的優勢與當地批發商競爭。

不同市場間價格的落差所帶來的套利的機會是形成灰色市場的主要原因，而價格的落差則源於對渠道商的不同授權條件、供貨商的歧視性價格策略、國際間匯率的波動、配銷商配銷成本的差異、相同產品在不同市場面臨不同的產品生命週期等。歸納起來灰色市場產生的原因主要如下：

第一，同一產品在不同國家的差異化定價。例如，日本國內的消費品價格遠比其他國家高，精明的商人從韓國以低價購得柯達膠卷，然后運到日本出售，價格比日本的柯達授權經銷商出售的價格低 25%。

第二，不同國家間幣值的差異。例如，亞洲受到 1997—1998 年的金融危機的不利影響，而中國香港的貨幣基本保持穩定，亞洲一些國家組裝的奔馳汽車在中國香港銷售時與在其本國相比打折達 30%。

第三，進口配額和高關稅。例如，印度對計算機採用三級關稅結構，進口關稅為 50%~80%，結果印度國內 35% 的計算機硬件銷售額是通過灰色市場實現的。

第四，專營（Exclusive Distribution）。專營是公司為鼓勵零售商提供額外的服務給顧客，維護專營產品的質量形象而給予較大零售差價的做法，這種做法為灰色市場提供了方便。在美國，專營香水的批發價格常常比在其他國家高出 25%。其他國家未經授權的經營者以低於美國批發商需支付的價格購得產品，然后以低於零售商需支付給授權美國批發商的價格賣給未經授權的美國零售商，從中牟利。

第五，互聯網。當市場間存在價格差異時，互聯網給灰色市場提供了便利。在澳大利亞，6 家外國所有的唱片公司通過有限的分銷渠道，維持高價位並控製著市場，在那裡的光盤零售價平均為 24 美元。但在互聯網上的許多電子商店中只要付 24 美元的 70%~75% 就能買到。據估計，通過互聯網直接從美國購買光盤，已使澳大利亞的光盤零售額下降 5 個百分點。

營銷透視

水貨手機橫行國內市場

按行業定義，水貨手機是指由國外、中國港澳臺地區沒有經過正常海關渠道進入內地市場的手機，其最主要的目的是為了逃避關稅。這種水貨手機比國內行貨手機價格更低、款式更多、功能更全，因而引來了「潮流一族」的追捧。

國內最炙手可熱的水貨手機可能要數蘋果手機了。早在還沒有上市的時候，這款手機就憑藉時尚的外觀和強大的功能引起了「蘋果迷」們的熱切期待，上市后更是遭

到了瘋狂搶購。不過，由於蘋果手機沒能正式引進到國內，所以蘋果手機只能以水貨的身分跟國內消費者見面，但並不妨礙它在水貨市場上熱銷不止。目前，3G 版蘋果手機已經從最高將近一萬元的價位回落到 4000 多元。

作為全國最大的水貨手機集散地，無論平時還是週末假期，深圳華強北一帶的電子產品市場都是人山人海。據統計，華強北地區的日均人流量高達 50 萬人，其中絕大多數人的目標就是手機。業內人士透露，深圳水貨手機的日銷量大概在 10 萬部以上。水貨手機的銷售流程一般為由中國香港從海外進口，再通過各種途徑進入深圳，經由華強北幾大電子市場對外分銷，並進一步發往北京、上海、成都等大集散中心，然後再由這些地方輻射全國。

水貨手機的泛濫，擾亂了國內手機市場的正常的秩序。首先，水貨手機的價格不用計算維修成本和遵循正規渠道銷售時應繳納的稅款，造成價格槓桿失靈。其次，水貨手機的存在造成市場信息不透明，大量灰色地帶的存在使產業政策制定者無法對整個行業的發展做出準確判斷。最後，水貨手機的存在使國內廠商缺乏向高端市場進軍的動力，陷入價格戰與惡性競爭的泥潭。

業內專家表示，目前市場上的水貨手機都有一條成熟的產業鏈作為支撐，因此要徹底根治水貨手機市場的存在，要上下游一齊動手才行。

資料來源：水貨手機橫行國內市場 行業衝擊不容忽視［J/OL］. http://it.sohu.com/20081113/n260610968.shtml

大量灰色市場的存在，嚴重干擾了企業的正常營運和市場的公平競爭。僅以信息技術市場為例，幾乎所有的進口產品都可能遭遇水貨（原本不應該在某地區銷售的產品，或者是繞過某地區的正規代理直接在該地區銷售的產品）的衝擊，有水貨的品牌已是司空見慣。灰色市場擾亂了價格，為了防止這種灰色市場的出現，企業或對批發商規定若干政策，或提高價格，或改變在不同國家的產品特性，加強對價格的控制和有效管理，建立有效管制分銷渠道的控制系統。

復習題

1. 影響企業國際定價的因素有哪些？
2. 國際市場定價的方法有哪些？
3. 舉例說明撇脂定價和滲透定價分別是什麼做法？它們各自的優缺點和適用的條件是什麼？
4. 什麼是統一定價策略和多元定價策略？其優劣勢分別是什麼？
5. 何謂國際轉移定價？國際轉移定價的動機和方法有哪些？
6. 你如何看待灰色市場？

思考與實踐題

互聯網技術使消費者得以從「價格的接受者」轉變成「價格的制定者」

Priceline 是美國一家基於 C2B 商業模式的旅遊服務網站。打開 Priceline 網站，最直觀的可選項目就是「機票」、「酒店」、「租車」、「旅遊保險」。Priceline 屬於典型的網絡經紀，它為買賣雙方提供一個信息平臺，以便交易，同時提取一定佣金。對於希望按照某一種住宿條件或者某一指定 Priceline 品牌入住的客人，Priceline 也提供傳統的酒店預訂服務。消費者可以根據圖片、說明、地圖和客戶評論來選擇他們想要的酒店，並且按照公布的價格付款。但是 Priceline 所創立的「Name Your Own Price」（客戶自我定價系統）十幾年來一直是獨樹一幟，被認為是網絡時代營銷模式的一場變革，而 Priceline 公司則在發明並運用這一模式的過程中迅速成長。

查找相關資料，訪問 Priceline 公司的網站，嘗試分析「Name Your Own Price」（客戶自我定價系統）是何種類型的定價方式？其優勢何在？它針對什麼樣的目標人群設計出了這種定價系統？你能找出國內旅遊網站中與其相似的定價策略嗎？

案例分析一

三星電子的「生魚片」理論

在競爭激烈而殘酷的「數字時代」，電子產品的生命週期已大大縮短，今日高價熱賣的寵兒，很可能在短短數月內就淪落為低價售賣的過時黃花，這是誰也無法改變的市場法則。

談及三星公司如何維持高利潤時，三星公司的首席執行官尹鐘龍作了一個生動的比喻：新產品就像生魚片一樣，要趁著新鮮趕快賣出去，不然等到它變成「干魚片」，就難以脫手了。

所謂的「生魚片」理論指的是，一旦抓到了魚，在第一時間內就要將其以高價出售給第一流的豪華餐館，如果不幸難以脫手的話，就只能在第 2 天以半價賣給二流餐館了，到了第 3 天，這樣的魚就只能賣到原來 1/4 的價錢。而此后，就是不值錢的「干魚片」了。鮮魚一旦捕獲后，每天跌一半的價，而電子產品的開發與推向市場，也是同樣的道理，在把熱銷產品推入市場之前，就要先將產品變成「生魚片」，這樣才能售上高價。

在全球高端電子市場上，三星公司不斷率先推出各種優勢產品，如高端手機、寬屏背投式彩電、記憶芯片、數碼攝錄機、數碼相機，每次都打了競爭對手一個措手不及，並憑藉自身的時間優勢賺取最高昂的利潤。

三星公司在電子市場上的生存法則就是在市場競爭展開之前把最先進的產品推向市場，放到零售架上。這樣，就能賺取由額外的時間差帶來的高價格。只要能縮短產品研發和推向市場的週期，就一定有利可圖。尹鐘龍說：「在我們生意領域裡，只要你

能縮短訂貨和交貨時間，就有機會賺錢。如果能縮短一周，那麼情況將大不一樣。相反，如果你遲了兩個月，那機會將不復存在。」

兵貴神速，三星公司的產品永遠是市場上的新鮮生魚片。在這方面，沒有哪家電子廠商做得比三星公司更好。歷史上，三星電子曾經在短短 5 年時間裡從負債 170 億美元轉變成為全球最大的內存芯片、顯示器和彩電製造商，以及第一大碼分多址（CDMA）手機制造商。

如何在電子市場中勝出，「生魚片」理論是一個制勝的法寶。在零售領域，獲得最為先進的產品，永遠處於競爭的最前沿。只有這樣，才能使自身的產品在價格和利潤獲取上保持主動地位，屆時其他的競爭者即使趕上步伐，產品的「新鮮度」卻已消失殆盡。

在三星公司看來，「生魚片」理論是三星從三流品牌發展為一流品牌，經歷多年厮殺所形成的獨門秘訣。這個秘訣的核心在於，尹鐘龍深信生於憂患的三星電子要想避免死於安樂，一定要在保持高度危機意識的同時，實行「速度經營」，快速飛奔。

但是，很多人誤讀了其中的真正含義，只是把「速度經營」當做領先一步的另一種說法。在尹鐘龍的眼裡，「速度經營」不只是領先一步那麼簡單，而代表著一種新的游戲規則。在一次接受《Business 2.0》採訪時，尹鐘龍表示，在數字時代，可以無限地擴張產品線，但關鍵是如何在體積變大的同時，保持敏捷的身手。在模擬的時代，知識和技術的累積以及勤勉才是制勝之道；而在數字時代，最重要的是創新和速度。在執行層面，基於「速度經營」的戰略被細化為營銷策略的「四先原則」，即發現先機、率先獲得技術標準產品、搶先投放市場以及在全球市場占據領先地位，最終把這種「速度」轉化為更低的生產成本和更高的商業利潤。

可以斷言，沒有一家電子企業像三星公司這樣對產品的更新換代保持持久的警覺，使得公司的「生魚片」永遠鮮活。三星公司已經在全球手機領域取得了令人刮目相看的驕人戰績，另外在寬屏電視、存儲芯片和視頻相機方面也都處於領先地位，在業界取得了價位控制的主動權。

資料來源：《商業周刊》：三星電子的「生魚片理論」［J/OL］. tech.sina.com.cn/it/m/2003-06-14/1005198257.shtml.

討論題

1.「生魚片」理論闡述的是新產品上市採取的何種定價策略的生動化描述？

2. 三星電子為何能將「生魚片」理論運用得淋漓盡致？它體現了三星公司的何種營銷戰略思想？對企業的產品提出了哪些更高的要求？以此來保證在新產品導入期能「以最高的價格賣給一流的餐館」。

案例分析二

時髦的價值定價

從20世紀90年代以來，營銷人員又多了一個新的營銷術語——價值（Value）。在此之前，營銷人員對從冰淇淋到小汽車的每一件商商品都想像到奢侈、顯赫和鋪張，但是在經濟開始衰退之後（主要指美國），他們開始重新設計、重新包裝、重新定位和重新營銷產品，從而強調「價值」。現在，價值定價——強調產品的質量，同時以價格為特色，以較多的價值換取較少的價值——已經在全球獲得了廣泛的運用。

價值定價對營銷人員來說有多重意義。對某些營銷人員來說，它指減價；對另外一些人來說，它指特殊交易，如以相同的價格提供更多的產品價值；對還有一些人來說，它指一種新形象——使消費者相信他們正在得到一筆好交易。但是，不管怎麼說，價值定價已成為吸引消費者的一項基本戰略。

營銷人員發現，不斷變化的經濟（尤其指經濟不景氣）和人口狀況已造就了一個老謀深算、討價還價的新顧客群體，他們很關心買什麼、在哪兒買以及怎麼買。在過去，炫耀富貴和鋪張浪費是一種時髦；在今天，獲得一筆好的交易才是時尚。為了使消費者相信他們獲得的價值大於他們為此支付的成本，各公司（從快餐連鎖店到證券經紀業）紛紛調整了它們的營銷戰略。

美孚（Mobil）的黑弗蒂（Hefty）分公司將垃圾袋的價格減掉20%，並且每盒多裝20%的塑料垃圾袋。已有20多年營銷經驗的黑弗蒂公司還就增強垃圾袋的結實程度提出了一個口號——「我們的結實就是價值」。一位美孚公司的經理說：「20世紀90年代以后人們尋求的是價值，甚至對垃圾袋也不例外。」

百事可樂公司的塔科·貝爾連鎖店採用了一種成功得令人難以置信的「價值菜單」：59美分的塔科和15種其他商品價格分別為59美分、79美分或99美分。麥當勞緊跟其後，採用了「超額價值餐」，在廣告中強調「好食品、好價值」。很快，溫迪、漢堡王和其他競爭者也紛紛加入角逐的行列，採用了它們自己的價值定價方法。

證券行業的西爾森—萊曼·哈頓公司（Shearson-Lehman Hutton）在20世紀90年代發起了一場新的廣告運動來幫助它抵補折扣經紀人的低價要求。西爾森的一位營銷高級管理人員說：「人們在問：『我能得到我所支付的嗎？這裡邊的價值是多少？』企業面臨的挑戰是，相對於其設定的價格，它們能提供的價值是多少。」新的廣告運動將集中介紹西爾森的服務，如投資建議和金融計劃等，這些服務會使西爾森的整個服務系統具有更好的價值，甚至是在提高價值之後。

20世紀90年代中期，在一次世界旅行中，通用電器公司的董事長杰克·韋爾奇（Jack Welch）注意到全球的顧客正越來越多地對價值而不是技術感興趣。他說：「我們正面臨講究價值的十年。如果不能以全球最低價銷售高質量的產品，你就會被擠出競爭。」其結果是，從冰箱到掃描器和噴氣發動機的所有產品中，通用電器公司都設定了難以打敗的價格，努力地提供基本的、可靠的產品。

別克汽車將它的產品系列「公園大道」汽車作為「美國最高價值的汽車」，價格是 2.58 萬美元。別克汽車的這一「誇口」是有根據的。一家叫英特爾利選擇（IntelliChoice）的獨立調研公司發現，「公園大道」汽車在維修成本、燃料節省庫和車子的折舊程度幾個方面都位居第一。別克汽車的全國廣告經理說：「我們可以說你們沒必要用買一輛經濟型車來實現物有所值。你們沒必要為了得到大的價值來放棄豪華、性能或規格。」

價值定價不僅僅是減價，還包括許多內容。它意味著在價格和質量之間找到一個平衡點，使產品能給消費者帶去他們所需要的價值——對消費者來說，「價值」不等於「便宜」。價值定價要求企業在有利潤可賺的同時適當減價以及找到維持甚至改善質量的方法。20 世紀 80 年代喜歡高質量品牌產品的消費者現在仍然需要高質量的產品，但是他們要求價格應該更低一些。因此，價值定價經常包括重新設計產品和生產流程，以降低成本和維持價格降低之後的利潤總額。例如，在採用價值「菜單」之前，塔科·貝爾（美國一家著名餐飲企業）重新設計了它的餐館以便增加顧客流量和降低成本，它縮小了廚房的面積，擴大了座位空間，還採用了新的菜單食品——這些食品是為了能在縮小的新廚房裡簡單備菜而特別設計的。

儘管價值定價的趨勢是隨著經濟衰退開始的，但涉及的實質內容卻是更深層次的。這一趨勢表現了營銷人員對消費者觀點基本改變的反應，而消費者觀點的改變是因為在生育高峰期出生的人逐漸變老（美國如此，中國也面臨著人口老齡化的趨勢），以及他們所受到的不斷增加的經濟壓力。現在，對美國消費者而言，當今「被擠出來的消費者」肩負著 20 世紀 80 年代不加節制消費所帶來的債務、日益增長的孩子培養費、購房費以及照顧年老父母的預備費用和自己保健和退休的預備費用。因此，在經濟狀況改善之後的很長時間裡他們仍會要求得到更多的價值。甚至在經濟衰退之前，購買者就已經開始考慮價格和質量之間的相等關係。因此，在現在及可預見的將來，價值定價仍然會是一個極為重要的戰略。為了贏得明天更加精明的消費者，營銷人員需要不斷尋找新的方法，以更低的價格向顧客提供更多的價值。

資料來源：菲利普·科特勒，芮新國. 時髦的價值定價［J］. 中外管理，2002（12）.

討論題

1. 你如何理解案例資料中的價值定價中的「價值」？

2. 請運用市場營銷的核心概念和理論基礎分析成功的價值定價的基礎是什麼？在企業的經營戰略、營銷戰略和營銷策略三個層次上如何實現和體現？

第八章　國際市場營銷的渠道策略

引例

童車品牌「好孩子」正式進入歐美主流市場

中國童車著名品牌「好孩子」由集團董事長宋鄭還帶隊來北京宣布：在童車銷售領域連續10年保持國內第一的好孩子集團已正式打入歐美主流市場，目前「好孩子」童車在美國的年銷售量達到160多萬輛，其中嬰兒車連續5年保持銷量第一，占據了包括童車在內的整個美國童用市場50%以上市場份額。

好孩子集團在經歷了國內的創業和發展階段之後，依靠國內童車市場龍頭的優勢開始開拓國際市場。1994年，好孩子集團專門成立了進出口部負責產品的出口銷售工作，先後派人考察中國香港、日本、美國、歐洲等市場，廣泛接觸外商尋找商機。從1995年起，好孩子集團參加了義大利米蘭、德國科隆、美國達拉斯、阿聯酋迪拜等國際著名展銷會，與國外商家積極建立商務關係，擴大「好孩子」產品的出口。

地處美國達拉斯的在加拿大和美國上市的公司——科斯科公司（COSCO）與好孩子集團走到了一起。在好孩子集團保護品牌資源理念的堅持下，雙方結成了戰略聯盟，雙方最後商定以OBM（製造企業做自有品牌）模式互相合作。由科斯科公司做好孩子集團在美國童車市場的總代理，好孩子童車以雙方聯名的COSCO-GEOBY的品牌名稱在美國市場上由科斯科公司銷售。這種強強聯手的戰略聯盟運作十分成功，雖然這種聯盟形式很松散，但為雙方帶來了豐厚的回報，為好孩子集團的海外發展累積了豐富的經驗。好孩子集團以OBM模式進軍美國市場的運作十分成功，市場需求逐步增加，海外業務不斷擴大，好孩子集團決定有必要在美國建立自己的產品銷售子公司。於是，好孩子集團抓住機遇於1995年在美國的加利福尼亞州註冊了自己的美國分公司，自此拉開了「好孩子」童車產品全面進軍美國市場的序幕。「好孩子」童車產品迅速進入全球最大的零售商業集團沃爾瑪超市的2800多家連鎖店。並且很快進入凱瑪特、反鬥城等主流銷售渠道。好孩子集團在美國取得了出色的銷售業績，連續兩年被沃爾瑪、凱瑪特評為全球範圍內的最佳童車供應商，同時也使「好孩子」成為了享有國際美譽的品牌。

好孩子集團在美國一系列商業運作的成功增強了其開拓海外市場的信心。繼美國之後，好孩子集團又開始在歐洲開拓市場。利用在美國經營的成功經驗，好孩子集團在歐洲的一些國家也設立了銷售分公司。同時，好孩子在近30個國家和地區擁有代理商並建有相應的營銷渠道，並且在南美洲建立了海外工廠，使其國際化步伐逐步加快。截至2001年，好孩子國際市場銷售份額已占企業總銷售額的50%以上，而美國市場份

額又占主要地位。

在占領海外市場的同時，構築強大營銷網絡成為好孩子集團的又一「野心」。目前好孩子集團已與全球多家品牌簽署合作協議，為其全面代理在中國市場的銷售。其中，包括耐克兒童系列、美國迪斯尼童車、歐洲高檔童裝CAKEWALK等。宋鄭還表示，「好孩子」不僅要做世界著名兒童品牌的中國第一代理商，還要在服務、設計等多個領域不斷進取，力爭成為中國兒童用品的一艘航母。

資料來源：根據《中國童車品牌「好孩子」正式進入歐美主流市場》(《北京商報》2005年5月16日) 及其他相關資料編寫。

國際營銷渠道（International Distribution Channel）是指將產品實體及其所有權從一國的生產者轉移到國外消費者或最終用戶手中所經過的各種通道和中間機構的總和，是產品從一個國家的生產者流向國外最終消費者和用戶所經歷的路徑。通道以生產者為起點，以消費者或最終用戶為終點。中間環節包括出口商、進口商、代理商、批發商和零售商。

國際營銷渠道承擔著商品的兩種轉移：一種是通過交換而發生的產品所有權在國際市場上的轉移，稱之為商流；另一種是伴隨著商流，還有在適當的時間通過適當的運輸工具和運輸方式，將產品運送到適當地點的產品實體的空間移動，稱之為物流。商流與物流相結合，使產品從生產者最終到達消費者手中。

分銷渠道策略是企業對產品進入目標市場的路徑選擇，它關係到企業在什麼時間、什麼地點、由什麼組織向消費者提供產品和服務。分銷渠道的決策包括渠道長短與寬窄的決策以及中間商選擇的決策。

第一節　國際市場營銷渠道模式

一、國際營銷渠道模式

與國內營銷相比，國際營銷渠道的層次更加複雜、選擇更加多樣、決策更加複雜。要實現產品的國際流通和轉移，至少要經過出口國和進口國兩個市場的銷售渠道，而每個國家的分銷結構及分銷渠道中中間商的職能和角色都因其經濟發展水平、傳統、市場特點和競爭狀況的差異而不同。國際市場的分銷渠道有以下10種模式，如圖8.1所示。

圖8.1中的出口中間商、進口中間商、批發商和零售商統稱渠道中間商。渠道中間商的層級數量決定了渠道的層次，從沒有中間商介入到一個中間商、兩個中間商再到多個中間商的介入，渠道層次分別為零級渠道、一級渠道、二級渠道和多級渠道。

圖8.1中，前5種渠道均需要通過企業所在國國內的中間商環節實現產品的國際轉移，我們將這五種渠道稱作間接渠道。其中，第5種渠道所經歷的中間環節最多，包括出口中間商、進口中間商、批發商和零售商，是10種渠道中最長的渠道。在后5種

渠道中，企業省去了國內的中間商環節，直接將產品銷往國外市場。其中，在第 10 種渠道模式中，產品直接由製造企業銷售給終端消費者，銷售層次最少，渠道最短。

①　②　③　④　⑤　⑥　⑦　⑧　⑨　⑩

製造商 → 出口中間商 → 進口中間商 → 批發商 → 零售商 → 終端消費者

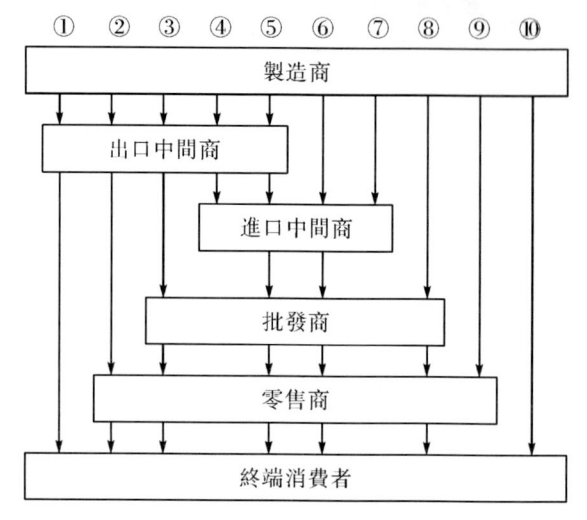

圖 8.1　國際營銷渠道模式

在第 2、3、8、9 種渠道中，批發商和零售商也兼營了進口業務。

二、國際營銷渠道成員

國際營銷渠道的中間商（Intermediary）是指渠道的中間環節，包括所有參與分銷活動的個人和組織。中間商在國際貿易中承擔著企業與終端用戶之間仲介和橋樑的作用。國際市場營銷中對中間商的劃分有以下幾種：

第一，依據中間商所在地分為進口國中間商和出口國中間商；

第二，依據中間商從事貿易的類型分為出口中間商、進口中間商和國外經銷商；

第三，依據中間商是否獲得產品的所有權分為經銷商和代理商；

第四，依據經銷商的業務性質分為批發商和零售商。

（一）經銷商

經銷商又稱商人中間商（Merchant Middleman），是指先買斷商品的所有權，然后再將商品轉售出去的中間商。經銷商通常具有較大的營銷自主權，也承擔著一定的經營風險。國際市場營銷中的經銷商主要包括進出口公司、國外經銷商。

（二）代理商（Agent）

代理商是指接受委託人的委託，尋找客戶，同顧客談判，從中賺取代理費的中間商。與經銷商不同，代理商並不取得商品所有權，如經紀人、製造商代理人和銷售代理人等。

（三）批發商（Wholesaler）

批發商是指從事批發活動的中間商。批發商的職能包括買賣、運輸、儲存、融資、信息收集、生產計劃、風險管理等。

（四）零售商

零售商是指從事零售業務的中間商。零售商位於國際分銷渠道的最終環節，從所有其他中間商手中購買產品，再將產品轉賣給消費者或工業用戶。

近年來，隨著全球零售業的迅猛發展和零售模式的不斷創新，全球零售業呈現經營規模化和國際化的趨勢，全球零售企業也越來越多地履行和分擔了批發商的職能和任務。零售商的類型包括百貨商店（Department Store）、專業商店（Specialty Store）、超級市場（Supermarket）、便利商店（Convenience Store）、折扣商店（Discount Store）、倉儲大賣場（Warehouse Market）以及連鎖商店（Chain Stores）等。

營銷透視

雙向借道：鞋業國際化天塹變通途

在中國制鞋企業走向國際化的實際案例中，很多企業選擇單一的為國外品牌做代工這一路徑，其弊端是無法打造出自己的品牌。也有很多企業選擇到國外市場去開專賣店，但高額的成本讓企業如同抱著一根雞肋，棄之可惜，食之無味。

無論是到國外設廠開店還是簡單的代工，都無法盡善盡美，於是王振滔結合奧康公司的實際情況，選擇了「雙向借道」，一種全新的國際化模式應運而生，這種模式被上海交通大學教授閻峰稱為「中外合作的第三類模式」。

早在 2002 年 10 月，奧康公司與健樂士公司（GEOX）就已牽手，作為 GEOX 總裁的迪亞戈第一次中國之行，就選定了奧康作為他們的合作夥伴。在合作之前的一年多時間裡，GEOX 總裁親率公司骨幹赴中國及周邊國家進行商務考察，尋求亞洲合作夥伴。經過深入細緻的「明察暗訪」後，GEOX 認為奧康公司具有較強的生產、設計和銷售能力，企業決策層視野開闊，創新意識強，是理想的合作夥伴。

據資料顯示，截至目前，GEOX 在中國共有 100 多個銷售網點，銷售額近 1 億元，增幅高達 500%。這一增長速度遠遠超過了 GEOX 在全球的平均增速。GEOX 網站數據顯示：2001 年 GEOX 的收入達到 15 億歐元，2004 年則為 34 億歐元，年增幅為 70%。GEOX 在中國的發展簡直就是幾何級裂變增長，坐在迪亞戈身邊，王振滔顯然十分自信。

兩強合作成為近幾年中外鞋企合作的經典案例，尤其是「雙向借道」的合作模式更是備受業界推崇。這種模式是：奧康公司不僅為 GEOX 加工全球市場產品，更將參與其在亞洲市場銷售產品的設計開發。而且，借助奧康公司在國內強大的網絡優勢，幫助 GEOX 品牌在國內生根。「可以這樣說，從生產到銷售，奧康公司是 GEOX 在國內的全權代理。」王振滔這樣概括。

而在國際市場上，GEOX 則通過其全球的網絡幫助奧康公司推薦奧康品牌，銷售奧康公司的產品。「我們爭取來的何止是銷售代理權，更重要的是國際頂級名牌的管理、技術和最新的信息。」從王振滔的話中，人們不難發現他的真正意圖：找一艘大船，借船出海，通過這艘大船盡快實現自身企業的國際化。

資料來源：奧康嬗變：國際化啟示錄［J/OL］. finance.qq.com/a/20060904/000491.htm.

三、國際分銷渠道的功能

分銷渠道除具有向使用者或消費者輸送產品的功能外，還具有其他的功能，主要如下：

（一）調研功能

國際企業利用自己在國內及國際上的分銷網絡系統，開展各種類型的調研活動，以瞭解目標市場需求的發展趨勢、中間商的經營能力狀況、競爭對手的營銷策略的變化等。

（二）促銷功能

分銷渠道的選擇和建立都是達到促進產品銷售的目的。國際企業應充分利用中間商與最終使用者或消費者直接接觸的條件，通過中間商做好說服、示範、提供各種服務及便於購買的條件來加快商品在渠道上的轉移。

（三）溝通功能

國際企業可利用分銷渠道來發現潛在的需求者，利用分銷渠道建立與用戶或消費者聯繫的各種網絡，暢通產、銷、用戶之間的溝通，更好地樹立企業的形象。

（四）適銷功能

國際企業受生產條件的制約，一般品種相對少而批量大，這與使用者或消費者消費多樣性及一次使用或消費的數量很少發生矛盾。通過分銷渠道各環節按不同需求、消費特徵對產品進行分類分級、分組包裝的調整，使企業能最大限度地滿足用戶的要求。

（五）協調功能

利用分銷渠道系統內部成員之間的已存在的關係，可就各種有關產品轉移的問題，如價格、供貨時間、付款方式等達成協議，從而促使渠道發揮最大的整體效率。

（六）實體分配功能

分銷渠道的建成使渠道成員可根據自身的地位和特徵，在渠道內承擔相應的職能，完成產品在渠道中生產製造、運輸貯存、銷售等工作。

（七）籌措資金功能

開展渠道活動需占用大量資金、消耗大量的資金，分銷渠道本身可以保證這種資金的來源和支用。

（八）共擔風險功能

渠道全體成員在共享渠道成果的同時，共同承擔從事渠道活動將可能產生的各種風險。

營銷透視

在迪拜市場如何做中國生意

迪拜有為數不少的專業產品批發市場，如汽車配件、服裝、紡織品、鞋類箱包、手機配件、建材五金等，而建材五金批發市場無疑是眾多市場中最為活躍的市場之一。不同於國內的專業市場，迪拜所有的市場都是自發形成的，在沿迪拜灣的一片狹小空

間裡，每條街面都可以成為連接亞非大陸的貨物場，每個店面都可以成為中轉交易平臺。

思諾博迪拜中國貿易促進中心駐迪拜負責人沈一強表示，在經營方式上，印巴人喜歡代理制，在市場裡轉悠，隨處都可以看到英國的塗料、義大利的鎖具、德國的工具、日本的電機等，這些國際品牌都是有各自獨立的經銷商運作，有些品牌可能還不止一個經銷商。

中國商人喜歡自銷形式，以現貨對現金。很多企業拋開中間商環節，直接來到迪拜設立門面或辦事處。這種方式極大地刺激了整個市場的神經，廠商自銷所具備的價格優勢，直接影響了整個市場價格的穩定性。當然中國商人中運用代理制的也不乏其人。但是這種代理僅為一般代理或者是形式上的代理，受代理條款約束程度很低，更多的僅為松散型合作方式。一旦產品為普通常規產品或技術含量較低產品，代理的生存空間就比較脆弱，任何自銷形式都會對其造成正面衝擊。

如何平衡這兩者之間的關係，還要看企業的具體目標而定。國內曾有一家鎖具工廠，在眾多地區有一般代理，但價格一直被壓得很低。參加迪拜展覽後發現市場利潤空間比想像中大，最后決定直接入駐設點。這樣一來，原代理的部分客戶放棄代理而主動向該工廠門面進貨，門面與代理形成一種競爭關係，最后致使代理轉向其他國內供應商。最后該工廠只得適時調整政策，在價格上區別對待，才挽回了一些主要的代理客戶。

寧波一家燈具工廠為更好地利用代理的銷售網絡，儘管已經進駐迪拜，但主動避開正面衝突，以辦事處方式經營，取得代理的信任並開始推廣其產品。該企業花費相對較少的時間將產品打入這個市場。

資料來源：劉明娜. 在迪拜市場如何做中國生意[N]. 中國經營報, 2005-06-10.

第二節　國際營銷渠道的決策

一、影響國際營銷渠道選擇的因素

在國際市場營銷中，可供選擇的分銷渠道通常很多。為了找出直達企業目標市場的最佳途徑，企業通常要考慮6個具體因素，它們分別是成本（Cost）、資本（Capital）、控制（Control）、市場覆蓋面（Coverage）、特點（Character）及連續性（Continuity），這6個具體決策因素被稱為渠道決策的6個「C」。

（一）成本（Cost）

成本是指渠道成本，即開拓渠道的投資成本和保持渠道的維持成本。通常，開發渠道的投資成本是一次性支出，而維持渠道的成本是長期的、主要的、經常的支出。後者包括本企業推銷人員的一切費用、各中間商的佣金、商品流轉過程中的儲運裝卸費用、各種單據和書面工作費用、廣告宣傳費用和洽談買賣等各種業務行為費用。

渠道費用構成了企業的銷售成本。渠道費用過大，會嚴重影響企業開拓國際營銷

渠道的能力和效益。但是取消中間商，則需要企業承擔中間商的全部職能。評價渠道成本可以借助渠道效率（Channel Efficiency）這一指標，即在完成渠道必備職能的前提下，減少成本同時更好地發揮渠道作用的能力。衡量渠道成本的第二個指標是這一渠道費用是否能最大限度地擴展其他5個「C」的利益。

（二）資本（Capital）

這裡的資本是指建立渠道的資本要求。自建渠道，企業能夠擁有自己的營銷隊伍和營銷力量，但是需要大量的現金投入；如果使用中間商，則可以大大減少企業一次性的現金投資。因此，除了財力雄厚的企業有能力投入大量現金，建立自己的營銷渠道之外，一般中小企業由於企業資源的限制，更適宜通過中間商間接出口。

（三）控製（Control）

對於分銷渠道的控製力度是國際營銷渠道選擇時的重要考量。不同的渠道安排，對應著不同的營銷控製程度。通常，企業通過自建渠道，可以實現對分銷的較強控製。在市場變化和消費者需求變動的時候，可以及時感知，並迅速做出相應的策略調整——產品的調整、價格的調整以及促銷策略的調整；反之，如果採用中間商進行分銷，企業對渠道的控製力度相對較弱，為了達到有效分銷的目的，企業就必須投入資本以激勵和控製中間商。此外，大量中間商的採用還會導致企業對於市場變化的反應遲緩，以致錯失良機。渠道的長短也影響渠道的控製力，渠道越長，企業對於售價、銷售量、推銷方式等的控製能力越弱。

（四）市場覆蓋面（Coverage）

市場覆蓋面是指企業在國外銷售產品的市場區域。市場覆蓋面的選擇，以取得最大經濟效益為前提，並不是越大越好。許多國家的主要購買力常常集中在某幾個人口密集、購買力強的中心區域或者城市，如將產品成功打入這幾個區域，就可以以相對較少的分銷成本獲取較大的銷售收益。例如，一些國際奢侈品品牌在進入中國市場的時候，最先鎖定中國的東部沿海地區，如廣東、上海等地，而不是經濟、文化發展水平相對落后的西部地區，就是看中了東部發達地區的較高經濟收入和較強的消費能力。與此同時，為了達到足夠的市場覆蓋面，在中間商的選擇上，企業應盡可能與大批發商（大代理商、大經銷商）合作，配合各種適當的促銷手段，推動企業產品銷售，樹立企業形象和產品形象。

（五）特點（Character）

選擇和開拓國際市場營銷渠道，既要考慮本企業的資源狀況、產品特點，還要考慮目標市場國的市場特點和環境特點。

1. 企業的資源狀況

如果企業具備足夠的財力、銷售資源和管理經驗，而銷售規模又比較大的話，就可以自建渠道或自派銷售人員開展銷售工作；如果企業實力較弱，則宜採用間接分銷渠道，借助中間商實現分銷。另外，如果企業能夠與中間商進行良好的合作，或者能夠對中間商實施有效的管理和控製，也可以選擇間接分銷渠道；反之，若不能與中間商很好的合作或者中間商不可靠，不利於產品的市場開拓和經濟效益的實現，則企業不如選擇直接銷售渠道。

2. 產品特點

產品自身的特點也影響營銷渠道的選擇。通常來說，標準產品、低價產品宜選用長渠道；單價高的產品，應注意減少流通環節，否則會造成銷售價格的提高；過重或體積過大的產品，以及不易多次搬運的產品，應盡可能選擇最短的分銷渠道，以減少運輸和儲存等銷售費用；技術要求高，需要安裝和經常維修服務的產品，如計算機，最好由企業直接銷售給終端用戶或選擇盡量少的中間商，從而提供及時良好的銷售技術服務；鮮活、易腐、市場壽命短的產品和時尚產品，宜選用較短的渠道；原料、初級產品宜直接銷售給進口國的生產企業。在新產品銷售中，為盡快地將新產品投入市場，擴大銷路，生產企業一般組織自己的營銷隊伍，直接銷售給消費者，當然也可以考慮採用有良好合作關係的中間商分銷。

3. 市場特點

市場特點包括渠道結構和消費者特徵。

每個國家的市場都有其固有的或傳統的渠道結構。在渠道結構中，各式各樣的中間商及其職能、活動和服務反應著各個國家的文化社會傳統、經濟發展水平、市場特點和競爭狀況。例如，日本擁有世界上最複雜的多層次分銷渠道，美國的分銷渠道相對來說比其他國家短，德國的分銷渠道多種多樣，而中東國家的分銷渠道簡單。世界上許多國家都擁有大量的小規模的批發商，由於批發的利益來源於規模經濟，因此對生產者來說，與較小的批發商打交道即意味著得到較少的服務和更重的負擔。在進入不同國家市場的時候，應考慮當地的特點而選用相應的渠道。

消費者的購買習慣也影響渠道的選擇。沃爾瑪公司發現「中國是一個以市中心為居住和消費主體的國家」，「便利消費」是人們的「首要選擇」，而且「中國消費者對會員店及其他的超市業態的接受程度不高」。於是，在新店選擇上，沃爾瑪公司以在市中心開設購物廣場作為中國業務發展的重點，而不是傳統的美式折扣店。

總體來說，如果市場範圍廣、潛在顧客數量大、消費需求多，需要通過中間商提供服務來滿足消費者需求的時候，企業宜選擇間接分銷渠道。若市場範圍小、潛在需求少，企業則可以拋開中間商，選擇直接銷售。

(六) 連續性 (Continuity)

渠道的連續性是保證企業國際營銷渠道順暢的前提條件。這裡的連續性包含兩層意思，即穩定性和靈活性。穩定性是指渠道中的中間商，只要符合本企業營銷目標的要求，就不宜輕易變更，因為他們已經具有了經營本企業產品的經驗。靈活性是指隨著競爭的需要和營銷環境的變化，一個企業的國際營銷渠道是可以改變的，靈活的渠道要比僵化的渠道更有效益。

在企業進行營銷渠道選擇的時候，只有全面、均衡地考慮以上的 6 個「C」，才能建立起符合企業長期營銷目標和渠道方針的分銷渠道。但是，需要注意的是，在國際市場營銷實踐中，由於各種分銷渠道各有利弊，很多企業採取複合型的分銷模式，即幾種分銷模式混合使用，聯想集團就針對不同的用戶使用了不同的分銷模式。

二、新建渠道與利用原有渠道的決策

（一）新建渠道

新建渠道又稱自建渠道，是指企業在進入國際市場後，為本企業的產品營銷建立自己專門的網絡或通路。自建渠道的優勢非常明顯：保證企業對分銷渠道的有效控制，從而提高企業的服務質量；根據及時的消費者信息反饋，迅速調整產品線，適應市場需求。從長遠發展角度來看，自建渠道為跨國企業進一步開拓國際市場累積了豐富的國際市場營銷經驗。

新建渠道的投入資金大、耗費時間長、風險高，通常只適用於規模大、實力強的跨國企業，且企業在目標市場有長期的發展計劃和長遠的發展目標。自建渠道在剛剛進入目標市場時，由於對當地市場的不熟悉和渠道的經驗累積很少，開拓起來相對較難。而利用原有渠道則因為投資小、見效快、渠道的變革和調整比較容易等優勢，為更多的企業所選擇。

（二）利用原有渠道

利用原有渠道是指企業在目標市場上委託該國原有的中間商經營產品。在國際市場營銷中，企業選擇與原有渠道中間商合作的原因在於：首先，利用原有渠道不需要一次性的大量資金投入；其次，原有渠道對目標市場非常熟悉，消費者對於渠道的認同度很高，發揮原有營銷渠道的作用，可以幫助企業迅速進入目標市場；再次，渠道的調整相對靈活；最後，選擇與國內原有渠道合作，可以有效繞開目標市場的進入壁壘。例如，TCL集團進入歐洲市場時，選擇與歐洲和北美市場已經建立了相對完善營銷網絡的湯姆遜公司合作；海爾集團則借助當時的家電生產商——三洋的銷售網絡進入日本市場；「好孩子」童車利用沃爾瑪、希爾斯和凱馬特等美國主流商業渠道迅速占領美國市場；谷歌公司通過簽約3家授權代理商（相當於在中國市場增加近10,000人的銷售隊伍），加快其向中國本土企業，特別是中小企業滲透的速度，提高競爭力。

利用原有渠道的劣勢在於：企業對分銷渠道的控製差，不利於國際化企業的長期發展；終端零售商可能對產品的專注程度不如自有渠道，造成企業產品在分銷中與其他產品競爭有限的渠道資源，甚至發生衝突。

（三）新建渠道和利用原有渠道的衡量與選擇的標準

新建渠道和利用原有渠道各有利弊，衡量和選擇的標準如下：

1. 目標市場的政治和社會文化因素

對於政局不穩、社會衝突、騷亂頻發的地區，由於新建渠道需要大量的投資和長時間的運作累積，為了最大限度地降低風險，利用原有渠道是最好的選擇。另外，如果政府對某種商品的分銷商有相應的規定和限制，企業也不可能建立自己的渠道。2007年1月1日起在中國市場施行的《成品油市場管理辦法》和《原油市場管理辦法》，首次對外開放了中國國內原油、成品油批發經營權，而在此之前中國原油資源一直是由國家統一配置，成品油也只能由中石油、中石化兩大集團集中批發。

2. 目標市場的競爭狀況

產品具有獨特性，市場競爭較弱時，可以採用與原有渠道合作的模式；如果競爭激烈，且現有渠道大多被競爭者所占據，企業就不得不建立自己的渠道。

3. 企業對渠道的控製力度的要求

當希望對分銷渠道有很強的控製力時，企業應選擇自建渠道；反之，則可以選擇與原有渠道合作的模式。

4. 企業的因素，包括企業的目標和企業的資源狀況

致力於長期國際市場營銷的企業或實力強的企業，有必要、有資金實力建立自己的渠道。同時，企業在分銷方面的經驗、人力資源也是支持企業自建渠道的因素之一。

三、國際營銷渠道的長度決策

在某一特定市場中，企業渠道決策的主要內容是渠道設計決策，即渠道的長度和寬度決策。

渠道的長度決策涉及是否使用中間商、使用那些類型的中間商以及不同類型的中間商的數量問題。依據渠道中間商的層級多少，分銷渠道分為直接渠道和間接渠道，其中間接渠道又涉及長渠道與短渠道。

(一) 直接渠道策略與間接渠道策略

直接渠道是產品從生產企業到國外消費者轉移中不經過任何中間商。其具體形式有：生產企業直接接受國外用戶訂貨；生產企業在本國設立經銷部門或在國外設立分支機構，經營自己的產品；生產企業通過電視、電話、電報、郵購等，將產品直接售給國外最終用戶。

選擇直接渠道，由生產者直接銷售，可以加強推銷，提供中間商難以提供的技術服務，控製價格，瞭解市場變化。其不利之處是會增加生產企業用於經銷的投資支出。

間接渠道是利用中間商將產品售給國外消費者手中。中間商有出口國的外貿公司、進出口雙方的代理商、進口方的經銷商、批發商、零售商等。間接渠道在目前國際市場營銷中被廣泛採用，它可以節約生產企業用於產品流通的人、財、物和時間，發揮各中間商的條件、經驗及市場渠道關係的良好作用。大眾性商品或中小生產企業更需要使用該方式擴大產品出口。

(二) 長渠道策略與短渠道策略

分銷渠道的長短是相對而言的，由是否選用中間商，以及選用多少中間商構成幾個中間環節來決定。沒有中間環節的分銷渠道是最短的，而包括所有中間環節（代理商、批發商、零售商、出口商、進口商）的分銷渠道是最長的。

商品在從生產者流向最終消費者的過程中，經過的環節越多，分銷渠道就越長；反之則越短。採用長渠道可發揮各層次中間商的輻射、宣傳作用，擴大產品市場，但其環節多、費用高，影響最終零售價格，會增加消費者負擔，且不利於信息的及時反饋。長渠道一般對低價的日用百貨商品使用較多。採用短渠道，產品專營性強、市場影響面窄，但對中間商的約束較高、易控製。短渠道一般對高價商品如電器、汽車、高技術產品使用短渠道較多。

從加快產品流通速度、減少損耗、降低費用角度考慮，應採用短渠道策略。但是從產品生產與消費或使用在時間和空間上的不一致、生產單一化與消費多樣性等方面存在的矛盾上考慮，如果用中間環節過少的短渠道策略，建立的分銷渠道會使商品難以順利通過，從而造成渠道受阻，使費用增大。因此，選擇長短不同的分銷渠道不僅要從取得最大經濟效益角度出發，還要從解決生產、消費的矛盾上多加考慮。

四、國際營銷渠道的寬度決策

國際營銷渠道的寬度是指渠道每個環節所使用的同類型中間商數目的多少，中間商數目愈多則渠道愈寬。選擇分銷渠道的寬窄一般有密集型分銷、獨家分銷、選擇性分銷三種策略為企業經常使用。

（一）密集型分銷（Intensive Distribution）

密集型分銷又被稱為廣泛性或普遍性分銷。採用這種策略的具體表現是國際企業選用盡可能多的中間商經銷自己的產品，使產品在目標市場有鋪天蓋地而來之勢，達到使自己產品品牌充分顯露和隨處可買，最廣泛地占領目標市場的目的。

決心採用密集型分銷策略的企業必須充分預計到其所面臨的每個中間商可能同時經銷幾個廠家、多種品牌的產品，使得其不可能為每一產品的促銷提供如廣告宣傳、人員促銷等手段過程中發生的費用。這就要求企業在經濟上向其提供一定的支持，使企業的渠道費用增加。從經濟角度看，密集型分銷所產生的費用較大。同時，由於中間商數目眾多，企業無法控製渠道行為，這些都是採用密集型分銷策略將會給企業帶來的不利之處。

（二）獨家分銷（Exclusive Distribution）

由於產品本身技術性強，使用複雜而獨特，所以需要一系列的售後服務和特殊的推銷措施相配套，使國際企業在一個目標市場只選擇一個中間商來經銷或代銷它的產品。國際市場如汽車、家用電器、計算機和辦公設備、照相器材等產品的許多生產企業都採用這種策略在世界許多國家或地區建立分銷網絡。採用這一策略的生產企業必須與被選中的獨家經銷商簽訂協議，協議保證作為獨家經銷商只能經銷生產企業的產品，不得同時經銷其他廠家的同類產品，而生產企業必須常常在產品供應、運輸和管理技術等方面給經銷商以特殊的便利條件或支持。採用獨家分銷策略可使國際企業十分容易地控製渠道行為。但是由於採用這種策略后使國際企業與獨家經銷之間的互相依賴性大大增強了，這樣由於經銷商經營失誤，會使國際企業失去一條分銷渠道，甚至失去一個目標市場。

（三）選擇性分銷（Selective Distribution）

選擇性分銷是介於密集型分銷與獨家分銷兩種渠道之間的一種寬度渠道策略。國際企業從願意合作的眾多企業中選擇一些條件好的批發、零售企業作為自己的中間商，這樣與密集型分銷相比，可以集中地使用企業的資源，相對節省費用並能較好地控製渠道行為。企業可以獲得比採用密集型分銷或獨家分銷兩種策略更多的利益。但是，

這一策略也不是盡善盡美的。起碼有兩點使企業決定採用該策略時有所顧忌：第一，中間商是否能提供良好的合作服務，願意參與渠道協作的中間商數目的多少，國際企業能為中間商提供多少市場暢銷的產品，在供貨方式、價格上給多大優惠，在諸如採用廣告宣傳等措施所需用的費用上給予多大的支持等，國際企業能做出多大承諾；第二，國際企業與中間商之間的聯繫以履行合同來維繫，無論哪方的行為有損於合同的履行，必將使產品在該渠道上的流通受阻，使採用這一策略預定應實現的目的落空。

分銷渠道策略要求生產企業在選擇分銷渠道時，要針對生產企業的條件、產品特點、出口規模、市場特性及其各中間商的能力、經驗、信譽、市場影響等合理決策，並注意搞好與經銷商、代理商的關係，以發揮其在國際市場營銷中的渠道作用。在激烈的競爭環境之下，企業不單單採用傳統的銷售模式，而是採用傳統營銷渠道戰略與新興營銷渠道戰略相結合的國際銷售渠道，這種渠道聯合化趨勢日益增強。

營銷透視

固特異輪胎的分銷變革

固特異輪胎橡膠公司（以下簡稱固特異公司）通過其強大的固特異獨立經銷商網絡獨家銷售備用輪胎已有60多年的歷史，固特異公司和它的2500家經銷商都受益，經銷商們擁有享有盛譽的固特異輪胎產品獨家銷售權。但是，在1992年，固特異公司開始打破傳統，宣布它將通過西爾斯公司的汽車中心銷售固特異輪胎。無疑，這是對固特異公司原有經銷商們的一次沉重打擊，因為這使這些經銷商處於和零售商巨人西爾斯公司直接競爭的地位。這是對原先神聖不可動搖的經銷商網絡的背棄，使許多經銷商感到震驚和憤怒。一位固特異公司的經銷商說：「就像是結婚35年之後，你的『愛人』在做不忠於你的事。」另一位經銷商則說：「我感覺就像他們在我背後捅了一刀。」

有好幾個因素導致了固特異輪船銷售系統的變化。20世紀80年代末期，大規模的國際合併浪潮重組了輪胎行業，最后只剩下了5個競爭者。例如，日本的橋石公司（Bridgestone）兼併了凡士通公司（Firestone），德國的大陸公司（Continental）收購了通用輪胎公司（General Tire），義大利的派利公司（Pivelli）吞並了阿姆斯特朗公司（Armstrong），還有法國的米其林公司（Michelin）兼併了UG公司（Uniroyal Goodrich）。60年來一直位居世界輪胎製造業老大的固特異公司已經落在米其林公司之后而屈居第二。作為唯一幸存者的美國輪胎公司，固特異公司發現它在與強大的、新近補充了能量的國際競爭者爭奪美國市場份額時已不能再像對付國內較小的競爭者那樣隨心所欲。

除了在西爾斯公司銷售固特異輪胎外，固特異公司還在沃爾瑪連鎖店銷售自己的產品。市場調查表明，4個沃爾瑪連鎖店顧客中有一個是潛在固特異輪胎購買者，並且這些購買者來自獨立經銷商不可能進入的細分市場。固特異公司還開始大張旗鼓地經營新的私營品牌業務。它的凱利—斯普林菲爾德部門很快便簽了一筆通過沃爾瑪連鎖店銷售私營品牌輪胎的協議，並且和凱馬特連鎖店、MW公司（Montgomery Ward）達成了協議，它甚至和倉庫俱樂部似乎也簽署了協議。除此之外，固特異公司還積極

探索其他新的銷售方式。例如，固特異公司曾經用一種直接、快速服務的折扣店概念「公平輪胎」來抵擋低價競爭者的進攻。固特異公司還向選中的幾個美國城市中的零售商出售輪胎。

資料來源：菲利普·科特勒. 固特異輪胎的分銷變革 [J/OL]. www.emkt.com.cn/article/80/8049.html.

第三節　國際分銷渠道的管理

在國際企業確定其分銷渠道採用的組織形式后，就要對這一分銷渠道進行管理，使渠道達到最大的運行效率。分銷渠道管理的主要內容包括：中間商的選擇、對中間商的激勵、對中間商的評估、對分銷渠道的評估四個方面。

一、中間商的選擇

國際企業的分銷渠道有哪些中間商參與，這實際上是一個「雙向選擇」的問題。中間商必須擁有暢銷產品，才能立足於市場。這決定中間商們要尋找製造這些暢銷產品的生產企業，渴望成為其分銷渠道的成員。國際企業要更好地將產品送至用戶手中就必須建立相應的分銷渠道，渠道的效率與中間商素質有很大關係，必須認真選取。選取前國際企業必須吸引眾多中間商前來「候選」，吸引的條件是國際企業是否具有很高的聲譽、是否擁有優質暢銷產品。中間商的選擇是一項艱難的工作，一旦誤選其后果很難預料。國際企業必須先確定各種中間商應具備的條件，然后從符合這些條件的企業中逐一選出所有中間商。選擇中間商的標準主要有：中間商的營銷歷史長短、聲譽狀況、經營範圍、銷售能力、協作精神、從業人員的素質、企業開設地點、面對顧客的類型等。

二、對中間商的激勵

中間商選走后，分銷渠道也隨之建立，企業必須採用各種措施來充分調動它們經銷企業的產品的積極性。由於中間商與國際企業之間的關係，隨國際企業在選擇渠道的組織形式不同而有很大區別。統一垂直分銷系統中，國際企業與各中間商的基本利益一致，只要明確各自的地位、作用即可為達到最大分銷渠道整體效益而努力。而其他形式的分銷系統中，中間商是一個獨立經營者，有自己的營銷目標，因此企業要隨時克服自己利益與中間商利益不一致而產生的矛盾，更應採取各種措施來調整相互關係。例如，給中間商取得較高利潤的機會、提供優惠的供貨條件，同時還可以考慮給中間商各種人員培訓及給予其廣告等促銷活動費用上的經濟支持。不少國際企業對中間商採取「胡蘿卜加大棒」的賞罰策略，以此來不斷地激勵它們。

三、對中間商的評估

要使渠道中的所有中間商明確瞭解到中間商也處於一個優勝劣汰的競爭狀態之中。

國際企業應經常性地對分銷渠道成員加以考查和評估，評估內容有：平均庫存、運輸時間、倉儲質量、促銷上的合作程度、分銷配額的完成情況、為顧客提供服務的質量等。根據已確定的標準進行評估，目的是隨時對中間商加以必要的調整。對達不到規定標準的中間商應採取各種措施調動其積極性，或者將其從渠道中排除。

四、對分銷渠道的評估

對分銷渠道的評估內容主要有三項：分銷渠道已取得的經濟效益是否達到渠道設計時的預計經濟效益；企業對渠道的控製力是否與設計時企業應用的對渠道的控製力相符；分銷渠道的應變能力。企業對分銷渠道進行評估的目的是為營銷決策者在制定繼續利用現在分銷渠道或重新設計並建立新的分銷渠道決策提供準確依據。當然，有時企業發現競爭對手建立起一個全新的分銷系統來與自己展開競爭，而自己這時又處於明顯的不利地位，企業也會做出廢棄舊渠道，重建新渠道的決策。無論從何種角度來講，完全廢棄原有渠道的現象比較少見，更多的是改造和建立新的分銷渠道。隨著國際市場環境的變化，企業會更積極地尋找各種適合自己發展的分銷渠道及渠道的組織形式，發現開闢新的分銷渠道機會顯得越來越重要，這也慢慢地成為國際企業分銷管理的一項重要內容。

第四節　電子商務

進入網絡時代之后，國際互聯網絡的投入與使用，克服了以往各國在時間和空間上的差異，形成了一個真正意義上的全球市場。各國經濟之間相互依存、相互依賴的程度不斷加深，全球已經變成了一個不可分割的整體。

與此同時，得益於中國經濟的快速增長和科技的迅猛發展，中國互聯網用戶數量急遽增加。根據中國國務院新聞辦公室、國家互聯網信息辦2011年9月底的數據披露，中國互聯網用戶已突破5億，互聯網普及率接近40%。另據易觀智庫（EnfoDesk）的研究顯示，2011全年中國移動互聯網用戶規模已經達到4.3億人，市場規模達到851億元。互聯網的普及和應用，推動了電子商務市場的繁榮和發展。

營銷透視

亞馬遜在哪兒

就在幾乎誰都沒有搞清亞馬遜的店面在哪裡的時候，亞馬遜由最初的一家通過互聯網售賣圖書的網上書店，經過短短的兩年時間的發展，一舉超過無數成名已久的百年老店而成為世界上銷量最大的書店。

2007年，亞馬遜已經可以提供310萬冊圖書目錄，比全球任何一家書店的存書要多15倍以上，亞馬遜書店的1600名員工人均銷售額37.5萬美元，比全球最大的擁有2.7萬名員工的巴諾圖書公司要高3倍以上。亞馬遜的市值更是遠遠超過了售書業務本身。通過亞馬遜的網站，用戶通過檢索功能，只需點擊幾下鼠標，就可以在數百萬種

圖書中，找到自己想要的那本書，而且很快就會有人把想要的書送到家裡了。亞馬遜另一個吸引人的地方，是它提供了很多的增值服務，包括對書籍的評論和介紹。而在傳統銷售方式下，這些增值服務會變得非常昂貴。在成功地將直接發展成為超越傳統書店的世界最大規模書店之後，亞馬遜的業務已擴展到音像製品、軟件、各類日用消費品等多個領域，成為美國、也是全世界最大的電子商務網站公司。

電子商務（Electronic Commerce）是利用計算機技術、網絡技術和遠程通信技術，實現整個商務過程中的電子化、數字化和網絡化。電子商務是通過網絡，通過網上琳琅滿目的商品信息、完善的物流配送系統和方便安全的資金結算系統進行交易。

電子商務借助於國際互聯網完成一系列營銷環節，從而達到營銷目標的過程。基於電子商務的交易主體，即企業（Business）和消費者（Consumer），我們通常將電子商務分為4種類型：企業對企業（B2B）、企業對消費者（B2C）、消費者對企業（C2B）和消費者對消費者（C2C）。

企業對消費者（也稱商家對個人客戶或商業機構對消費者），也就是電子商務商業機構對消費者的電子商務，其基本等同於電子零售商業。B2C的最大優點是使得購物更方便快捷，因為它不僅能夠提供更多的商品和選擇，而且能夠提供更加優惠的價格。

營銷透視

2012年B2C市場規模將達到4500億元

易觀智庫近期發布的行業預測報告顯示，2012年中國B2C市場將保持穩定的增長，但同比速度持續下滑。

預計2011年中國B2C市場交易規模將達到2380億元，同比增長預計達128%。2010年中國B2C的同比增長速度為300%以上。

易觀智庫研究認為，B2C市場增長的放緩會和營銷成本的壓縮控制有關。優質營銷資源的匱乏導致營銷成本在2011年快速提升，讓電子商務企業全年的營運成本大幅提升。與此同時，各種網絡營銷外包服務模式的營銷模式以及微博媒體開始引起關注。此趨勢在2012年仍然值得關注。

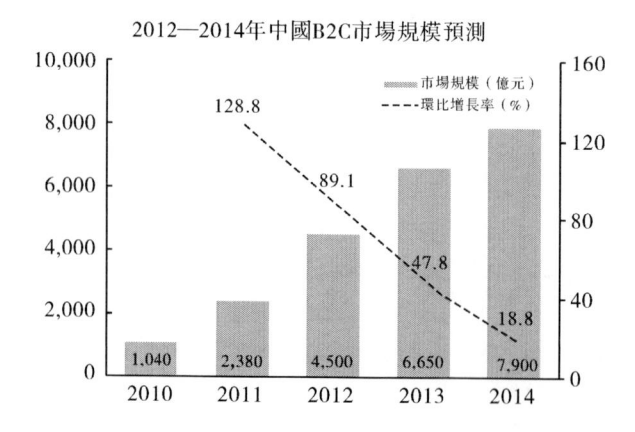

2012—2014年中國B2C市場規模預測

年份	市場規模（億元）	環比增長率（%）
2010	1,040	
2011	2,380	128.8
2012	4,500	89.1
2013	6,650	47.8
2014	7,900	18.8

首先，2012年物流環節依然是B2C市場痛點。阿里系物流的建設還未有所體現，而電子商務自建物流的門檻也在快速提升，除京東、亞馬遜等核心B2C外的企業很難再集中資源大興土木。自建物流的爭議也宣告結束。整體市場的物流還是需要依靠第三方物流的能量。另外值得關注的是騰訊QQ網購在物流端的表現。

另外電子商務最關注的問題還是營銷問題。為了滿足交易規模的快速增長，電子商務營銷戰已經從線上到線下實現了全面覆蓋。儘管在投入產出指標上已經持續下滑，但是資源的爭奪才是市場競爭的核心。隨著資本市場的冷卻，電子商務企業需要尋找新的訂單入口。由於資源分配的過於集中，2012年網絡營銷外包服務等精準廣告的價位有可能還會提升。除了縮減投放費用之外，中小電商的推廣需求爆發點將分佈在社會化媒體營銷平臺、社交網站（SNS）、微博等新媒體平臺。從整體的營運節奏上，大部分電子商務企業都會在2012年調整節奏，控製戶外、搜索引擎優化等傳統營銷的成本。因此，易觀智庫研究認為2012年電子商務企業整體的營銷成本會出現下滑，而精準廣告的整體規模依然保持增長。

資料來源: 陳壽送. 2012年B2C市場規模將達到4500億元［J/OL］. www.eguan.cn/edm/info/?aid=124131.

電子商務的成功主要基於4個因素：第一，要給消費者以實惠。這種實惠既包括金錢價格上的實惠（由於渠道環節的減少而導致的成本因素的降低），也包括精力與體力價格的實惠，消費者可以足不出戶，遍覽眾多商家的商品信息和價格信息。第二，需要一個具有吸引力的網站，從而激發消費者的購買慾望。第三，要提供安全可信的交易環境和及時準確的送達系統。第四，要確保電子商務的誠信，具體包括質量的誠信、送達的誠信、售后服務的誠信等。

第五節　國際物流

物流（Logistics）是物品從供應地向接收地的實體流動，是保證正確的商品在正確的時間、以良好的狀態和合理的成本轉移到正確的地點的企業活動。從供應鏈角度來界定，物流是供應鏈活動的一部分，是為了滿足客戶需要而對商品、服務以及相關信息從產地到消費地的高效、低成本流動和存儲進行的規劃、實施與控製的過程。物流的職能包括訂單處理（Order Processing）、倉儲（Warehousing）、運輸（Transportation）和庫存管理（Inventory Management）。

國際上有多種對於物流概念的界定。其中，美國物流管理協會的定義是最具影響力和代表性的。

2003年，美國物流管理協會重新修訂了物流的定義，明確地將物流改成了物流管理。物流管理是供應鏈管理的一部分，是對貨物、服務及相關信息從起源地到消費地的有效率、有效益的正向和反向流動和儲存進行計劃、執行和控製，以滿足顧客的要求。

歐洲物流協會1994年對於物流的定義為：物流是在一個系統內對人員或商品的運輸、安排及與此相關的支持活動的計劃、執行與控製，以達到特定的目的。

中國2001年頒布的《物流術語國家標準》中對物流的定義是：物流是物品從供應地向接收地的實體流動中，根據實際需要，將運輸、儲存、裝卸、搬運、包裝、流通加工、配送、信息處理等功能有機結合來實現用戶要求的過程。物流產業屬於廣義的服務業範疇。根據三次產業分類法，可以將物流產業歸入第三產業範圍。

在中國，現代物流業的真正快速發展始於21世紀，特別是在中國加入世界貿易組織以後，其發展經歷了知識普及、實踐起步和全面發展3個階段。目前中國物流產業呈現「三高一低」的特徵。「三高」是指物流總費用與國內生產總值的比率高、庫存水平高和管理費用高。「一低」是指物流總體水平偏低，中國物流業與發達國家之間存在較大差距。

國際物流是產品實體在不同國家之間的轉移，是國內物流的延伸和進一步擴展。有效的國際物流管理，適時、適地、保質、按量、低成本地將國際市場需要的產品運送到目的地，是企業不斷開拓國際市場的重要保證，是國際市場營銷得以成功的重要支撐。

20世紀90年代以來，國際物流的概念和重要性已經被各國政府和全球跨國企業普遍接受，國際貿易和跨國經營的發展，實物和信息在世界範圍的大量流動和廣泛交換，促使物流國際化成為國際貿易和世界經濟發展的必然趨勢。物流國際化的要求已經拓展到物流設施的國際化、物流技術的國際化、物流服務的國際化、貨物運輸的國際化、包裝的國際化和流通加工的國際化。只有廣泛的國際物流合作，才能促進世界經濟共同繁榮已經成為業界的共識。

復習題

1. 什麼是營銷渠道？國際營銷渠道的功能有哪些？
2. 國際市場營銷渠道的基本模式有哪些？
3. 國際營銷渠道有哪些中間商類型？其中現代零售商有哪些主要類型？
4. 簡述國際分銷渠道選擇的影響因素。
5. 如何對分銷渠道的長度和寬度進行決策？
6. 什麼是密集型分銷、獨家分銷和選擇性分銷？它們分別適用的條件是什麼？
7. 國際分銷渠道的管理包括哪些活動？

思考與實踐題

不同國家分銷渠道的比較

一、美歐的分銷渠道

美國是市場經濟高度發達的國家，基本上形成了有秩序的市場。進入美國的產品，一般要經過本國進口商，再轉賣給批發商，有的還要經過代理商，由批發商或代理商

轉賣給零售商，零售商再將產品賣給最終使用者。

西歐國家進口商的業務通常限定一定的產品類別，代理商規模通常也比較小，但是西歐國家的零售商主體，如百貨公司、連鎖商店、超級市場的規模都很大，而且經常從國外直接進口。大型零售商的銷售網絡遍布全國，中國企業若把產品銷往西歐各國，可直接將產品出售給這些大型零售商，節省許多中間商費用，並可以利用這些大型零售商的銷售網絡擴大市場佔有率。

二、日本的分銷渠道

日本也是高度發達的市場經濟國家，但其渠道結構卻不同於歐美各國。日本的銷售渠道被稱為是世界上最長、最複雜的銷售渠道。其基本模式如下圖所示：

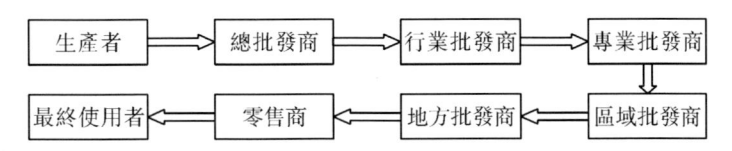

```
生產者 → 總批發商 → 行業批發商 → 專業批發商
                                        ↓
最終使用者 ← 零售商 ← 地方批發商 ← 區域批發商
```

日本的分銷系統一直被看成阻止外國商品進入日本市場的最有效的非關稅壁壘。任何想要進入日本市場的企業都必須仔細研究其市場分銷渠道。日本的分銷體系有以下幾個顯著特點：

1. 中間商的密度很高

日本國內市場的中間商密度遠遠高於其他西方發達國家。由於日本消費者習慣於到附近的小商店去購買東西，量少且購買頻率高，因此日本小商店密度高且存貨量小，其結果就是需要同樣密度的批發商來支持高密度且存貨不多的小商店。

2. 生產商對分銷渠道進行控製

生產商控製分銷渠道的措施主要如下：

（1）為中間商解決存活資金；

（2）提供折扣，生產者每年為中間商提供折扣的名目繁多，如大宗購買、迅速付款、提供服務、參與促銷、維持規定的庫存水平、堅持生產者的價格政策等都會獲得生產者的折扣；

（3）退貨，中間商所有沒銷售完的商品都可以退還給生產者；

（4）促銷支持，生產者為中間商提供一系列的商品展覽、銷售廣告設計等支持，以加強生產者與中間商的聯繫。

3. 獨特的經營哲學

貿易習慣和日本較長的分銷渠道產生了生產者與中間商之間緊密的經濟聯繫和相互依賴性，從而形成了日本獨特的經營哲學，即強調忠誠、和諧與友誼。這種價值體系維繫著銷售商和供應商之間長期的關係，只要雙方覺得有利可圖，這種關係就難以改變。

4. 大規模零售商店對小零售商進行保護

為了保護小零售商不受大商場競爭的侵害，日本制定了《大規模零售商店法》。該法規定營業面積超過5382平方英尺（約500平方米）的大型商店，只有經過市一級政府批准，才可建造、擴大、延長開門時間或改變歇業日期。所有建立「大」商場的計劃必須首先經過國際貿易工業省的審批和零售商的一致同意，如果得不到市一級的批

准及當地小零售商的全體同意,計劃就會被發回重新修改,幾年甚至10年以後再報批。該法限制了日本國內公司與外國公司在日本的發展。除了《大規模零售商店法》以外,還有許多許可證條例也對零售商店的開設進行限制,日本和美國的商人都把日本的分銷體系看成非關稅壁壘。

5. 日本分銷體系的改變

20世紀60年代以來,在美日結構性障礙倡議談判中,美日兩國達成的協議對日本的分銷系統產生了深遠的影響,最終導致日本撤銷對零售業的管制,強化有關壟斷商業慣例的法規。《大規模零售商店法》對零售店的設立條件有所放寬,如允許不經事先批准建立1000平方米的新零售店,對開業時間和日期的限制也被取消。日本的分銷系統發生了明顯的變化,傳統的零售業正在失去地盤,讓位給專門商店、超級市場和廉價商店。日本分銷體系的改變也有利於外國產品進入日本市場。

許多企業通常都發現日本的分銷渠道是世界上最複雜和最難以理解的,因此對外國企業來說,最好的方法就是尋找一個日本的合作者。通用食品公司每年在美國的業務量高達幾十億美元,在這一市場上,其分銷渠道直接而又寬廣。通用食品公司也在另一個大市場——日本開展經營,但該公司那裡的生意很少,該公司在日本市場上的份額只是其在咖啡和食品加工上的競爭對手——雀巢公司的一個零頭。這兩家公司都實行從工廠直接達到零售商手中的分銷形式,但通用食品公司的業務規模太小,因此這種分銷無利可圖。為了達到支持這種分銷形式所必需的規模,通用食品公司最終同一個規模是其日本分公司20倍的日本食品公司達成了協議,進行合資經營。通過日本合作者的廣泛的分銷網絡,通用食品公司的成本降低了,其市場份額和利潤都有了一定的增長。

閱讀以上內容,查找相關資料,嘗試進行以下分析:

1. 查找相關資料,舉例說明某一國際企業的產品是如何進入日本市場的?
2. 查找相關資料,瞭解中國市場的消費品分銷渠道有哪些特徵?

案例分析一

國際營銷渠道選擇的主要影響因素研究

一、海爾集團的國際渠道戰略選擇

海爾集團的國際渠道與格力公司、美的公司的對比分析如下表所示:

指標因素	海爾模式	格力模式	美的模式
模式特點	零售商為主的渠道	廠商股份合作制	批發商帶動零售商
企業自身特點	企業規模大,管理能力強,資金雄厚,知名度高	企業規模較大,管理能力較強,資金雄厚,知名度高	企業規模較大,管理能力較強,資金雄厚,知名度高
滿足顧客服務需求能力	強	強	強

續表

指標因素	海爾模式	格力模式	美的模式
渠道類型	直接銷售	間接銷售	間接銷售
渠道長度	短渠道	較長渠道	長渠道
渠道寬度	密集型渠道	選擇性渠道	專業選擇性渠道
渠道系統結構	垂直分銷渠道系統	水平渠道系統	傳統渠道系統
渠道控制度	強	較強	較強
市場覆蓋率	高	高	高
經濟性目標	營銷成本高	營銷成本較高	營銷成本較高

分析海爾集團現在所採取的國際營銷渠道選擇方式以及渠道選擇的優勢，可以發現海爾集團的產品在國際化進程中，其最大的成功與國際營銷中的渠道選擇是分不開的。

二、海爾集團的國際營銷渠道選擇的因素分析

（一）基於產品組合的國際營銷渠道選擇

海爾集團的經營屬於多品種的產品組合模式，並且有其獨特的優勢產品。在國際市場上的海爾集團採取了零售商為主的渠道模式，對於消費者有很大的渠道忠誠度，可知海爾集團選擇密集型的渠道組合優先戰略是合適的。

（二）基於渠道成本效益因素的國際營銷渠道選擇

根據羅蘭德·T.莫利亞蒂（Rowland T. Moriary）博士的研究報告基於對海爾集團的認識，可以總結出海爾集團的大多產品都處於成熟期，並且海爾集團具有優越的資金優勢，根據銷售渠道的成本效益模型和客戶關係模型分析海爾集團選擇商業夥伴的直接銷售渠道為主是正確的。但是這是一種高成本、高附加值的渠道模式。同時，海爾集團還採取了零售商、分銷商的間接模式也是有據可依的。

三、海爾集團的國際營銷渠道選擇的改進

1. 多渠道營銷模式

海爾集團是一個多產品的經營模式，有自己的優勢產品，並且很多產品處於成熟期階段，基於這一點，根據多品種營銷組合模型分析海爾集團也應採取選擇性的營銷渠道。這樣，海爾集團適合採取多渠道銷售模式，不但是密集型的營銷渠道，還要有選擇性的營銷渠道，構成了新的銷售渠道模式——多渠道營銷渠道模式。

2. 網絡營銷渠道選擇方式

當今的家電行業面臨著激烈的競爭，價格和質量成為了家電企業主要的競爭趨向。海爾集團在渠道方面必須具有成本優勢，這樣才能處於不敗之地。網絡營銷渠道是一種新興的直接營銷渠道，並且是成本低、附加值高的一種營銷渠道模式，基於這一點，海爾集團應利用自身的資金優勢，建立自己的網絡平臺，利用先進的企業資源計劃（ERP）系統將營銷渠道建成對自己有利的競爭優勢。

3. 戰略聯盟的營銷渠道選擇方式

海爾集團的目標是實現海爾全球化，在當今國際化的階段，海爾集團同樣應參與

全球家電行業的合作，開發更多的市場，利用自身的技術優勢和創新優勢使得海爾集團處於優勢地位。建立全球的戰略聯盟的營銷渠道是必然的。

資料來源：王敏. 國際營銷渠道選擇的主要影響因素研究——以海爾的國際營銷選擇為例 [J]. 現代商貿工業, 2009 (7).

討論題

1. 結合案例資料，查找相關資料，舉例分析海爾集團在一國市場上採用的是何種分銷渠道策略？

2. 對於中國家電企業在國際市場的渠道策略，你認為有哪些選擇和對策？需要注意哪些問題？

案例分析二

TCL集團與飛利浦渠道聯姻

事件：TCL集團牽手飛利浦公司

2002年8月22日，飛利浦公司與TCL集團在上海共同宣布：兩公司即日起在中國五地的市場進行彩電銷售渠道的合作。根據雙方協議，TCL集團將利用其銷售渠道及網絡優勢在國內五地的市場獨家銷售飛利浦彩電。

這是繼海爾集團與三洋公司、TCL集團與松下公司、海信公司與住友公司之後，國內家電企業又一次與跨國公司達成銷售渠道上的合作。一方面，跨國公司對中國市場日益重視，開始借助中國家電企業的渠道優勢進一步滲透；另一方面，中國企業已經進入需要加速向國際市場擴張、以穩固自身競爭力的階段。飛利浦電子中國集團總裁用「兩廂情願的婚姻」來形容與TCL集團的合作。

飛利浦公司表示，由於對中國二級市場的滲透力不從心，與TCL集團的最初合作將限於廣西、貴州、江西、安徽和山西五地。此前，飛利浦公司一直把主要精力投放在一級市場。TCL集團則在此前就一直未曾放棄與飛利浦合作的努力。早在2001年夏天，TCL集團總裁李東生就曾親率人馬赴飛利浦公司總部，許諾放開渠道，為跨國公司提供在中國的分銷服務。在李東生看來，國內彩電、手機業的兼併是一兩年內的趨勢。與跨國公司合作，就有了使用其技術研發、生產製造、國際分銷渠道、元器件採購方面的優勢，即引進了TCL集團國際化操作的外部動力。

飛利浦公司與TCL集團在中國的彩電市場都是重要品牌，雙方認為，在現今全球經濟一體化的大形勢下，合作將更有利於聯手對外競爭，雙方之間正在進行的渠道合作新嘗試，將有助於互相取得在中國市場上的共同增長。

TCL集團牽手飛利浦公司意味著什麼？

TCL集團牽手飛利浦公司標誌著TCL集團正在由傳統的工廠型企業向渠道型企業轉變；TCL集團的渠道正在蛻變為專業的渠道營運商和獨立的利潤中心；製造商的渠道完全可以當作產品來做，將自己的強勢網絡資源包裝上市，去截獲其他製造商的渠道利潤；相對國美、蘇寧等超級終端，另一股能夠與之抗衡的強大的渠道力量可能將

會在製造商中誕生。

當然，TCL集團的渠道並不是要變成傳統意義上的終端賣場，它追求的是一種新型的渠道組織和管理運作商。也就是說，未來的TCL渠道型企業的渠道，可能包括連鎖專賣等賣場，也會包括上游的分銷體系等。

此次合作背後又隱藏著些什麼？

飛利浦公司之所以會在原有的銷售體系之外另起爐竈，是和飛利浦公司10%的市場份額已滑落到6%的市場境遇等原因有著直接關聯的。可飛利浦公司為什麼會找一個製造商來行使傳統銷售商的職責呢？

就目前市場來看，除了國美等賣場型渠道商之外，還找不到幾家具有TCL集團、海爾集團、長虹集團等製造商般的廣域市場能力；製造商與製造商之間的企業文化、盈利理念更具有兼容性和趨同性；借製造商的「網」進行合作，還可以方便地以此為紐帶和基礎，在資本、技術等領域進行更多的交往。

飛利浦公司為什麼找TCL集團？

顯然，這是和TCL集團的自有渠道優勢相關的。

說到TCL集團的渠道，這還得追溯到20世紀的90年代中期。在1996年，TCL集團率先推了自有渠道的建設，在短短的兩三年當中，TCL集團就在全國設立了5個區域管理中心，27個分公司，170個經營部，2萬多個銷售網點，建立起了一個觸角廣及二三線市場的龐大營銷網絡（而這二三線市場的滲透、分銷能力正是飛利浦公司的軟肋）。這也為TCL集團帶來了機構臃腫、人員眾多、渠道效益低下等不堪重負的后遺症。

為此，TCL集團從1999年開始，開展了一系列的渠道整改運動：打開各產品事業部的研、產、銷通道，進行渠道資源整合，在電視通道上實施銷售多元化產品的「航空港」構想；2000年的大規模渠道「瘦身」；2001年年底構築包括物流運作通道、資金流通道、綜合信息通道和服務管理平臺、客戶資源管理平臺在內的「三通道兩平臺」的計劃。

這些渠道變革上的努力，使TCL集團電器銷售公司的員工減少了一半，使單次資金週轉加快了7天，使其能在24小時內能掌握全國所有區域市場進、銷、存的變化，直接促成TCL集團在2001年成了國內彩電銷量的老大，還使TCL家電在2002年彩電業全線虧損的情況下，成為了擁有3億多元利潤的盈利「獨狼」。

渠道資源不停優化中的驕人業績，最能說明TCL集團渠道健全和高效的優勢。這為TCL集團的銷售網絡向專業的渠道營運商轉變賺足了資本，最終促使飛利浦公司將自家的「女兒」嫁給了TCL集團。

TCL集團牽手飛利浦公司，為國內正迫於集約貿易壓力而苦於新一輪渠道變革的製造商帶來了許多值得深思的東西。從以上方面來看，TCL集團與飛利浦公司的渠道合作，為國內製造商指明了一些渠道變革的方向。

資料來源：TCL與飛利浦渠道聯姻［J/OL］. finance.sina.com.cn/jygl/20030129/1309307750.shtml.

討論題

1. 飛利浦公司和TCL集團的渠道合作，雙方各自利用了什麼機會？期望獲得什麼？
2. 製造商之間的渠道合作有什麼好處？
3. TCL集團從傳統家電製造企業擴展至渠道企業，你如何評價這種變化？

第九章　國際市場營銷的促銷策略

引例

西門子家電在中國市場的文化促銷

文化作為一種習慣，規定著人們，尤其是深受某種文化浸蘊的人的取捨、好惡、趨同。在地球越來越小成為一個「村落」的今天，作為一個國際化的跨國公司，西門子家電向消費者傳遞訴求信息時，將文化作為一個要素加以運用。

案例1：「智慧錦囊」活動

6~8月，家電市場已經升溫至白熱化，「降價」、「打折」、「買贈」如風卷殘雲般幾乎橫掃了所有國內外家電品牌。西門子家電卻頂住壓力，另闢蹊徑，從文化的角度打了一個漂亮而驚險的「擦邊球」——向消費者贈送一個內裝有冰箱產品知識及選購要點手冊的「智慧錦囊」，取得了不俗的效果。

一提到錦囊，熟諳中國傳統文化的人可能立刻就會想到《三國演義》中諸葛亮的錦囊妙計，可謂神機妙算。西門子家電在錦囊上寫著「如何選冰箱，絕招囊中藏」，更以其外觀造型古香古色，給人以物雖輕而意義重的感覺，不可不引起重視。

在營銷宣傳中突出「贈品受益一時，知識受用一生」的主題。這一點上，又與中國人強調「受人以魚，不如授人以漁」暗合。面對市場上眾多的廣告炒作，不玩弄概念、不兜圈子，將產品知識和盤托出，打破了存在於生產者和消費者之間的「信息不對稱」，不能不說給國人以雪中送炭之感。

案例2：「世紀上新品，老外發紅包」

新年伊始，西門子家電文化營銷出了個奇招，製作「紅包賀卡」向消費者拜年。巧妙的是，在紅包裡面還有一枚一元硬幣，寓意「一元復始，萬象更新」。可謂盡得中國傳統文化之真諦。試想，哪個中國人沒有收到過「壓歲錢」呢？哪個中國人沒有過對春節的企盼呢？這裡既有美好溫馨的祝願，又有對一種文化的認同，老外拜年發紅包，圖的就是個新年新意。

又以廣告為例，新版的超薄洗衣機廣告片大氣而充滿詩情畫意的景觀變化，宛如一幅幅潑墨山水寫意畫；舊版冰箱廣告片訴求「持久鎖住營養」，配之以賞心悅目的紅蘋果，從意境到色調再到直觀訴求，都很合乎中國人的文化欣賞口味。相較之下，一些品牌在文化的運用上就生疏了許多。

案例3：《西門子傳》、西門子書簽相互輝映

隨著中國加入世界貿易組織，國內企業學習世界500強的熱潮一浪高過一浪。西門子作為一個有著國際影響力和150餘年歷史的品牌，其成功的經營理念、管理模式，

已受到越來越多的人的重視。在此背景下，西門子家電趁勢推出了「西門子書簽」，介紹西門子家電的輝煌歷史，闡釋西門子家電的公司哲學和經營理念，受到了廣大消費者的青睞。

西門子家電通過挖掘品牌的歷史文化內涵，向世人表達了一種觀念，即悠久的歷史並不代表成功和實力，擁有150余年歷史而又長盛不衰的西門子家電則是成功和實力的象徵。《西門子傳》和「西門子書簽」，交相輝映，大大提升了西門子品牌的品質感，並且成功地實現了和消費者的溝通。這就是，「一個半世紀以來，西門子精神不斷感染和激勵著人們，希望和所有努力探索新知，開創創新的求知者共同成長」。

21世紀的競爭將是文化的競爭，文化的衝突和整合令每一個身處其中的營銷者不可等閒視之。因為營銷的本質是溝通，而溝通必須置於同一的文化背景之下，這是對於國際化試圖本土化或本土化力爭國際化的企業所面對的前提。

資料來源：胡志剛．西門子家電：文化營銷［J/OL］．www.emkt.com.cn/article/95/9582.html．

在市場經濟中，社會化的商品生產和商品流通決定了生產者、經營者與消費者之間存在著信息上的分離。企業生產和經營的商品和服務信息常常不為消費者所瞭解和熟悉，或者儘管消費者獲取了商品的有關信息，但是缺乏購買的激情和衝動。這就需要企業通過對商品信息的專門設計，再通過一定的媒體形式傳遞給顧客，以增進顧客對商品的注意和瞭解，並激發起購買慾望，最終實施購買行為。

促銷（Promotion）是促進銷售的簡稱，是指企業通過人員推銷或非人員推銷的方式向目標顧客傳遞商品或服務的存在及其特性、特徵等信息，幫助消費者認識商品或服務帶給購買者的利益，從而引起消費者興趣，激發消費者的購買慾望和購買行為，實現企業銷售的活動。因此，促銷從本質上講是一種信息的傳播和溝通活動。

在市場營銷學中，人員推銷、廣告、銷售促進和公共關係四種形式的組合運用稱為促銷組合（Promotion Mix）。正確制定並合理運用促銷組合策略是企業在市場競爭中獲取競爭優勢並最終盈利的必要保證。

人員推銷（Personal Selling）能直接和目標對象溝通信息、建立感情、及時反饋，並可當面促成交易。但是人員推銷占用人員多、費用大，而且接觸面比較窄。

廣告（Advertising）的傳播面廣、形象生動、比較節省資源，但是廣告只能對一般消費者進行促銷，針對性不足，而且也難以立即促成交易。

銷售促進（Sales Promotion）又稱營業推廣，銷售促進的吸引力大，容易激發消費者的購買慾望，並能促成立即購買，但是銷售促進的效果短暫，不利於樹立品牌。

公共關係（Public Relations）的影響面廣、信任度高，對提高企業的知名度和美譽度具有重要作用，但是公共關係花費力量較大，效果難以控製。

國際市場營銷與國內市場營銷最大的區別在於，企業從事的是跨越國界的市場營銷活動，面臨的是陌生的市場環境，服務的是具有不同文化背景和消費需求的顧客，而這些差異往往成為企業產品進入國際市場的最大障礙。企業企圖通過自己的力量來

消除不同國家之間在政治、法律、社會、文化以及消費者需求方面的差異是不可能的，但是企業可以通過跨國界、跨文化的商務溝通，使企業營銷活動與國際市場營銷環境相適應，通過宣傳、說服、引導，促進國外買主對企業產品的瞭解和接納，從而促進企業產品順利進入國際市場。這種在國際市場上展開的商業溝通活動，稱為國際促銷。

第一節　國際促銷與整合營銷

　　促銷是企業通過人員和非人員的方式，溝通企業與消費者之間的信息，引發、刺激消費者的消費慾望和興趣，使其產生購買行為的活動。

　　每種促銷手段各具特點和功能，相互補充、相互聯繫。廣告是讓別人知道你，公共關係是讓別人喜歡你，銷售促進是讓知道你和喜歡你的消費者購買你，人員推銷則推動了最終的購買活動。在國際市場營銷活動中，為了實現目標，企業往往整合多種促銷手段，搭配和協調使用促銷組合。

　　國際促銷（International Promotion）是企業與國際客戶之間的一種信息溝通行為，手段包括國際人員推銷、國際廣告、國際公共關係和國際營業推廣。與普通市場營銷一樣，廣告和銷售促進是國際促銷活動的重要手段。同時需要注意的是，在國際市場營銷中，國際公共關係的作用格外重要，尤其當企業的國際營銷活動牽涉了政治因素、經濟安全、文化意識、宗教信仰、情緒情感和價值觀衝突等敏感問題時，其重要性更加凸顯。

　　整合營銷傳播（Integrated Marketing Communication，IMC）是以整合企業內外部所有資源為手段，重組再造企業的生產行為與市場行為，充分調動一切積極因素，以實現企業目標的全面化、一致化的營銷。整合營銷的基本主張是要將所有的溝通工具，如商標、廣告、公關、直復營銷（DM）、活動行銷（EM）、企業識別（CI）等一一綜合起來，使目標消費者處在多元化且目標一致的信息包圍之中，即「多種工具，一個聲音」，從而幫助消費者更好地識別和接受品牌和公司。整合式營銷傳播不但突出了溝通（Communication）在整個營銷活動中的重要地位，而且強調通過促銷手段和多元取向的促銷工具的結合來整合和強化溝通攻勢。

　　整合營銷傳播不是將廣告、公關、促銷、直銷、活動等方式的簡單疊加運用，而是在瞭解目標消費者的需求，並反應到企業經營戰略中來，持續、一貫地提出合適的對策。為此，應首先決定符合企業實情的各種傳播手段和方法的優先次序，通過計劃、調整、控製等管理過程，有效地、階段性地整合諸多企業傳播活動，然後將這種傳播活動持續運用。

　　在當今競爭激烈的市場環境下，只有流通和傳播才能產生差異化的競爭優勢，傳播能創造較高利益關係的品牌忠誠度，使組織利潤持續成長。由此可見，整合營銷傳播理論修正了傳統的 4P 和 4C 營銷理論，能夠產生協同的效果。

營銷透視

整合營銷傳播理論的發展

　　整合營銷傳播的開展是20世紀90年代市場營銷界最為重要的發展，整合營銷傳播理論也得到了企業界和營銷理論界的廣泛認同。整合營銷傳播理論作為一種實戰性極強的操作性理論，興起於商品經濟最發達的美國。在經濟全球化的形勢下，近幾年來，整合營銷傳播理論也在中國得到了廣泛的傳播，並一度出現「整合營銷熱」。

　　整合營銷傳播理論是隨著營銷實踐的發展而產生的一種概念，因此其概念的內涵也隨著實踐的發展不斷豐富和完善。在過去幾年內，整合營銷傳播在世界範圍內吸引了營銷人員、傳播從業者和專家學者的廣泛注意。一直以來，整合營銷傳播實踐者、營銷資源提供者和營銷效果評價者以各種方式，從不同的角度來給整合營銷傳播進行定義和研究。

　　整合營銷傳播理論的先驅、全球第一本整合營銷傳播專著的第一作者唐·E.舒爾茨教授根據對組織應當如何展開整合營銷傳播的研究，並考慮到營銷傳播不斷變動的管理環境，給整合營銷傳播下一個新的定義，並認為它將包含整合營銷傳播當前及可以預見的將來的發展範圍。「整合營銷傳播是一個業務戰略過程，它是指制訂、優化、執行並評價協調的、可測度的、有說服力的品牌傳播計劃，這些活動的受眾包括消費者、顧客、潛在顧客、內部和外部受眾及其他目標。」

　　唐·E.舒爾茨分別對內容整合與資源整合進行了表述。他認為內容整合包括如下方面：

　　第一，精確區隔消費者，即根據消費者的行為及對產品的需求來區分；

　　第二，提供一個具有競爭力的利益點，即根據消費者的購買誘因；

　　第三，確認目前消費者如何在心中進行品牌定位；

　　第四，建立一個突出的、整體的品牌個性，以便消費者能夠區別本品牌與競爭品牌之不同，關鍵是「用一個聲音來說話」。

　　唐·E.舒爾茨教授認為資源整合應該發掘關鍵「接觸點」，瞭解如何才能更有效地接觸消費者。傳播手段包括廣告、直銷、公關、包裝、商品展示、店面促銷等，關鍵是「在什麼時候使用什麼傳播手段」。

　　資料來源：整合營銷傳播理論［J/OL］. wiki.mbalib.com/wiki/整合營銷傳播理論.

第二節　國際廣告

　　廣告作為促銷方式或促銷手段，是一門帶有濃鬱商業性的綜合藝術。雖說廣告並不一定能使產品成為世界名牌，但若沒有廣告，產品肯定不會成為世界名牌。成功的廣告可使默默無聞的企業和產品名聲大振、家喻戶曉，廣為傳播。

一、廣告的概念

　　廣告（Advertising）一詞源於拉丁語（Adverture），有「注意」、「誘導」、「大喊大

叫」和「廣而告之」之意。廣告作為一種傳遞信息的活動，是企業在促銷中普遍重視且應用最廣的促銷方式。市場營銷學中，廣告是指廣告主以付費的方式，通過一定的媒體有計劃地向公眾傳遞有關商品、勞務和其他信息，借以影響受眾的態度，進而誘發或說服受眾採取購買行動的一種大眾傳播活動。

從以上定義可以看出，廣告主要具有以下特點：

第一，廣告是一種有計劃、有目的的活動；

第二，廣告的主體是廣告主，客體是消費者或用戶；

第三，廣告的內容是商品或勞務的有關信息；

第四，廣告的手段是借助廣告媒體直接或間接傳遞信息；

第五，廣告目的是促進產品銷售或樹立良好的企業形象。

廣告具有樹立企業形象、溝通市場和商品信息、創造消費者需求以及文化傳播等職能。廣告以其市場覆蓋面廣、滲透性強的特點，成為當今企業營銷的主要促銷手段之一。

國際廣告（International Advertising）是以國際消費者為目標受眾，在國際環境下開展的廣告活動。廣告擔負著傳播和溝通信息的職能，廣告本身又是一種文化行為。因此，在國際市場營銷中，除了宏觀環境的差異、消費者的複雜多樣性以外，社會文化因素對廣告的設計、推廣和廣告策略的制定和實施也有著非常重要的影響。這也注定了國際廣告決策遠比國內市場營銷中的廣告決策更加複雜和艱難。

營銷透視

世界經典廣告語

好的廣告語就是品牌的眼睛，對於人們理解品牌內涵和建立品牌忠誠有不同尋常的意義。下面我們來看看這些耳熟能詳的世界經典廣告語是如何造就世界級的品牌的。

雀巢咖啡：味道好極了

這是人們最熟悉的一句廣告語，也是人們最喜歡的廣告語。簡單而又意味深遠，朗朗上口，因為發自內心的感受可以脫口而出，正是其經典之所在。以至於雀巢公司以重金在全球徵集新廣告語時，發現沒有一句話比這句話更經典，因此就永久地保留了它。

M&M 巧克力：只溶在口，不溶在手

這是著名廣告大師伯恩巴克的靈感之作，堪稱經典，流傳至今。它既反應了 M&M 巧克力糖衣包裝的獨特設計，又暗示 M&M 巧克力口味好，以至於我們不願意使巧克力在手上停留片刻。

百事可樂：新一代的選擇

在與可口可樂的競爭中，百事可樂終於找到突破口，即從年輕人身上發現市場，把自己定位為新生代的可樂，邀請新生代喜歡的超級歌星作為自己的品牌代言人，終於獲得青年人的青睞。一句廣告語明確地傳達了品牌的定位，創造了一個市場，這句廣告語居功至偉。

大眾甲殼蟲汽車：想想還是小的

20世紀60年代的美國汽車市場是大型車的天下，大眾的甲殼蟲汽車剛進入美國時根本就沒有市場，伯恩巴克再次拯救了大眾的甲殼蟲汽車，提出「Think Small」的主張，運用廣告的力量，改變了美國人的觀念，使美國人認識到小型車的優點。從此，大眾的小型汽車就穩執美國汽車市場之牛耳，直到日本汽車進入美國市場。

二、國際廣告目標的確定

根據產品生命週期不同階段中廣告的作用和目標的不同，一般可以把廣告的目標大致分為告知、勸說和提示三大類。

（一）告知性廣告（Information Advertising）

告知性廣告主要用於向市場推銷新產品，介紹產品的新用途和新功能，宣傳產品的價格變動，推廣企業新增的服務，以及新企業開張等。告知性廣告的主要目標是為了促使消費者產生初始需求（Primary Demand）。

（二）勸說性廣告（Persuasive Advertising）

在產品進入成長期、市場競爭比較激烈的時候，消費者的需求是選擇性需求（Selective Demand）。此時企業廣告的主要目標是促使消費者對本企業的產品產生「偏好」。具體包括勸說顧客購買自己的產品、鼓勵競爭對手的顧客轉向自己、改變消費者對產品屬性的認識以及使顧客有心理準備樂於接受人員推銷等。勸說性廣告一般通過現身說法、權威證明、比較等手法說服消費者。

（三）提示性廣告（Reminder Advertising）

在產品的成熟期和衰退期使用的主要廣告形式，其目的是提示顧客購買。例如，提醒消費者購買本產品的地點，提醒人們在淡季時不要忘記該產品，提醒人們在面對眾多新產品時不要忘了繼續購買本產品等。

三、國際市場營銷的廣告策略

面對錯綜複雜的國際市場，企業的廣告決策面臨的第一個難題就是廣告的信息和媒體選擇的標準化與否的問題。或採取全球範圍內的統一廣告策略，抑或採取針對不同國家或地區市場的差異化廣告策略。據此，國際市場營銷中的廣告策略分為標準化廣告策略和差異化廣告策略。

（一）標準化廣告策略

標準化廣告策略（Standardization Advertising Strategy）或稱全球廣告策略，是指在不同的國家或地區，對同一產品採用相同廣告主題的廣告策略。「全球廣告」，即一種「行遍天下」式的全球廣告策劃，是基於全球各國或各地區市場具有共性這一前提而實施的廣告策略。標準化廣告策略尤其適用於致力於塑造企業統一形象的國際性企業，例如IBM、奔馳、萬寶路、可口可樂等。體現在廣告用語上，如耐克的「Just do it」，飛利浦的「讓我們做得更好」，吉列的「男人最好的選擇」。

標準化廣告策略突出了國際市場基本需求的一致性，既有利於企業建立全球統一

的品牌形象，又節省了企業的廣告費用。但是由於標準化廣告忽略了市場之間的差異性，所以廣告的針對性不強，往往不能滿足目標市場的特殊需求。因此，一些跨國企業放棄標準化廣告策略，轉而採用差異化廣告策略。

（二）差異化廣告策略

差異化廣告策略（Adaptation Advertising Strategy）或稱本土化廣告策略、定制廣告策略，是強調國家或地區的差異性，針對特定目標市場，開展適合其顧客需求的廣告活動的策略。例如，荷蘭的海尼根（Heineken）啤酒行銷世界許多市場，海尼根公司認為啤酒有顯著的文化特徵，因此在全球推出的廣告必須符合各地的文化傳統及消費習慣，其設計採用差異化的模式。在義大利，海尼根公司的電視廣告表現海尼根啤酒適合在任何場合飲用，包括瑞士山頂滑雪場中浪漫的小木屋；在法國，海尼根公司的雜誌廣告中，一個著名的演員舉著一杯海尼根啤酒，在陽光照耀下，很像一杯葡萄酒；在日本，海尼根公司的電視廣告表現的是穿晚禮服的紳士和優雅的夫人在「東方快車」上悠然自在地呷著海尼根啤酒；在美國，海尼根公司的廣告則塑造一種高貴的象徵——稱之為啤酒中的羅爾斯·羅伊斯（名貴豪華轎車）。又如，秉承「思路全球化、行動本土化」的海爾集團在廣告上採用了本土化策略。在美國的廣告語是「What the world comes home to」，在歐洲則用「Haier and higher」。

標準化廣告策略和差異化廣告策略各具特點，也有各自的適用範圍。通常來說，消費類的產品或具有較多社會文化屬性的產品，宜選用差異化廣告策略。全球品牌、科技含量高的產品、工業產品多選用標準化廣告策略。

國際廣告差異化策略的主要優點如下：

第一，適應不同文化背景的消費需求。例如，寶潔公司在巴西推銷汰漬洗衣粉時，廣告宣傳中沒有強調洗衣粉的「增白」這一主題，因為巴西人較少穿白色服裝。

第二，針對性較強。不同國家的消費者對同一種產品可能有相同的需求，但是對這種產品的看法是不盡相同的，因此廣告宣傳就要有不同的側重點。

國際廣告差異化策略的缺點是廣告企業總部對各國市場的廣告宣傳較難控製，甚至出現相互矛盾，從而影響企業形象。例如，西方某航空公司採用國際廣告差異化策略后，在一國的廣告中宣傳該公司服務的高級和內部設施豪華，而在另一國的廣告中則宣傳該公司機票的實惠，結果損害了公司的整體形象。

四、國際廣告的媒體選擇

國際廣告的媒體選擇很多，包括印刷品廣告（報紙、雜誌）、電子媒體廣告（電視、廣播）、戶外廣告、郵寄廣告、售點廣告（POP廣告）、互聯網廣告和其他廣告。

1998年5月，聯合國新聞委員會舉行年會，正式提出「第四媒體」概念。時任聯合國秘書長安南在會議上指出，互聯網已成為繼報刊、廣播、電視之後的「第四媒體」。自此，「第四媒體」的概念正式得到使用。「第四媒體」區別於以紙為媒介的傳統報紙、雜誌，以電波為媒介的廣播和基於電視圖像傳播的電視，后三者分別被稱為第一媒體、第二媒體和第三媒體。

(一) 印刷品廣告

　　印刷品廣告包括報紙廣告、雜誌廣告、電話簿廣告、畫冊廣告等。報紙廣告覆蓋面廣、讀者穩定，具有較強的新聞性、可讀性、知識性，傳遞靈活迅速，製作成本低廉。缺點是廣告有效時間短、傳閱者少。

　　雜誌廣告是指利用雜誌的封面、封底、內頁、插頁為媒體刊登的廣告。雜誌廣告內容專業性較強，有獨特的、固定的讀者群，有利於有的放矢地刊登相應的商品廣告，閱讀有效時間長，便於長期保存。

(二) 電子媒體廣告

　　電子媒體廣告包括電視廣告、電影廣告、電臺廣播廣告、電子顯示屏廣告等。

　　電視廣告是利用電視為媒體傳播放映的廣告。電視廣告雖然起源較晚，但發展迅速。在全球範圍的廣告媒體中，電視廣告占廣告總收入的36%以上。著名的廣告人大衛・歐格威不無自豪地說：「如果給我1小時的時間做電視廣告，我可以賣掉世界上所有的商品。」可見電視廣告的效果之顯著。電視廣告的收視率高，且常常插播於精彩節目的中間，帶有一定的收看強制性。抽樣調查顯示，新聞聯播的收視率為50.6%，之後觀眾繼續收看天氣預報。因此，新聞聯播后至天氣預報前的1分鐘時段內打開廣告，其受眾人數為4億，5秒鐘廣告知了4億人，該時間段廣告標王的投標金額高達6666萬元之巨。電視廣告綜合視覺、聽覺和動作進行表達，富於感染力，能引起高度注意，且到達率高。與此同時，電視廣告的局限性也很明顯，製作成本高，電視播放收費高，而且瞬間消失。電視廣告的費用高昂，使得許多中小型企業無力問津。

　　廣播廣告是指以無線電或有線廣播為媒體播送傳到的廣告。由於廣播廣告傳收同步，聽眾容易收聽到最快最新的商品信息，而且它每天重播頻率高，收播對象層次廣泛、速度快、空間大、廣告成本低。廣播廣告的局限性是只有信息的聽覺刺激，沒有視覺刺激，因而不如電視廣告那樣引人注意。

(三) 戶外廣告

　　戶外廣告指在城市道路、公路、鐵路兩側、城市軌道交通線路的地面部分、廣場、建築物、構築物上，以燈箱、霓虹燈、電子顯示裝置、展示牌等為載體形式和在交通工具上設置的商業廣告。不同的戶外媒體，有不同的表現風格和特點，應該創造性地加以利用，整合各種媒體的優勢。戶外廣告到達率高、視覺衝擊力強、發布時間長、成本低、競爭少。

營銷透視

中國企業蜂擁美國時代廣場 豪擲千金打廣告

　　紐約時代廣場——百老匯街與第七大道切割出來的「三角地」，它還有另一個響亮的名字——「世界的十字路口」。曾有人統計，時代廣場戶外廣告牌集中的地區，南北向從第41大街延伸到第53大街，東西向從第6大道延伸到第8大道，為廣告市場創造了近30萬個就業機會，高密度的廣告牌擠滿了幾座大廈，幾乎成為全球商業世界的縮影。

　　現在，人們發現越來越多的中國公司登上了這個頂級公司雲集的競技場。

2011年美國東部時間8月1日上午,五糧液集團的形象宣傳片在紐約亮相。最近,格力電器又在這裡掀起了一輪更猛烈的廣告攻勢,每天160次的最高播出頻率,連續5年的播出時間,使其成為迄今在紐約時代廣場投放力度最大、形象片播出時間最長的中國企業。巨人網絡斥資在紐約時代廣場購入多塊廣告屏,從美國東部時間4月9日開始播放其新網絡遊戲的廣告片。巨人網絡總裁劉偉對《北京晨報》的記者表示:「有統計數據顯示,紐約時代廣場每年吸引著4000萬來自世界各地的遊客,很多企業甚至國家都在利用這個特殊世界舞臺來樹立形象。《徵途2S》在啓動全球化營銷之前,圈定了全球多個知名城市,最終評估紐約是最好的,能在很短時間內成為世界焦點,特別是在互聯網行業。雖然我們的主要目標用戶群在國內,但需要在全球範圍建立更大影響力。加上巨人網絡在紐交所上市,也可以樹立上市公司品牌。」

除了「眼球效應」,對於製造企業而言,時代廣場的廣告牌則有更加現實的意義。珠海格力集團此次的形象片以介紹企業理念和空調產品為主,主題是「中國的格力,世界的格力」,時長30秒,播出頻率最高時為每天160次,最低時也達到了每天40次,初定連續播出5年。

按照慣例,時代廣場一塊普通的液晶屏,一個月租金達30萬~40萬美元,根據投放時段、具體位置、不同載體,價格會有差異。廣告牌是否直接對著人流如織的地鐵出口、在新年慶典上是否能作為背景等,都將決定廣告位的「身價」。一般來說,廣告主在電視和紙媒上投放廣告的週期為一兩個月,然而時代廣場戶外廣告的廣告主們一般都會長達數年租下某個廣告位。「這麼長的時間攤薄下來,價格是合理的。」格力電器的工作人員表示,如果考慮到其巨大的輻射效果,這就更是一筆「合算的買賣」。

有統計稱,時代廣場每年吸引的遊客相當於14%的美國人口,而在最繁忙的季節,每小時經過時代廣場的人數少說也有1.5萬人,而這些人會用他們的手機、攝像機等把時代廣場上的新鮮事拍下來,通過各種渠道傳播到了全球的各個角落,讓這裡的廣告迅速增值,人們一眼就能看出這是時代廣場,效果已經不局限在當地。

資料來源:中國企業蜂擁美國時代廣場 豪擲千金打廣告[N].北京晨報,2012-05-07.

(四)郵寄廣告

郵寄廣告包括商品目錄、商品說明書、宣傳小冊子、明信片、掛曆廣告以及樣本、通知函、徵訂單、訂貨卡、定期或不定期的業務通信等。郵寄廣告是廣告媒體中最靈活的一種,受眾選擇性高,但是也是最不穩定的一種,很容易導致「垃圾郵件」的形象。

(五)POP廣告

POP是英文Point of Purchasing Advertising的大寫字母縮寫,即售貨點和購物場所的廣告,簡稱售點廣告。POP廣告是一切購物場所內外(百貨公司、購物中心、商場、超市、便利店)所做的現場廣告的總稱。有效的POP廣告,能激發顧客的隨機購買(或稱衝動購買)行為,也能有效地促使計劃性購買的顧客果斷決策,實現即時即地購買。POP廣告對消費者、零售商、廠家都有重要的促銷作用。POP廣告是在一般廣告形式的基礎上發展起來的一種新型的商業廣告形式。與一般的廣告相比,其特點主要

體現在廣告展示和陳列的方式、地點和時間等方面。

(六) 新媒體

新媒體是針對傳統媒體而言的，廣義上的新媒體是指「互動式數字化複合媒體」，包括手機媒體、交互網絡電視（IPTV）、數字電視、移動電視、博客、播客等。而狹義的新媒體則是指基於互聯網這個傳輸平臺來傳播新聞和信息的網絡。新媒體分為兩部分：一是傳統媒體的數字化，如報紙、期刊的電子版；二是因網絡提供的便利條件而誕生的「新型媒體」，如百度網、淘寶網。

借助於網絡技術的發展而誕生的新興媒體形式，最大的優點在於快速、及時、覆蓋面廣以及互動性和大眾參與性強。但是，新媒體的廣泛覆蓋面和其無所不在的信息展示，往往令消費者面對大量信息的包圍而感到疲倦，甚至產生厭煩和抵觸情緒。儘管關於新媒體的界定和研究不一，但是不可忽視的是，新媒體在廣告中的作用將會越來越重要。

營銷透視

新媒體廣告的發展

據報導，2007年全球互聯網廣告收入同比增長28.2%，並將於2008年超過廣播廣告收入，成為僅次於電視和報紙的第三大廣告媒體。央視市場研究（CTR）的報告顯示，樓宇電視和互聯網已成為廣告主最為倚重和認可的兩大新媒體平臺。而中國市場與媒體研究（CMMS）發布的《中國消費者媒體接觸習慣調查》表明，2006年樓宇液晶電視的媒體接觸率已達到51%，超過了廣播、雜誌等媒體形態。

互聯網對於電視媒體的衝擊最為嚴重。易觀國際研究表明，過去四年間，中國網絡廣告市場規模保持了66%的年均複合增長率。伴隨著中國互聯網規模的迅速擴大和寬帶網絡普及，今後五年網絡廣告市場規模仍將保持高速增長，預計到2011年，網絡廣告收入將達到270億元左右，保持39.52%的年均複合增長率。屆時，其廣告收入的數額將大於雜誌、戶外和廣播廣告收入的總和。

分析人士認為，全球互聯網廣告的迅猛增長主要拜其自身四大優勢所賜：一是精準定位式的廣告，二是廣告向視頻化方向發展，三是廣告交換、廣告聯盟和按照行動效果付費（CPA）相結合，四是網絡游戲中的植入式廣告。

目前互聯網的廣告形式主要有固定位置廣告、關鍵字搜索廣告和其他多媒體廣告（包括富媒體廣告、固定文字連結、分類廣告、電子郵件廣告、視頻廣告等）三類。其中，固定位置廣告主要針對大中型公司的品牌和企業形象營銷，所占比重最高在45%左右；關鍵字搜索廣告主要針對中小型企業市場，最近幾年增長最為快速，目前所占比重在30%左右，預計今後幾年可能趕超固定位置廣告；其他多媒體廣告所占比重在10%左右，其中未來最有前景的是社區、博客、視頻廣告。

資料來源：周政華. 電視廣告產業已經趨於沒落了嗎？[J/OL]. brand.icxo.com/htmlnews/2008/03/06/1260174_0.htm.

五、影響國際廣告策略的因素

(一) 政治法律環境

政治法律環境主要是指各個國家對外貿易政策和其他相關的政策法令以及國家政局變化對國際廣告的影響。這種影響主要包括以下方面：

1. 對於廣告內容的限制

例如，在德國，與競爭者產品比較的廣告是被禁止的；在美國和英國，不能在電視上做香菸廣告；在泰國，禁止做藥品廣告。同時，廣告內容不能損害當地的民族尊嚴和違反當地的民族習慣。

2. 對於廣告媒介的限制

例如，在北歐的丹麥和挪威等國，沒有商業性廣播和電視；在荷蘭，每週只許可有 127 分鐘的廣告節目；在法國，每天只允許有幾分鐘的廣告時間。戶外廣告的設置、張貼要遵守當地城市管理機構的規定，不能妨礙交通或影響觀瞻。霓虹燈廣告的大小和設置地點要按當地的有關規定。

3. 對於廣告費支出的限制

例如，印度政府規定企業的廣告費用不得超過銷售額的 4%。

4. 對於廣告支出的課稅

例如，義大利政府規定對報紙廣告徵 4% 的稅，對廣播和電視廣告則要徵 15% 的稅；在奧地利，對電視和印刷廣告徵 10% 的稅，對廣播及影院廣告則徵 10%～30% 不等的稅。

(二) 社會環境

社會環境包括東道國的風俗習慣、宗教信仰、價值觀、審美觀及心理因素等。要重視對社會環境的研究，認識和適應目標市場的社會環境，這是廣告宣傳成敗的重要環節。不同的國家和地區有不同的風俗習慣，形成對廣告表現不同的心理要求。例如，法國人喜歡素潔的白色，認為白色象徵純潔；中國人喜愛紅色，認為紅色是吉祥之兆；有的國家則禁止紅色，如統一前的聯邦德國不喜歡紅色；非洲有些國家忌諱黃色；東南亞國家喜愛明快的淺色。因此，廣告在運用色彩時，要特別注意當地人的好惡。

不同的國家和地區，消費者有不同的消費觀念。而且隨著時代潮流的變化，舊的消費觀念被淘汰，新的消費觀念形成。有的消費者希望購買價格低廉的商品，講究實惠；有的消費者卻以購買高價商品來顯示其地位與威望。有的國家和民族喜歡新奇，如日本消費者追求新奇商品已形成社會風氣，私人汽車平均使用二三年後，便要購買新的；而德國和法國的消費者比較保守，接受新產品比較慢。對有些國家，廣告圖案和商標設計要特別注意其宗教信仰和習俗。例如，在羅馬尼亞，三角形和環形的圖案更能吸引消費者；在柏林，方形比圓形效果更佳。

(三) 文化環境

文化教育程度不同，對廣告的欣賞與理解水平也不同。如果不按照廣告地區的實際情況設計廣告，廣告製作再好，也不能引起共鳴。例如，在文化教育程度高的國家可以多用報紙、雜誌做廣告，而在文化水平低的國家則不行。文化教育程度較高的國

家，他們對廣告的創意要求也較高，而對不夠水準的廣告是不會重視的，當然也會影響購買行為。廣告語言的翻譯要得當，要瞭解雙方的習慣語言和方言。否則不但不能有效地表達原意，甚至還可能會鬧出笑話。在某個國家是讚揚的語言，在另一個國家則可能是一種諷刺。尤其是習慣語、成語、暗示語、俚語、笑話、雙關語，在翻譯時更應特別注意，盡可能符合當地的民情風俗。例如，「芳芳」化妝品商標，拼音是「Fang」。英文的意思是「毒蛇的牙齒」、「狼牙」、「狗牙」等。外國記者寫文章說：「這種商標用在小兒爽身粉上，使人感到恐怖。」中國港澳地區出售一種「雙參補酒」，這種酒雖然在內地深受廣大群眾喜愛，但在當地卻售不出去，原來「雙參」與粵語中的「傷心」是同音。因此，對外廣告的用語一定要謹慎，要尊重別人的語言和習慣用語。也有一些國家和地區是幾種文字和語言並存，我們應該選擇最通用且占人口比例大的文字和語言做廣告。例如，在中國香港、澳門地區，粵語比普通話更能贏得聽眾和觀眾。

第三節　國際公共關係

公共關係（Public Relations, PR）是一個企業或組織為了搞好與公眾的關係，增進公眾對企業的信任和支持，樹立企業良好的聲譽和形象而採取的各種活動和策略。公共關係也被稱為「塑造企業形象的藝術」。其實質一種促銷手段，其最終目的是促進和提高企業的產品銷售。因為良好的公眾關係可以保證企業經營的穩定性和較強的凝聚力，同時也會受到消費者的青睞，提高企業的銷售業績。

企業在跨國經營中，隨時可能出現一些例外情況，和企業的目標或利益產生衝突。遇到這種情況，企業就要善用公共關係，加強與東道國政府的聯繫，瞭解他們的意圖，懂得他們的法律，處理好突發的事件，協調好和東道國以及目標市場消費者的關係，以求得企業經營活動的長期發展。

一、公共關係的特徵

作為一種促銷手段，公共關係與前述其他手段相比，具有以下特點：
（一）注重長期效應
公共關係是企業通過公關活動樹立良好的社會形象，從而創造良好的社會環境。這是一個長期的過程。良好的企業形象也能為企業的經營和發展帶來長期的促進效應。
（二）注重雙向溝通
在公關活動中，企業一方面要把本身的信息向公眾進行傳播和解釋，同時也要把公眾的信息向企業進行傳播和解釋，使企業和公眾在雙向傳播中形成和諧的關係。
（三）可信度較高
相對而言，大多數人認為公關報導比較客觀，比企業的廣告更加可信。
（四）具有戲劇性
經過特別策劃的公關事件，容易成為公眾關注的焦點，可使企業和產品戲劇化，

引人入勝。

二、國際公共關係的功能與作用

企業的公共關係部門執行以下職能：

第一，發展新聞界關係或新聞代理。創造有新聞價值的信息並將其刊登於新聞媒體上，以引起大眾對某些人物、產品或服務的注意。

第二，產品宣傳：宣傳某些特定的產品。

第三，國際公共事務：建立和維持國際、國內和當地的社區關係。

第四，遊說：建立和維持與國際、國內和當地的社區立法者及政府官員的良好關係，對立法者施加影響，以制定出有利於公司的立法和規章。

第五，維持國際投資者關係：維持與股東和其他金融界人物的關係。

第六，國際發展：發展與國際、國內和當地的社區捐款人或非盈利組織會員的公共關係以獲得財務上的支持或志願者的支持。

現代公共關係起源於美國，其本意是工商企業必須與其相關的各種內部、外部公眾建立良好的關係。

公共關係的促銷作用主要體現在提供企業的知名度和在國際公眾中建立良好的信譽。只有在公共關係狀態良好、形象優秀的情況下，企業的產品才能暢銷不衰。通過公共關係樹立和宣傳企業形象，本身就是一種銷售行為。

公共關係對企業進行國際化經營有十分重要的作用。企業跨越國界進行營銷活動，當地政府和公眾對企業的接納程度在一定意義上決定了企業產品的出路。企業要想順利地進入國際市場，優質的產品固然重要，但是更為重要的是要讓國際社會瞭解、承認、接受企業自身及其產品。企業的公關活動就是企業樹立良好形象，爭取中間商和目標市場上廣大公眾的瞭解、信任和支持的有效手段。有效的公共關係配合其他促銷方式，及時克服國際經營中的文化及其他障礙，才能最終實現占領國際市場的目的。

公共關係能以比廣告更低的成本對公眾的認知產生強烈的影響。企業對媒體提供的空間或時間不付費，它只對開發傳播信息和處理事件的人付費。如果企業能設想出一個有趣的故事，它可能被多家媒體選中報導，其效果與花了幾百萬美元的廣告一樣，但是可信度會超過廣告。越來越多的公司開始重視以市場為導向和以促銷為導向的公關活動，並在公關部門內設置專門的「營銷公關」機構。事實也證明，設計獨到的公關活動能直接促進產品銷售和新產品上市。

營銷透視

博迪商店的公共關係活動

組織的任務是確定目標市場的需求、慾望和興趣，比競爭者更有效地提供滿足顧客的商品，提供商品的方式應對消費者和社會福利雙重有益。企業因而更加注意對環境中各種因素的分析與預測，特別地，企業更相信企業組織與環境的相互影響與相互制約的作用關係，因而企業會更有意識、有目的地展開各種與環境相關的營銷活動。正因為企業注重社會效益，因而企業也更關注企業自身的社會形象與整體理念。這些

企業通過採取和實踐以企業、顧客、社會三方共同利益為導向的營銷理念而獲利頗豐。在這方面，美國的博迪商店（Body Shop）做得尤為突出。

博迪商店製造和銷售以純天然原料成分為主的化妝品，其產品包裝簡單，但是富有吸引力，而且可以再回收。其主要成分都來自於發展中國家的植物，以此來促進這些國家的經濟發展。另外，該公司每年都向社會捐助一定比例的利潤，如向動物保護協會、流浪者之家、雨林保護組織捐贈等。在印度，該公司贊助了一個為孤兒設立的「兒童城」工程；在新加坡，該公司為改善老人的生活發起了一項社區活動。許多消費者都願意購買博迪商店的產品，因為以上的一系列活動很好地樹立了該公司的形象，表明了博迪商店為顧客、為社會利益著想的決心。

資料來源：功利聚焦——整合營銷的內在動力［J/OL］. www.wangxiao.cn/wxy/zd/2827225610.html.

三、公共關係的主要工具

公共關係的主要工具如下：

第一，新聞報導。公關人員的一個主要任務是善於發現或創造對公司和產品有利的新聞，以吸引新聞界和公眾的注意，增加新聞報導的頻率，從而擴大影響，提高知名度。

第二，贊助公益和社會活動，以提高公司聲譽與形象。例如，某著名大公司贊助殘疾人奧運會。

第三，安排一些特殊活動來吸引公眾對公司及其產品的注意。例如，召開新聞發布會、研討會、展覽會，舉辦周年慶祝活動，開展有獎比賽等。

第四，撰寫文字材料，如公司年度報告、小冊子、文章、刊物等，廣為散發，通過這些書面材料向目標顧客傳遞各種有關公司及產品的信息。

第五，編製音像材料。隨著傳播手段的進步，公司開始越來越多地利用音視頻技術來傳遞信息，視聽材料比文字材料更為生動形象，效果自然更優。

第六，公司識別系統（CI），即通過統一的視覺符號達到創造和強化公司形象的目的。公司將代表其形象的這種視覺符號，包括色彩、字體、圖案、符號，印刷在公司的建築物、車輛、制服、辦公用品、產品包裝、文件、小冊子、招牌等上面，力圖給人以深刻強烈的印象。

第七，電話諮詢服務。電話是一種快捷、便宜的信息溝通手段，通過電話，顧客可以方便地得到所需的信息和服務，化解煩惱和不滿。

四、國際公共關係的任務

企業在國際營銷中進行公共關係活動的最主要目的就是樹立企業良好的社會形象和聲譽。為達到這一目的，公共關係部門應完成以下任務：

（一）加強與傳播媒介的關係

大眾傳播媒介承擔著傳播信息、引導輿論等社會職能，傳播媒介對企業的報導對公眾具有極強的引導作用，因而也在很大程度上影響企業的公眾形象。企業必須充分

利用傳播媒介來為其服務，與之建立良好的合作關係，及時提供信息，使媒介瞭解企業。同時，積極創造具有新聞價值的事件，爭取媒介的主動報導。

（二）改善和消費者的關係

與消費者的關係是國際企業的生命線，國際上任何一家享有信譽的公司幾乎都把改善與消費者的關係列為頭等重要的問題來處理。運用公共關係同社會溝通思想、增進瞭解，使消費者對企業形象和企業的產品產生良好感情，對企業的意義十分重大。

（三）調整與政府的關係

與國內經營企業不同，國際企業面臨來自各個國家和政府的各種不同的要求或是壓力。企業一方面必須隨時調整自己的行為以適應政府政策的變化，另一方面又要左右逢源，以協調可能發生的衝突和利益矛盾。這也是企業公共關係的一項重要任務。公共關係部門必須加強與東道國政府官員的聯繫，瞭解他們的意圖，瞭解所在國的法律，爭取相互之間的諒解，以求得企業的生存和發展。

（四）不同時期和階段採取不同的公共關係活動

首先，進入東道國的初期階段，面臨問題多，公關任務繁重，工作的重點是爭取被東道國的政府與國民接納。其次，進入營運階段以後，就要關注東道國政局與政策動向，以及公司利潤匯回母國的風險問題等，工作的重點是擴大企業在東道國社會上的影響，影響良好的聲譽。最后，即使是在撤出階段，也仍然要注意保持與東道國的良好關係以維護其他方面的利益。

營銷透視

政府公關——跨國企業的中國式營銷之舞

1998年，中國政府下達傳銷禁令，對於中國境內所有以傳銷方式進行銷售的公司全部進行停業整頓，禁止傳銷。消息一出，以直銷作為企業主營模式的美國安利公司受到嚴重的打擊，每月的虧損額驚人。在這種情況下，安利公司高層迅速啟動政府公關以挽救企業危機。在安利公司的遊說安排下，美國貿易談判代表巴爾舍夫斯基借約見中國國務委員吳儀的機會，提出有關3家美資的直銷公司在中國的出路問題。同時，安利公司借美國總統克林頓即將訪華的機會，再次就直銷轉型問題與中國相關部門進行磋商。

在安利公司的努力下，中國相關政府部門迅速成立專項小組，協助安利公司等外資直銷公司進行轉型。不久，安利（中國）公司以「店鋪銷售加雇傭推銷員」的方式完成轉型經營，出色的政府公關使安利公司在中國化解了一場滅頂之災。

與安利公司一樣，摩托羅拉公司、微軟公司等跨國巨頭自進入中國以來，最重要企業戰略之一就是構築良好的政府關係。摩托羅拉公司在其5年發展戰略中公布，其核心內容就是雙贏、扎根中國和做社會好公民——所有戰略的每一項都體現了摩托羅拉公司對中國市場的長期承諾以及希望與中國政府建立穩定良好互動關係的意願。同時，摩托羅拉公司積極遊說美國國會給予中國經濟最優惠國待遇。通過此項行動，摩托羅拉公司向中國政府表達了彼此利益相通的意願。

微軟公司董事長比爾·蓋茨先后9次訪華，並出席了系列政府活動。同時，微軟

公司加大在中國的投資，向中國政府表示出為中國謀求利益的誠意。「我們在任何國家公共事務的角色都是向當地政府說明：『我們的立場為什麼最符合你們的公眾利益』。」美國聯邦快遞（UPS）公司在政府公關準則手冊中這樣寫道。這一條原則可以說是所有跨國企業的政府公關的核心原則之一。與柯達公司、聯邦快遞公司一樣，跨國企業在中國進行政府公關，主要遵循與政府部門進行主動溝通、多主動與政府部門接觸和聯繫、瞭解政府相關政策法規的變化三項原則，使企業能夠及時對政府政策的變化進行相應的調整。

　　跨國企業將政府公關提升到企業戰略的層面予以重視。同時，在瞭解中國政府的需求基礎上，結合企業實際情況，積極採取多種措施去構建良好的政府關係，而良好的政府關係的建立對於企業進行危機處理和企業發展都有著重要的促進作用。

　　資料來源：林景新. 政府公關——跨國企業的中國式營銷之舞［J/OL］. www.emkt.com.cn/article/236/23661-2.html.

第四節　國際市場人員推銷

一、人員推銷的概念

　　根據美國市場營銷協會的定義，人員推銷（Personal Selling）是指企業通過派出銷售人員與一個或一個以上的潛在消費者通過交談，進行口頭陳述，以推銷商品，促進和擴大銷售的活動。推銷主體、推銷客體和推銷對象構成推銷活動的三個基本要素。商品的推銷過程，就是推銷員運用各種推銷術，說服推銷對象接受推銷客體的過程。

　　推銷人員要出色地完成推銷任務，必須實現下列推銷：

（一）推銷自己

　　讓消費者接受推銷人員、認可推銷人員，對推銷人員產生良好的印象，發生興趣，進而產生信任感，願意同推銷人員進一步交往。

（二）推銷價值觀念

　　通過與消費者的雙向交流與溝通，改變、強化消費者的價值觀和認識事物的思維方式，使消費者接受新的觀念。

（三）推銷知識

　　廣泛介紹與產品相關的生活、生產知識，加強消費者的認識能力，是最好的推銷產品。

（四）推銷公司

　　對公司的瞭解，特別是在消費者的印象中樹立起企業的良好印象，是促成消費者購買的重要條件。

二、人員推銷的特點

　　相對於其他促銷形式，人員推銷具有以下特點：

（一）信息傳遞的雙向性

在推銷過程中，銷售人員一方面把企業的信息及時、準確地傳遞給目標顧客，另一方面把市場信息與顧客的要求、意見、建議反饋給企業，為企業調整營銷方針和政策提供依據。

（二）較強的靈活性

推銷員可以根據各類顧客的特殊需求，設計有針對性的推銷策略，容易誘發顧客的購買慾望，促成購買。

（三）及時促成購買

人員推銷在推銷員推銷產品和勞務時，可以及時觀察潛在顧客對產品和勞務的態度，並及時予以反饋，從而迎合潛在消費者的需要，及時促成購買。

（四）營銷功能的多樣性

推銷員在推銷商品過程中，承擔著尋找客戶、傳遞信息、銷售產品、提供服務、收集信息、分配貨源等多重功能，這是其他促銷手段所沒有的。

（五）長期協作性

銷售人員與顧客直接打交道，交往中會逐漸產生信任和理解，加深雙方感情，建立起良好的關係，在此基礎上開展推銷活動，容易培育出忠誠顧客，穩定企業的銷售業務。

三、推銷人員的選擇

在選擇國際市場推銷人員時，企業必須選擇那些喜歡具有挑戰性的工作，有較強的文化和生活適應能力，能對可能的風險和機會做出果斷決策，並且身體健康，對企業和產品比較熟悉的人員。

國際市場推銷人員通常有以下幾種：

（一）旅行推銷人員

旅行推銷人員包括兩種類型：一種是企業派出的外銷人員，他們在國外專門從事推銷和貿易的談判業務，或定期進行國際市場調研，或借考察和訪問之機進行推銷活動；另一種是負有特殊任務的，專為某批商品或為開發某一個新市場而派出的推銷小組，也可能是某一市場出現一些特殊的問題時，由企業專門派出的人員。

（二）國外常設的推銷人員

企業的派駐國外的辦事處、固定展示中心、銷售分公司等一般都有自己的推銷人員，專門負責本公司產品在有關地區的推銷工作。這些推銷人員不僅有本國人，也有當地人員或熟悉當地市場的第三國人員。

（四）國際市場代理商和經銷商

有時企業並不是自己派員推銷，而是選擇中間商進行人員推銷，以利於降低促銷成本。中間商瞭解當地的消費習慣和商業習慣，並與當地政府及工商界有著聯繫，推銷效果往往比較好。企業如果採用這種方式，應注意對中間商進行監督與控制，以保證完成促銷計劃。

四、國際市場人員推銷的組織模式

國際市場人員推銷一般採用以下三種組織形式：

（一）地區結構型

這一組織形式是指每個推銷員負責一兩個地區內本企業各種產品的推銷業務。這種結構較為常用，也比較簡單，因為劃定國際市場銷售地區，目標明確，容易考核推銷人員的工作成績，發揮推銷人員的綜合能力，也有利於企業節約推銷費用。但是當產品或市場差異性較大時，推銷人員不易瞭解眾多的產品和顧客，會直接影響推銷效果。

（二）產品結構型

這一組織形式是指每個推銷人員專門推銷一種或幾種產品，而不受國家和地區的限制。如果企業的出口產品種類多、分佈範圍廣、差異性大、技術性能和技術結構複雜，採用這種形式效果較好，因為對產品的技術特徵具有深刻瞭解的推銷人員，有利於集中推銷某種產品，專門服務於有關產品的顧客。但是這種結構的最大缺點是不同產品的推銷員可能同時到一個地區（甚至一個單位）推銷，這既不利於節約推銷費用，也不利於制定國際市場促銷策略。

（三）顧客結構型

這一組織形式是指按不同的顧客類型來組織推銷人員結構。由於國際市場顧客類型眾多，因而國際市場顧客結構形式也有多種。例如，按服務的產業區分，可以對機電系統、紡織系統、手工業系統等派出不同的推銷員；按服務的企業區分，可以讓甲推銷員負責對A、B、C企業推銷的任務，而讓乙推銷員負責對D、E、F企業銷售產品；按銷售渠道區分，批發商、零售商、代理商等由不同的推銷人員包干；按客戶的經營規模及其與企業關係區分，可以對大客戶和小客戶、主要客戶和次要客戶、現有客戶和潛在客戶等分配不同比例的推銷員。採用這種形式的突出優點是企業與顧客之間的關係密切而又牢固，因而有著良好的公共關係。但是若顧客分佈地區較分散或銷售路線過長時，往往使推銷費用過大。

五、國際市場推銷人員的管理

國際市場推銷人員的管理主要包括招聘、培訓、激勵、評估各環節。

（一）國際市場推銷人員的招聘

國際市場推銷人員的招聘多數是在目標市場所在國進行。因為當地人對本國的風俗習慣、消費行為和商業慣例更加瞭解，並與當地政府及工商界人士，或者與消費者和潛在客戶有著各種各樣的聯繫。但是在海外市場招聘當地推銷員會受到當地市場人才結構和推銷人員的社會地位的限制，在某些國家或地區要尋找合格的推銷人選並非易事。

企業也可以從國內選派人員出國負責推銷工作。企業選派的外銷人員最主要的是要能適應海外目標市場的社會文化環境。

(二) 推銷人員的培訓

1. 培訓地點與培訓內容

推銷人員的培訓既可在目標市場國進行，也可安排在企業所在地或者企業地區培訓中心進行。跨國公司的推銷人員培訓多數是安排在目標市場所在國，培訓內容主要包括產品知識、企業情況、市場知識和推銷技巧等方面。若在當地招聘推銷人員，培訓的重點應是產品知識、企業概況與推銷技巧。若從企業現有職員中選派推銷人員，培訓重點應為派駐國市場營銷環境和當地商業習慣等。

2. 對推銷高科技產品推銷人員的培訓

對於高科技產品，可以把推銷人員集中起來，在企業培訓中心或者地區培訓中心進行培訓。因為高科技產品市場在各國具有更高的相似性，培訓的任務與技術要求也更加複雜，需要聘請有關專家或富有經驗的業務人員任教。

3. 對推銷人員的短期培訓

對於這類性質的培訓，企業既可採取組織巡迴培訓組到各地現場培訓的方法，也可將推銷人員集中到地區培訓中心進行短期集訓。

4. 對海外經銷商推銷員的培訓

為海外經銷商培訓推銷人員，也是工業用品生產廠家常常要承擔的任務。對海外經銷商推銷人員的培訓通常是免費的，因為經銷商推銷人員素質與技能的提高必然會帶來海外市場銷量的增加，生產廠家與經銷商均可從中受益。

(三) 推銷人員的激勵

對海外推銷人員的激勵可分為物質獎勵與精神鼓勵兩個方面。物質獎勵通常指薪金、佣金或者獎金等直接報酬形式，精神鼓勵有進修培訓、晉級提升或特權授予等多種方式。企業對推銷人員的激勵，應綜合運用物質獎勵和精神鼓勵等手段，調動海外推銷人員的積極性，提高他們的推銷業績。

對海外推銷人員的激勵，更要考慮到不同社會文化因素的影響。海外推銷人員可能來自不同的國家和地區，有著不同的社會文化背景、行為準則與價值觀念，因而對同樣的激勵措施可能會做出不同的反應。

(四) 推銷人員業績的評估

對於海外推銷人員的激勵建立在對他們推銷成績進行考核與評估的基礎上。但是企業對海外推銷人員的考核與評估，不僅是為了表彰先進，而且還要發現推銷效果不佳的市場與人員，分析原因，找出問題，加以改進。

人員推銷效果的考核評估指標可分為兩個方面：一方面是直接的推銷效果，如所推銷的產品數量與價值、推銷的成本費用、新客戶銷量比率等；另一方面是間接的推銷效果，如訪問的顧客人數與頻率、產品與企業知名度的增加程度、顧客服務與市場調研任務的完成情況等。

企業在對人員推銷效果進行考核與評估時，還應考慮到當地市場的特點以及不同社會文化因素的影響。例如，產品在某些地區可能難以銷售，則要相應地降低推銷限額或者提高酬金。若企業同時在多個海外市場上進行推銷，可按市場特徵進行分組，規定小組考核指標，從而更好地分析比較不同市場條件下推銷員的推銷成績。

營銷透視

美國市場營銷協會的道德規範

美國市場營銷協會（AMA）的成員承諾遵守職業道德規範。所有的成員共同遵守以下的道德規範。

市場營銷人員的責任：

市場營銷人員必須對其行為造成的后果負責，同時不遺余力地保證其決策、建議和行為是為了識別、服務和滿足所有相關的公眾（客戶、組織和社會）。

市場營銷人員的專業行為應遵循：

1. 職業道德規範的基本準則是不故意地損害。
2. 堅持所有適用的法律和規章。
3. 準確地介紹自己受過的教育、培訓和經歷。
4. 積極支持、實踐和宣傳這部道德規範法典。

誠實與公正：

市場營銷人員應通過以下行為來維護和推進市場營銷職業的完整、榮譽和尊嚴：

1. 誠實地為消費者、客戶、雇員、供應商、分銷商和公眾服務。
2. 未事先告知所有當事人前，不故意地參與利益衝突。
3. 建立公正的收支費用價目表，包括日常的、慣例上的和（或）合法的營銷交易報酬或收費。

市場營銷交易過程當事人的權利與義務

市場營銷交易的當事人應有權要求：

1. 提供安全的產品和服務，且符合其預期的用途。
2. 提供的產品和服務的信息不具欺騙性。
3. 所有各方在打算撤除其義務時應是善意的，無論是財務上的還是其他方面的。
4. 存在恰當的內部措施來公正地調整和（或）重新修正購買方面的異議。

擁有上述權利的同時意味著市場營銷人員還存在下述責任，但並非僅限於此。

產品開發和管理方面：

1. 公開與產品或服務使用有關所有潛在危險。
2. 確認任何可能引起產品實質性改變或影響客戶購買決策的產品零部件的替代品。
3. 確認需額外收費的附加特性。

促銷方面：

1. 避免錯誤和誤導性的廣告。
2. 拒絕高壓操縱或誤導性銷售策略。
3. 避免利用欺騙或操縱手段進行產品促銷。

分銷方面：

1. 不為謀取私利而操縱產品的供應。
2. 在市場營銷渠道中不使用高壓手段。
3. 不對轉售者選擇經營的產品進行過多的干涉。

定價方面：
1. 不參與限價。
2. 不執行掠奪性定價。
3. 公開在任何交易中達成的價格。

市場營銷調查方面：
1. 禁止以市場調查為名推銷或集資。
2. 避免歪曲事實和省略相關調查數據，要保持市場調查的完整。
3. 公正地對待外部客戶和供應商。

組織關係：

市場營銷人員應該清楚他們的行為可能怎樣影響組織關係中其他人的行為。在與其他人的關係上，如雇員、供應商或客戶的關係上，他們不應該要求、鼓勵或採用強制手段以達到不道德目的。

1. 在職業關係中涉及特惠待遇信息時，採用保密和匿名機制。
2. 及時地履行合同和雙方協議中的義務與責任。
3. 未經給予報酬或未經原創者或所有者的同意，不得將他人成果全部或部分地占為己有，或直接從中獲益。
4. 避免不公正地剝奪或損害其他團體，利用工作為自己謀取最大利益。

任何AMA成員倘若被發現違背了此道德規範法典的任何條款，其會員資格將被暫停或取消。

資料來源：美國市場營銷協會的道德規範［J/OL］. www.china-imsc.com/yanjiu_yj_info_376_951.html.

第五節　國際市場營業推廣

營業推廣又稱銷售促進（Sales Promotion）。在國際促銷活動中，營業推廣包括多種能在短期內迅速刺激需求，促成消費者或中間商大量購買某一特定產品的促銷活動，是企業加強產品與消費者溝通、擴大市場份額、壓制競爭對手的重要方式，是使銷售量在短期內達到最大化的有力工具。

一、營業推廣的發展

在國際市場上，營業推廣曾一度被看成僅僅是廣告和人員推銷的補充，進入20世紀90年代以來，營業推廣的使用範圍有擴大的趨勢。許多國際企業都十分重視運用營業推廣手段，如可口可樂公司在發展中國家推銷芬達飲料時，就是運用贈送圓珠筆、鉛筆等營業推廣手段，再加上廣告宣傳，吸引了大批消費者，促使中間商大量進貨，從而打入和占領了這些國家的市場。

營業推廣之所以發展迅速，其原因如下：

第一，市場競爭激烈，互相競爭的品牌增多但差異不大。競爭者越來越多地使用

各種促銷手段，而消費者也變得越來越精打細算起來，消費者十分看重交易中得到的實惠。

第二，由於成本上漲、媒體干擾和法律的管制，廣告的吸引力和效果日益減弱。

第三，公司經常處於要在短期內迅速增加銷售的壓力之下。

第四，零售商要求製造商創造更多的交易機會。

營業推廣的增長也不是無限的，過多過濫的促銷活動可能會使消費者變得麻木，以致失去效果。營業推廣只能在短期內迅速擴大企業銷售，無法達到長期提高市場佔有率的目的。弱小的公司負擔不起與市場領先者相匹配的大筆廣告費，利用營業推廣可促其銷售增長，而對領先公司來說，則效果有限。無論什麼公司，長期運用營業推廣，都可能損害其產品和公司形象。

二、營業推廣的方式

(一) 針對中間商的推廣方式

針對中間商的營業推廣的目的是鼓勵批發商大量購買，吸引零售商擴大經營，積極購存或推銷某些產品。其方式包括批發回扣、推廣津貼、銷售競賽、交易會或博覽會。在中國的汽車銷售中，汽車製造商常常採用銷售返點和銷售競賽方式鼓勵銷售商的銷售行為。國際商品博覽會也是國際市場營銷常採納的方法，一般是指在一定地點定期舉行的，由一國或多國聯合舉辦、邀請各國商人參加交易的國際營銷形式。在國際博覽會上，展出產品的同時進行交易。國際博覽會分為兩類，一類是綜合性國際博覽會，又稱「水平型博覽會」，另一類是專業性國際博覽會，又稱「垂直型博覽會」。由於博覽會參展商集中，且集展示與交易於一體，所以能夠提供較多的商業機會。

營銷透視

鼓舞人心的交易數據表明經濟恢復可持續性增長

春季中國進出口商品交易會（簡稱廣交會）於 5 月 5 日落幕，其傳來的相關數據表明中國最知名的交易會超出市場預期。第 113 屆春季廣交會接待了 20 多萬名海外採購商，較上期增長 7%。廣交會每年舉行兩次，此次交易額達到 355 億美元，較上期增長近 9%。

專家認為良好的統計數據預示著今年的交易形勢實現了穩定的提升。中國 2013 年第一季度對外貿易同比增長 13.4%，出口增長 18.4%。

廣交會發言人兼中國對外貿易中心副主任劉建軍表示：「去年是中國出口商最為困難的一年。」

「隨著中國經濟的回升，出口商普遍認為 2013 年的形勢將會更好，這表現在海外訂單有所增長。」

這次最新舉行的廣交會突出發展中市場的重要性，以保持交易有所增長。相比第 112 屆廣交會，參加該會的非洲採購商數量增長近 30%，而大洋洲採購商數量則增長 15%。與「金磚四國」(BRICs)、歐盟 (EU)、美國和日本達成的交易額普遍有所增長。

眾多中國出口商參加這次廣交會，在數量上有所增加。廣州超凡皮具有限公司總

經理鄭憶稱，該公司今年第一季度海外市場銷量同比增長20%以上。

鄭憶評論時表示：「我們目前忙於為上一期廣交會的海外訂單生產相關產品。實現可持續性增長的原因是我們關注於迎合各種品牌，以充分滿足國外市場的需求。」

在強調品牌質量與競爭力的同時，這次廣交會還推動創新。相比之前，這次最新舉辦的交易會亮點之一是產品設計展區增加73%。

隨著全球期待一個更加積極發展的交易年，廣交會將繼續成為實現可持續性增長的推動力。舉辦方、採購商和相關公司對即將到來的秋季廣交會充滿期待。

資料來源：第113屆廣交會落幕［J/OL］．http://finance.ifeng.com/roll/20130517/8044690.shtml．

(二) 針對消費者的推廣方式

對國際市場消費者的營業推廣，其主要目的在於：吸引新顧客，留住老顧客；動員現有顧客購買新產品或更新設備；引導顧客改變購買習慣或培養顧客對本企業的偏愛行為等。營業推廣的方式包括贈品、樣品試用、優惠券、促銷包裝、摸獎、抽獎、現場示範和展銷等。其中，贈送樣品或試用樣品是介紹一種新商品最有效的方法，比如蝶翠詩（DHC）上海公司在中國長期提供免費試用品以吸引消費者嘗試產品；立頓公司通過贈送Q果趣奶茶杯吸引消費者購買一定數量的奶茶；可口可樂公司則常年鼓勵消費者收集瓶蓋或易拉罐的拉環參與網絡上的抽獎活動，從而鼓勵消費者購買，刺激銷售量增加。

在國際市場營銷中，在不同的市場，企業應根據市場的環境特徵和消費者特徵，設計有針對性的促銷活動。

很多國家對於銷售促進的形式和規模以及審批程序有一定的限制。對銷售促進活動實施嚴格限制的國家有奧地利、比利時、丹麥、德國、義大利、日本、韓國、墨西哥、荷蘭、瑞士和委內瑞拉等。法國則規定贈送禮品的金額不得超過促銷商品價值的一定百分比，且禮品必須與促銷的商品有關。

2007年11月10日，重慶市沙坪壩區家樂福超市舉行「10周年店慶」促銷活動。由於人多擁擠，發生踩踏事故，造成3人死亡，31人受傷，其中有7人重傷。針對頻繁的促銷活動所引發的安全事件，商務部叫停了限時限量促銷活動，國家工商總局也下令禁止家電商家以低於成本價促銷商品。

除此以外，長期的促銷還容易引起消費者對促銷的過分依賴。一旦失去促銷的刺激，比如降價或贈品，消費者就可能對產品再無興趣，進而轉向購買其他同類產品。有這樣一種說法：一個品牌為了提升銷售量所投入的促銷費用如果高於廣告投入，就會非常危險。久而久之，促銷會使累積起來的品牌資產在消費者的心目中漸漸變得模糊甚至消失。

復習題

1. 國際市場營銷中促銷的含義和意義是什麼？
2. 什麼是促銷組合？什麼是整合營銷傳播？國際市場營銷促銷組合和國際整合營

銷傳播如何結合運用？

3. 國際廣告決策有哪幾種類型？如何正確處理和協調國際市場營銷中廣告的標準化與差異化的關係？

4. 在進行國際廣告決策時，企業應該考慮哪些因素？

5. 請結合實例談談企業在國際市場營銷中是如何運用公共關係策略的？

6. 國際市場的人員推銷通常有哪幾種組織結構形式？

7. 請結合實例談談針對消費者的銷售促進的類型和每一種推廣模式的優缺點。

思考與實踐題

哪種促銷方式可行？

22歲的 Seth 從一所常春藤大學拿到了工商管理碩士學位后，來到寶潔公司（P&G）的包裝肥皂和洗滌劑部門的 Cheer 品牌組上班。從部門厚厚冊子中瞭解到 Cheer 牌的洗滌劑是專門為開頂式洗衣機設計的一種白色並有藍色和綠色微粒的洗滌產品。

在以百億美元計算的美國洗滌品市場上，寶潔公司的汰漬（Tide）獨占鰲頭，遠遠領先其他產品，排名第二的 Cheer 雖然比不上老大哥，卻也排名第二。而在全球範圍內，美國的寶潔公司（P&G）、高露潔—棕欖公司（Colgate-Palmolive），歐洲的聯合利華公司（Unilever）「三巨頭」瓜分了大部分市場。研究表明，大多數顧客在走進商店時，要買什麼牌子的洗滌品心中早就想好了。因此，它們都創造了幾十個令人眼花繚亂的品牌來占據客戶內心首要的位置。為此，各式各樣的折扣、優惠券、小禮品是它們進行激烈卻司空見慣的廝殺的慣常工具。

這天，公司促銷部的 Sonya，想和 Seth 談談 Cheer 新促銷方案的事。

在促銷部裡，Seth 被琳琅滿目的小禮品驚呆了：「這麼多五花八門的玩意兒，怎麼知道哪個適合 Cheer 啊？Cheer 也不常採用小禮品來促銷的，我不知道部門的同事會怎麼想。Cheer 適不適合禮品促銷，什麼禮品適合它？」

「完全正確！」Sonya 回答：「但是至少值得一試吧，我們這兒有完善的測試手續，每個產品都有它獨特的地方，我請你來就是希望你能選擇幾個你覺得適合 Cheer 的小禮品，也許能夠促進 Cheer 的銷售呢？」Seth 坐下來，仔細察看每個小禮品，它們從毛巾、烹飪書到小玩具，什麼都有。越看 Seth 越覺得 Cheer 不適合這樣的促銷手段，Sonya 也有些灰心了。

正當 Seth 要離開的時候，某個藍綠色交織有紅斑紋長腿的小玩意兒吸引了 Seth 的注意：「這是什麼？」「噢，這是新來的樣品，一種橡膠玩具，給很小的小孩的，它們無毒，又足夠大讓小孩子無法吃下去，安全經用。」Seth 把它抓在手裡：「我帶這個回去給大伙兒看看。」

面對這個小玩意兒，部門的同事有不同的看法。Skip 看了一眼，就說：「純粹浪費時間。」然後揚長而去。Lorinda 是三個小孩的母親，她說：「我帶回去給我的孩子們看看有什麼反應。」經理 Tom 覺得這麼做是個好主意。

第二天 Lorinda 很興奮地跑來說她的孩子們愛不釋手，這讓 Seth 覺得很鼓舞，如果能夠成功，他就可以成為公司引人注目的人物了，晉升也是十拿九穩的事情。Seth 趕緊和 Sonya 聯繫，她答應應用這個產品以及另外 4 個參照做一系列測試。一個月後，就在 Seth 覺得這事可能沒戲了時，Sonya 打來電話告訴他令人震驚的結果：不僅這個玩具很受歡迎，而且是整個公司歷史上最暢銷的三個促銷禮品之一。Seth 簡直手舞足蹈了，他將這個禮品命名為 Cheery 怪物，並仔細考慮各種促銷選擇。

根據採購部門的估計，這個玩具的成本大約為每個 6 美分。這包括製造成本和從亞洲的產地運到辛辛那提的運費。Seth 的設想是每個大包裝的 Cheer 放三個 Cheery 怪物來促銷。那麼，一盒就要增加 18 美分的成本，如果增加銷售的效果好的話，抵消這部分損失綽綽有餘。

Seth 分析了所有能想到的促銷方式：

第一，郵寄促銷：讓顧客把洗滌劑包裝盒上的 UPC 寄到公司換取禮品。這樣的方式對生產毫無影響，但無疑會減少禮品的吸引力，郵寄和等上兩三個禮拜來收取小玩意兒實在是一件繁瑣的事情。預計增加銷量：200,000 盒。成本增加：每 3 個禮品的包裝郵寄處理費用是 75 美分。

第二，放在包裝內：禮品放在包裝內，那麼包裝外面就必須有醒目的提示。包裝過程不受影響，但是包裝盒製造要修改一下，況且設計吸引顧客的提示也是個問題，另一個消極因素是顧客不能直接看到可愛的小怪物。預計增加銷量：500,000 盒。成本增加：改變包裝的額外花費不會高於 1.30 美元。

第三，放在包裝外面，和產品捆在一起：用真空包裝膜將禮品和 Cheer 洗滌劑捆在一起，這要看工廠有沒有專門的設備了。但是愛占便宜的客戶可能會將禮品扯下偷走，而不買產品。不過放在外面的直觀性要強多了。預計增加銷量：至少 750,000 盒。成本增加：外包其他包裝廠將禮品捆綁在產品外要 1.75 美元，由於增加體積導致每大包裝內盒數減少產生的費用為 45 美分。

第四，隨產品派送，在購買點即時奉送：這要求零售商安排額外人員，而且也許某些小的零售店就乾脆「貪污」了這些小禮品或者拿出來賣。預計增加銷量：600,000 盒。成本增加：每 300 個 Cheery 怪物運費是 25 美元，全國有超過 8,000 家零售商。

第五，互聯網上促銷：Seth 沒能馬上想到如何用互聯網來促銷，但是他覺得這也許是條路子。無論如何，不能不考慮互聯網的潛在作用。

資料來源：哪種促銷方式可行？[J/OL]．www.ceconlinebbs.com/FORUM_BESTCOM_90001_900005_858785_0.HTM．

思考題

在向上司 Tom 做出詳盡匯報之前，Seth 需要做出選擇和決定。Seth 的促銷計劃應該怎樣做？這些方案各有什麼利弊？你會如何選擇？

案例分析一

安利（中國）公司的公共關係營銷

安利公司是蜚聲海內外的大型日用消費品生產及銷售商，1959年誕生於美國密歇根州的一個小鎮——亞達城。時至今日，安利公司已發展成為世界知名的大型日用消費品生產及銷售商，業務遍布80多個國家和地區，公司產品發展為五大系列450多種，涵蓋了紐崔萊營養保健食品、雅姿美容化妝品、個人護理用品、家居護理用品和家居耐用品等系列，全方位滿足消費者日常生活的需要。安利公司通過遍布全球的營銷人員把公司的優質產品和服務推廣到世界的各個角落。目前，安利公司在全球擁有6000多名正式員工以及350多萬名直銷員為主的營銷隊伍。

1. 安利（中國）公司的歷史

1992年9月，美國安利公司看到中國蓬勃發展的市場機會，進軍中國內地市場，在廣州投資設廠，成立了安利（中國）公司，經過長達3年時間的市場調研，安利（中國）公司於1995年正式投入營運。

20世紀80年代末，以詐欺為目的、以金字塔式或多層次式結構為組織手段的傳銷（含直銷業）進入中國，並於20世紀90年代中期風靡全國，嚴重擾亂社會治安和社會經濟秩序。1998年4月21日，國務院發布緊急通知，重拳出擊，全面禁止傳銷（包括直銷）經營活動。以直銷為營銷渠道的安利（中國）公司不可避免地受到政策的全面打壓和封殺，安利（中國）公司的業務不得不陷入停頓，損失（經濟和品牌形象）慘重。安利（中國）公司這個在中國的嬰兒可謂生不逢時。

在其他國際直銷企業紛紛撤離中國市場後的短短兩三個月時間，安利（中國）公司卻在1998年7月，經國家有關部門批准允許其採用「店鋪銷售加雇傭推銷員」方式轉型經營，取得了合法的經營許可，其規模、業績迅速放大。目前，安利（中國）公司產品線達四大類別160款產品（目前在國內銷售），累計投資2.2億元人民幣在全國開設了140多家店鋪，培育了18萬名活躍營銷人員。中國已發展成為安利公司全球最大的市場，安利公司名列2004年「中國日用化學品行業20強」第2位，並再度被《財富》（中文版）評為2004年「最受讚賞的公司」第23位。2004年，安利（中國）公司銷售額達170億元人民幣，繳納稅款37億元人民幣。安利公司在這一刻實現了產品銷售和品牌美譽度的雙贏。安利（中國）公司憑什麼能夠在短短的兩三個月之內獲取市場准入證，並能夠在不到10年的時間取得如此驕傲的業績呢？

相對於國內許多企業靠廣告轟炸的品牌推廣而言，安利（中國）公司開展的一切營銷活動基本都屬於公共關係主導型的品牌營銷策略。安利（中國）公司懂得更多地通過公關策略來樹立企業形象，提升品牌知名度和美譽度。除了更多地與政府打交道、與政府主動而且不遺余力地溝通外，安利（中國）公司還傾情公益事業，緊緊圍繞「兒童、環保、健康」三大公益主題，通過贊助、捐贈來回饋社會，樹立了一個有社會責任感的企業好公民形象。安利（中國）公司還積極和新聞媒體打交道，全國各大媒

體幾乎都有對安利公司的新聞報導或專訪，如專題片《探訪營養的奧秘》，由安利（中國）公司與中央電視臺《科學歷程》欄目合作製作；以「紐崔萊」70周年特別製作的紀錄片《營養探索之旅》在中央電視臺第10套節目（CCTV-10）播出。除此之外，安利（中國）公司還開展以社區、員工、消費者、國際社會等為對象的公共關係活動。以公共關係為主導的品牌戰略被安利（中國）公司成功發揮到極致，強力提升了安利（中國）公司的知名度和影響力。

2. 抓住政治機會，雙向政府公關，獲取市場准入證

20世紀90年代中期，中國正處於加入世界貿易組織的關鍵時期，而美國國會許多議員及財團的「防華」傾向嚴重，對中國加入世界貿易組織設置了許多障礙和限制性條件。在此關鍵時期，安利公司董事長史迪夫·溫安洛果斷出擊，極力遊說國會及其他財團，為中國加入世界貿易組織創造機會和條件。史迪夫·溫安洛曾先後兩次在美國國會發表演說，支持中國加入世界貿易組織，並要求給予中國「永久性最惠國待遇地位」。「投桃報李」，如果有妥善解決安利（中國）公司的問題的辦法，中國政府豈能置身度外？

1998年，美國總統克林頓就中國加入世界貿易組織訪華，安利公司借此機會，進一步向中國政府說明安利公司的實際情況及解決有關直銷問題的變通新思路，以求得「合理合法」的生存空間，即「直銷加店鋪」的經營模式。

就在中國政府「斬立決」令下達後的3個月之際，安利（中國）公司成為第一家獲得國務院有關部門正式批准的以「店鋪銷售加雇傭推銷員銷售」模式經營的公司。安利（中國）公司通過變通的方式，終於取得了市場「准入證」，使安利公司直銷大大方方地走到前臺，走進老百姓的生活。

為進一步鞏固公共關係，加強與中國政府的溝通，2001年，時任美國商會主席的安利公司董事長史迪夫·溫安洛五次組織美國工商界人士訪華，並親率首批由美國中小企業組成的美國商會投資貿易考察團來華考察。2003年6月26日，在中國「SARS」危機後，史迪夫·溫安洛是第一個攜帶巨資回到中國投資的世界級商人，為安利（中國）公司增加投資1.2億美元，並新增註冊資本4010萬美元，大大刺激了國外投資者投資中國的信心和熱情。

3. 公益活動營銷，樹立良好公民形象

安利公司圍繞「營養、運動、健康」，有健康才有將來的品牌理念，堅持「回饋社會、關懷民生」的企業理念，開展各類公益活動，以實際行動反哺社會。

2002年，安利（中國）公司面對公眾鄭重承諾：在未來的五年內，安利（中國）公司要植樹100萬株，讓有安利店鋪的地方就有一片安利人培植的樹林或認養的綠地。

安利（中國）公司言出必行，凡有其店鋪的地方，都增加了一叢新綠，也帶動了一大批關注環保的熱心人士。安利（中國）公司基本提前2年實現了植樹100萬株的公眾承諾。如今，「哪裡有安利哪裡就有綠色」的「安利林」多數已是枝繁葉茂，鬱鬱蔥蔥。從「安利林」來看，這個創意並不新鮮，但是長期堅持下去，形成了規模，見到了成效，再輔之以正面宣傳，就形成了營銷傳播的「聚合效應」。

安利公司圍繞「兒童、環保、健康」三大公益主題，實施「關懷民生」的社會公

益活動。這些年，安利（中國）公司累計助殘捐贈金額達 1.2 億元人民幣，參與實施或獨自實施的 1100 多項公益活動，都從不同側面、不同角度培育並塑造了其對社會負責的良好公眾企業形象、良好的公民形象，並受到了國家、社團及市民的高度認可。安利（中國）公司這種「新聞式」、「熱點式」的無形軟性公益活動廣告被發揮得淋漓盡致，不僅僅是搶了市民的眼球，塑造了形象，更帶來了銷量的快速增長。

4. 文化營銷：詮釋品牌內涵，確立權威品牌形象

安利公司旗下高檔化妝品品牌——雅姿，與藝術結有不解之緣，其英文名稱即「Artistry」，英文本意即「藝術性」。藝術性、時尚美，就是雅姿品牌一直倡導的理念，同時「藝術與美麗」天生就是一對孿生姐妹。雅姿品牌行銷 50 多個國家和地區，並連續榮獲全球最暢銷的高檔面部美容化妝品五強之列。為強力推崇其品牌形象，2004 年歲末，安利（中國）公司以「雅姿」獨家冠名贊助的《劇院魅影》在上海成功上演，轟動了整個藝術界。這部音樂劇由天才作曲家韋伯譜寫，被譽為世界四大音樂劇之首（其餘三部為《悲慘世界》《貓》《西貢小姐》），其中不少唱段已成為全球傳唱的經典名段。《劇院魅影》的演出品位也正好與「雅姿——美麗呈現」的高貴、典雅、美麗、魅力相吻合。安利（中國）公司以這種高品位的文藝營銷嫁接，提升了雅姿品牌的美譽度，注入了品牌的文化內涵，確立了安利（中國）公司在化妝品市場的權威品牌形象。

5. 服務營銷：維繫品牌美譽度、忠誠度

安利（中國）公司利用一對一的直銷方式，將客戶與安利人捆在一起，直銷人員要將產品推銷出去，並形成忠誠客戶，除了安利（中國）公司的公眾形象、廣告宣傳外，還必須取得「客戶」對直銷人員的信任。因此，誠信是其服務營銷的基礎。安利（中國）公司不僅高舉社會責任的大旗，並從內部入手，上至董事長，下至部門主管皆親力親為，營造個人的良好公民形象，教育全體安利人作為社會人，要勇於擔當社會責任。僅 2004 年，安利（中國）公司約有 4 萬人次熱情地參與到各項社會公益活動中，這些公益活動大至企業行為，小至員工自發的社區公益活動，哪裡有安利，哪裡就有安利人的良好形象，這些活動無疑提升了人們對安利人（包括直銷人員）的信任感和對安利（中國）公司的忠誠度。

多年來，安利（中國）公司一直實行售出商品的「保退」政策，在中國市場上是「30 天保退」。安利產品在全球的平均退貨率約為 5%，而在中國市場上，因部分消費者的不規範行為，這一比例曾一度達到 32%。但是安利（中國）公司堅持實行這一政策不動搖。即使是消費者自身的行為不符合退貨政策，但是安利（中國）公司都無條件退賠。這種聰明的「無形廣告」、口碑傳播不僅提升和鞏固了顧客的忠誠度，更為安利（中國）公司帶來了大批的新客戶，提升了其銷售業績。

資料來源：安利（中國）的公共關係營銷［J/OL］. blog.sina.com.cn/s/blog_4ed39b/ao1008pxm.html.

討論題

1. 安利公司針對中國市場開展了哪些類型的公共關係活動，作用和效果如何？
2. 你如何看待企業的公益活動營銷？你認為這是承擔社會責任還是作秀？

案例分析二

喜力品牌形象的建立和傳播

荷蘭喜力啤酒公司由杰勒德·海內肯於1864年創建。1971年，弗雷迪·海內肯出任喜力公司總裁。在他的帶領下，喜力公司由一個家族企業發展成為一個由家族控股的股份制公司集團。喜力啤酒進入歐洲其他國家，而且遠涉重洋登陸北美、亞洲、非洲和拉丁美洲。2002年，香倫·德卡瓦略·海內肯繼任喜力公司總裁后，喜力公司在全球進行了多項併購交易。目前，喜力啤酒在50多個國家和地區與110多個啤酒企業聯營，產品在超過170個國家和地區銷售。這個擁有100多年歷史的啤酒釀造商已經成為最具國際知名度的啤酒集團之一。喜力公司的第四代傳人香倫·德卡瓦略·海內肯在2004年《福布斯》全球富豪排行榜上以46億美元列第94位。有效的整合營銷傳播是這位全球啤酒業巨人長盛不衰的法寶。

1999年，喜力公司在全球市場營銷上所投入的費用高達公司年收入的14%，約為8.15億美元。喜力公司巧妙地把啤酒與娛樂、體育有機結合起來，頻繁地在各種國際體育賽事和音樂節上露面。在許多大型網球公開賽、音樂會及電影節中，人們都能看到喜力啤酒的綠色標示。喜力啤酒和它純淨晶亮而又充滿活力的綠色體驗正伴隨著一次次贊助的音樂盛典、體育大賽而為全世界追求個性、追求新潮的生命所共享。

高收入人士是喜力公司關注的主要目標顧客群。與目標市場的選擇相對應，喜力公司對網球這一傳統的貴族運動情有獨鐘。喜力公司贊助了澳洲網球公開賽、美國網球公開賽和戴維斯杯賽等賽事，在中國更是從1998年開始創辦上海喜力網球公開賽。喜力網球公開賽是中國首次舉辦的國際級網球錦標賽，雲集了諾曼、張德培等國際一流選手，賽事的宣傳使喜力品牌知名度大大提升。有統計數據顯示，1998年喜力網球公開賽后，喜力啤酒的銷量增加了30%。

喜力品牌已經擁有100多年的歷史，為了防止品牌的老化，新任首席執行官安東尼·魯伊斯對市場營銷策略進行了調整。他意識到年輕一代的啤酒消費能力在提高，因此年輕人市場成為喜力公司現在的主攻戰場。

喜力公司現階段的主要任務在於：既要貼近年輕顧客，又不能疏遠愛喝啤酒的中年人，因為后者是喜力公司的核心顧客。魯伊斯經常帶著公司的資深主管奔波於世界各地，與年輕消費者頻繁接觸，爭取年輕消費群的偏好和支持。喜力啤酒的廣告和包裝也變得更加大膽，比如推出銀色和綠色相間的鋁製酒瓶，這種瓶裝啤酒在歐洲和美國的新潮俱樂部銷售，其售價相當於玻璃瓶裝喜力啤酒的3倍。喜力公司配合年輕人喜愛的高投入電影如《黑客帝國2》等組織了搭配銷售活動。喜力公司還資助賭馬之類的活動，獲勝者可以參加喜力公司在牙買加舉行的聚會。

魯伊斯認為，策略是正確的，用長久以來的成功作為后盾，可以更加前衛。「音樂秀」也是喜力公司貼近年輕群體，進行品牌宣傳的陣地之一。例如，在中國，喜力公

司舉辦了「1999年北京喜力節拍夏季音樂節」、「喜力節拍2000年夏季音樂節」等。在音樂節之前，喜力公司大造聲勢，瞄準了求新、求變的青年人做宣傳，使喜力品牌年輕、活力、激情的形象深入人心。經過2年的營銷努力，喜力啤酒的消費群產生明顯年輕化的跡象。在美國，愛喝喜力啤酒的顧客的平均年齡已從20世紀90年代中期的40歲上下降到現在的30歲出頭。魯伊斯的目標是在未來幾年裡將平均年齡降低到30歲以下。

喜力啤酒的廣告總是充滿了輕鬆和幽默。舉例如下：

一名年輕男子將手臂伸進一個裝滿冰塊和瓶裝啤酒的大桶，他在裡面四處亂摸，卻一無所獲，結果凍得渾身發抖。最后，他終於從裡面撈出了一瓶喜力啤酒，將它打開，加入到一幫朋友中去，而這幫朋友也都在喝喜力啤酒並凍得全身發抖。

一群男子在玩多米諾骨牌，當其中一人表演如何將啤酒倒入杯中而不產生太多泡沫時，其他人都停了下來，此時畫外音響起：「喜力是專業人士的啤酒」。

一個高個子的年輕男子在超級市場的零食部選擇商品，他見到附近一個美貌的年輕女子伸手欲取頂層的商品，可是夠不到。男子於是走到她身邊，為她把頂層兩罐喜力啤酒（最后兩罐）取下。取得啤酒后他突然念頭一轉，決定將啤酒自己留下，拿不到喜力啤酒的女子一臉無奈。

在擁擠的回轉壽司店內，男女主角的座位相隔很遠，男子先向女子舉酒示意，然后倒酒杯中，把酒杯放在面前的輸送帶上，希望送到女子面前，可是中途被別人取走。男子無奈再倒一杯，同樣被別人在中途取走。畫面出現：「就此罷休？」鏡頭一轉，男女主角相視而笑，原來全條輸送帶上都排滿了喜力啤酒，直送到女子面前。畫面出現產品和口號：「不斷追求，無限精彩（Never Settle for Less）」。

《廣告時代》的評論員鮑勃·加費爾德認為：「喜力的廣告做得很好，沒有給人高高在上的感覺，而是使用了讓人容易接受的玩笑和形象。」

2002年夏季，喜力啤酒在臺灣的銷售業績激增，達上年同期的3倍。作為一個擁有30%市場份額的品牌，在沒有大幅降價的情況下，是如何實現如此業績的呢？啤酒的市場基本上分為兩類——非即飲市場和即飲市場。非即飲市場包括百貨店、超市、便利店、大賣場等；酒吧、餐館、舞廳、夜市和歌廳等則屬於即飲市場。在非即飲市場上，各大啤酒廠商的競爭已經到達白熱化，因此喜力公司將注意力轉向了即飲市場之一——KTV。KTV是朋友歡聚，縱酒狂歌，舒緩工作壓力的場所。啤酒既能讓人解渴興奮，又不會讓人很快大醉，正是KTV中最適合的飲料。在客人進入KTV消費的每一個環節，喜力啤酒都會恰到好處地出現。在等候大廳的電視裡，全日輪播喜力啤酒的卡通廣告片：聖誕老人看到別人拿走了自己的喜力啤酒，停下分發禮物的工作去找啤酒。當客人等待乘電梯去樓上包間時，會在電梯門上看到：一杯清冽的喜力啤酒即將倒滿，上面寫著「抱歉，再等一下！」店內的POP廣告提示客人：買「人來瘋」拼盤+99臺幣便可得到3罐喜力啤酒。運用獨闢蹊徑的營銷方案，喜力公司到達了又一個銷售新高峰。

資料來源：喜力品牌形象的建立和傳播［J/OL］．www.docin.com/p-344006421.html.

討論題

1. 分析喜力啤酒針對其目標顧客群體的特點在廣告、促銷和公共關係方面分別採取了哪些行之有效的策略？

2. 喜力啤酒在塑造和傳播其品牌形象的過程中，是如何成功地執行了整合營銷傳播的「多種工具，一個聲音」的核心思想的？

綜合案例一：星巴克在中國如何作秀

只用了短短幾年時間，星巴克在中國就成了一個時尚的代名詞。星巴克標誌的已經不只是一杯咖啡，而是一個品牌和一種文化。1971年4月，位於美國西雅圖的星巴克創始店開業。

1987年3月，星巴克的主人鮑德溫和波克決定賣掉星巴克咖啡公司在西雅圖的店面及烘焙廠，霍華·舒茲則決定買下星巴克，同自己創立於1985年的每日咖啡公司合併改造為星巴克企業。

現在，星巴克已經在北美、歐洲和南太平洋等地開出了6000多家店，近幾年的增長速度每年超過500家，平均每週超過1億人在店內消費。目前，星巴克是唯一一個把店面開遍四大洲的世界性咖啡品牌。

1998年3月，星巴克進入臺灣；1999年1月，星巴克進入中國北京；2000年5月星巴克進入中國上海，目前星巴克已成為了國內咖啡行業的第一品牌。

2003年7月，美國著名的咖啡連鎖企業星巴克集團對外宣布：集團大幅提高其在臺灣與上海合資公司中的股份，持股比例從原來的5%增至50%。由此，星巴克集團的子公司將從授權關係轉為事業合作夥伴。美方增持10倍股份的主要原因是看好市場前景，願意進一步投資未來。

作為一個市場跟進者，進入的又是一個充滿競爭的完全成熟的市場，星巴克靠什麼從一間小咖啡屋發展成為國際最著名的咖啡連鎖店品牌呢？

根據世界各地不同的市場情況採取靈活的投資與合作模式

同麥當勞的全球擴張一樣，星巴克很早就開始了跨國經營，在全球普遍推行三種商業組織結構：合資公司、許可協議、獨資自營。星巴克的策略比較靈活，它會根據各國各地的市場情況而採取相應的合作模式。以美國星巴克總部在世界各地星巴克公司中所持股份的比例為依據，星巴克與世界各地的合作模式主要有以下四種情況：

第一，星巴克占100%股權，比如在英國、泰國和澳大利亞等地；

第二，星巴克占50%股權，比如在日本、韓國等地；

第三，星巴克占股權較少，一般在5%左右，比如在中國的臺灣、香港，美國的夏威夷和增資之前的中國上海等地；

第四，星巴克不占股份，只是純粹授權經營，比如在菲律賓、新加坡、馬來西亞和中國的北京等地。

星巴克在世界各地的合作夥伴不同，但是經營的品牌都是一樣的。上海統一星巴克有限公司總經理徐光宇表示，這樣做的好處是：「它可以借別人的力量來幫它做很多

事情，而且是同一個時間一起做。」

一般而言，美國星巴克在某一個地區所持的股權比例越大，就意味著這個地方的市場對它越加重要。另外，星巴克制定了嚴格的選擇合作者的標準，如合作者的聲譽、質量控製能力和是否以星巴克的標準來培訓員工。

目前，星巴克在中國有三家合作夥伴：北京美大咖啡有限公司行使其在中國北方的代理權，臺灣一家公司行使其在上海、杭州和蘇州等地區的代理權，南方地區（香港、深圳等）的代理權則交給了香港的一家公司。

正是出於這種靈活的投資策略和合作模式，使得美國星巴克集團在看好中國市場時，看好這個市場上的合作夥伴，加大投資，將持股比例增加到50％。這表明了美國對這個地區的更加重視，今後會有更多的投入。之前是授權關係，今後將從授權關係轉變為合作夥伴，共同發展咖啡市場。正如徐光宇所說，股權的改變是更深的合作而不是對抗，這對於雙方來說都是一個很好的機會。

多以直營經營為主

30多年來，星巴克對外宣稱其整個政策都是堅持走公司直營店，在全世界都不要加盟店。

但是，也有質疑觀點認為，在星巴克與世界各地企業的這幾種合作模式中，星巴克不占股份而只是純粹授權經營的模式在本質上就是一種加盟的經營模式。對此，徐光宇表示，星巴克在某一個國家或某一個地區，比如新加坡、北京（授權經營星巴克在中國華北地區的市場）等，尋找一個比較有實力的大公司進行授權合作，雙方是合作的關係，這種方式不屬於平常所說的加盟連鎖。

事實上，星巴克的直營更多地體現在另外一個層面，即星巴克合資或授權的公司在當地發展星巴克咖啡店的時候，「頑固」地拒絕個人加盟，當地的所有星巴克咖啡店一定是星巴克合資或授權的當地公司的直營店。

業內人士分析說，如果星巴克像國內多數「盟主」那樣採用「販賣加盟權」的加盟方式來擴張，它的發展速度肯定會比現在要快得多。當然，也不一定比現在好得多。

星巴克為自己的直營給出的理由是：品牌背後是人在經營，星巴克嚴格要求自己的經營者認同公司的理念，認同品牌，強調動作、紀律、品質的一致性；加盟者都是投資客，他們只把加盟品牌看成賺錢的途徑，可以說，他們唯一的目的就是為了賺錢而非經營品牌。

直營與加盟店的不同之處還在於：直營店的所有權力均由母公司所掌握；加盟店的老闆有部分的權利，母公司只是提供技術或相關資源。星巴克之所以不開放加盟，是因為星巴克要在品質上做最好的控製。例如，星巴克決不會吝嗇報廢物料，而只為了提供顧客最好的咖啡。但是如果開放加盟權，很難說每個加盟店的老闆都會捨得一直增加成本報廢，只為了提供給客人一杯好咖啡。同時，推行加盟連鎖的企業必須具備很強的法律事務處理能力，以應對與加盟商產生的各種法律問題。因此，為了讓品牌不受到不必要的干擾，星巴克決定不開放加盟權。

不花一分錢做廣告

星巴克給品牌市場營銷的傳統理念帶來的衝擊同星巴克的高速擴張一樣引人注目。在各種產品與服務風起雲湧的時代，星巴克公司卻把一種世界上最古老的商品發展成為與眾不同、持久的、高附加值的品牌。然而，星巴克並沒有使用其他品牌市場戰略中的傳統手段，如鋪天蓋地的廣告宣傳和巨額的促銷預算。

「我們的店就是最好的廣告。」星巴克的經營者們這樣對記者說。據瞭解，星巴克從未在大眾媒體上花過一分錢的廣告費。但是，他們仍然非常善於營銷。

徐光宇表示，星巴克除了利用一些策略聯盟幫助宣傳新品外，幾乎從來不做廣告。因為根據經驗，大眾媒體泛濫後，其廣告也逐漸失去公信力，為了避免資源的浪費，星巴克故意不打廣告。這種啟發也是來自歐洲那些名店名品的推廣策略，它們並不依靠在大眾媒體上做廣告，而每一家好的門店就是最好的廣告。

星巴克認為，在服務業，最重要的行銷管道是分店本身，而不是廣告。如果店裡的產品與服務不夠好，做再多的廣告吸引客人來，也只是讓他們看到負面的形象。徐光宇表示，星巴克不願花費龐大的資金做廣告與促銷，但堅持每一位員工都擁有最專業的知識與服務熱忱。「我們的員工猶如咖啡迷一般，可以對顧客詳細解說每一種咖啡產品的特性。透過一對一的方式，贏得信任與口碑。這是既經濟又實惠的做法，也是星巴克的獨到之處！」

另外，星巴克的創始人霍華·舒爾茨意識到員工在品牌傳播中的重要性，他另闢蹊徑開創了自己的品牌管理方法，將本來用於廣告的支出用於員工的福利和培訓，使員工的流動性很小。這對星巴克「口口相傳」的品牌經營起到了重要作用。

充分運用「體驗」

星巴克認為他們的產品不單是咖啡，而且是咖啡店的體驗。研究表明：2/3成功企業的首要目標就是滿足客戶的需求和保持長久的客戶關係。相比之下，那些業績較差的公司，這方面做得就很不夠，他們更多的精力是放在降低成本和剝離不良資產上。

星巴克一個主要的競爭戰略就是在咖啡店中同客戶進行交流，特別重視同客戶之間的溝通。每一個服務員都要接受一系列培訓，如基本銷售技巧、咖啡基本知識、咖啡的製作技巧等。要求每一位服務員都能夠預感客戶的需求。

另外，星巴克更擅長咖啡之外的「體驗」，如氣氛管理、個性化的店內設計、暖色燈光、柔和音樂等。就像麥當勞一直倡導售賣歡樂一樣，星巴克把美式文化逐步分解成可以體驗的東西。

「認真對待每一位顧客，一次只烹調顧客那一杯咖啡。」這句取材自義大利老咖啡館工藝精神的企業理念，貫穿了星巴克快速崛起的秘訣。注重「當下體驗」的觀念，強調在每天工作、生活及休閒娛樂中，用心經營「當下」這一次的生活體驗。

星巴克還極力強調美國式的消費文化，顧客可以隨意談笑，甚至挪動桌椅，隨意組合。這樣的體驗也是星巴克營銷風格的一部分。

推廣教育消費者

在一個習慣喝茶的國度裡推廣和普及喝咖啡，首先遇到的是消費者情緒上的抵觸。星巴克為此首先著力推廣「教育消費」。通過自己的店面以及到一些公司去開「咖啡教室」，並通過自己的網站，星巴克成立了一個咖啡俱樂部。

顧客在星巴克消費的時候，收銀員除了品名、價格以外，還要在收銀機鍵入顧客的性別和年齡段，否則收銀機就打不開。因此，公司可以很快知道消費的時間、消費了什麼、金額多少、顧客的性別和年齡段等。除此之外，公司每年還會請專業公司做市場調查。

星巴克的「熟客俱樂部」除了固定通過電子郵件發新聞信，還可以通過手機傳簡信，或是在網絡上下載游戲，一旦過關可以獲得優惠券。很多消費者就將這樣的信息，轉寄給其他朋友，造成一傳十、十傳百的效應。

異同的企業視覺設計（VI 設計）及店內設計

星巴克在上海的每一家店面的設計都是由美國方面完成的。據瞭解，在星巴克的美國總部，有一個專門的設計室，擁有一批專業的設計師和藝術家，專門設計全世界所開出來的星巴克店鋪。他們在設計每個門市的時候，都會依據當地的那個商圈的特色，然後去思考如何把星巴克融入其中。因此，星巴克的每一家店，在品牌統一的基礎上，又盡量發揮了個性特色。這與麥當勞等連鎖品牌強調所有門店的企業視覺設計高度統一截然不同。

在設計上，星巴克強調每棟建築物都有自己的風格，而讓星巴克融合到原來的建築物中去，而不去破壞建築物原來的設計。每次增加一家新店，他們就用數碼相機把店址內景和周圍環境拍下來，照片傳到美國總部，請他們幫助設計，再發回去找施工隊。這樣下來，星巴克的設計才能做到原汁原味。

上海星巴克設定以年輕消費者為主，因此在拓展新店時，他們費盡心思去尋找具有特色的店址，並結合當地景觀進行設計。例如，位於城隍廟商場的星巴克，外觀就像座現代化的廟；瀕臨黃浦江的濱江分店，則表現花園玻璃帷幕和宮殿般的華麗，夜晚時分可以悠閒地坐在江邊，邊欣賞外灘夜景，邊品嘗香濃的咖啡。

急遽擴張后的潛在風險

開設新店的投資壓力巨大。據介紹，星巴克在上海每開一家新店，投資都在人民幣 300 萬元左右。這些投資主要包括從美國進口設備、報關費用、場地租金、人員招募、培訓費用等。星巴克 2000 年 5 月進入上海以來，到現在開店 26 家，年底將達到 30 家，將近每月開一家新店的速度。以此計算，星巴克在上海一年用在開店上的投資就要人民幣 3000 萬元以上。

同時，由於星巴克不允許加盟，所以經營者不能像其他咖啡店那樣靠加盟金坐收漁翁之利。而為了吸引客流和打造精品品牌，星巴克的每家店幾乎都開在了租金極高的昂貴地段，租金壓力也是經營中的一大風險。例如，星巴克在北京主要分佈在國貿、

中糧廣場、東方廣場、嘉里中心、豐聯廣場、百盛商場、賽特大廈、貴友大廈、友誼商店、當代商城、新東安商場、建威大廈等地,在上海則主要分佈在人民廣場、淮海路、南京路、徐家匯、新天地等上海最繁華的商圈。

星巴克選擇在黃金地段開店被有些人看成是在「圈地」。從上海淮海中路「東方美莎」到「中環廣場」,短短1000米的距離,星巴克就圈了四家店。業內人士估計,這個地段每平方米每天的租金應在2美元左右,再加上每家店固定30萬美元的裝潢費用,星巴克簡直是在「燒錢」。這種做法是星巴克刻意推行的,也延續了統一星巴克集團一貫的大兵團作戰方法,它同時成為了星巴克潛在的風險所在。

現實和潛在的競爭者眾多。中國市場已有的臺灣上島咖啡、日本真鍋咖啡以及后來進入的加拿大百詒咖啡等無不把星巴克作為其最大的競爭對手,「咖啡大戰」的上演已經不可避免。而綜合分析認為,星巴克面臨的競爭對手不止這些,大致可分為四大類。

第一,咖啡同業的競爭:連鎖或加盟店,如西雅圖咖啡、伊是咖啡、羅多倫咖啡及陸續進入市場的咖啡店及獨立開店咖啡店。

第二,便利商店的競爭:便利商店隨手可得的鐵罐咖啡、鋁罐包裝咖啡、方便式隨手包沖泡咖啡。

第三,快餐店賣咖啡的競爭:麥當勞快餐店、肯德基快餐店等以便利為主咖啡機沖泡的咖啡。

第四,定點咖啡機的競爭:駐立於機場、休息站以便利為主,隨手一杯咖啡機沖泡的咖啡,或鐵罐咖啡、鋁鉑包裝咖啡。

讓習慣喝茶的中國人來普遍地喝咖啡還有很長的路要走。有統計數據表明,目前國內咖啡的年人均消耗量只有0.01千克,咖啡市場正在以每年30%的速度增長。從理論上來說,中國的咖啡市場還有巨大的增值空間。星巴克在以茶為主要飲料的國家的初步成功,也說明它的理念可以被不同文化背景所接受。

但是,要將非本土的咖啡文化融入國人的生活並非容易的事情。無論是星巴克還是真鍋,大家的產品都很簡單,就是咖啡,而生產過程不外乎就是將咖啡豆變成咖啡,沒有所謂的核心技術問題,一切完全由市場來決定,顧客喜歡,經常光顧,企業就活下去,否則就死掉。國內的咖啡市場畢竟還剛剛起步,因此不管星巴克與其他的咖啡店之間有多少的競爭,其實還是做一件共同的事情,那就是培育市場。

適應市場和「雅皮」體驗

星巴克能夠盈利並且迅速推廣的真正理由是什麼?從產品角度看,它並不是產品制勝,替代性產品和競爭性產品比比皆是;從服務角度看,也不是服務制勝,自助式的服務頂多讓消費者感到「平等」,個性化服務根本談不上;另外,很多專業搞企業視覺設計的人還曾質疑它的凌亂,除了星巴克的招牌統一之外,其他很多東西是違反企業視覺設計理論的;在特許加盟方面,星巴克也是一個「怪胎」,在北京很多人以為它是「美大」的買賣,在上海很多人以為它是「統一」的企業,星巴克自己則說:「我們主要的經營模式還是直營。」

其實，星巴克的成功主要在於它是「市場下的蛋」，星巴克的一切都是在市場這只「無形的手」中雕塑完成的。如果上升到理論高度來評判星巴克，則可以說星巴克充分運用了目前最熱門的「體驗」來作為其制勝的營銷工具。在「體驗經濟」運用巧妙的情況下，其他問題迎刃而解。

在星巴克，產品並非完全是產品，它更多成分是「體驗一種感覺」。試想，透過巨大的玻璃窗，看著人潮洶湧的街頭，輕輕啜飲一口香濃的咖啡，這非常符合「雅皮」的感覺體驗。由此，產品的超值利潤自然得到實現。

凌亂可以理解為「自然舒適」，據說這是美國文化的一部分。很多星巴克的主流消費群目前已經習慣多元文化的重疊感覺，堅持視覺統一的觀點似乎又有些「老土」了。

關於是直營還是合作的爭論，其實意義不大，如果能賺錢還能保持「核心競爭力」，星巴克自然考慮加盟。如今加盟市場太亂，星巴克和肯德基、麥當勞一樣，都不敢輕易開放加盟市場。

資料來源：星巴克在中國如何作秀 [N]. 中國經營報，2003-08-18.

綜合案例二：
五大行業領導者的全球化之路

好孩子：世界嬰童大王，全球媽媽最愛

好孩子集團「教父級」人物宋鄭還獲得 Walter L. Hurd 基金會及亞太質量組織（APQO）頒發的「2013年 Walter L. Hurd 執行官獎章」。他是該獎項設立20多年來獲此殊榮的第一位中國企業家。

好孩子集團成功併購了成立於1920年，佔據美國最高市場份額的百年兒童用品牌 Evenflo 公司；好孩子集團還收購了德國知名兒童安全和生活品牌 Cybex，一舉成為國際嬰童用品的領導品牌。從1988年一家瀕臨倒閉的校辦小廠，到如今被譽為「世界嬰童大王」的跨國企業，好孩子集團實現了從製造商、供應商向擁有自主品牌服務商的戰略轉型，好孩子集團走出了一條獨具特色的全球化之路。

與其他全球化取得成功的中國企業相比，好孩子集團並非置身於信息技術、能源、金融、機械製造等「強勢」行業，而是處在門檻較低、變化迅速、競爭激烈、直接為消費者提供服務的消費品領域。因此，好孩子集團全球化的成功也顯得殊為不易。

秉承「抓住微笑曲線兩端」的理念和發展戰略，好孩子集團一手抓創新和研發，一手抓市場和品牌。通過創新研發，好孩子集團佔據了世界嬰童行業的技術制高點。好孩子集團在奧地利維也納、美國波士頓、德國紐倫堡、法國巴黎、荷蘭烏特勒支、日本東京、中國香港與中國昆山設立了八大研發中心，來自世界各地的頂尖設計師和研發人員每年推出500多款新產品，連獲四屆德國「紅點設計大獎」，累計專利達6205項，比世界嬰童行業排名第二名到第五名的企業的總和還多。

實施市場拓展和自主品牌戰略，好孩子集團在全球範圍內建立了集研發、製造、銷售、營銷和服務供應鏈為一體的全新產業鏈，擁有好孩子、Cybex、GB、Goodbaby、小龍哈彼、Urbini、Geoby 等多個自有品牌。特別是併購 Evenflo 和 Cybex，使好孩子集團成為歐美市場的領導品牌。同時，通過營銷模式的不斷創新，好孩子集團整合全球資源，在全球建立了好孩子專賣店、Mothercare、媽媽好孩子、好孩子星站等自營零售終端。

據統計，好孩子集團在全球佔有遙遙領先地位的市場份額。截至目前，好孩子集團在中國、北美和歐洲的市場佔有率已經分別達到42%、55.1%和24.1%，全球市場份額遙遙領先。其全品類母嬰產品，是78個國家和地區的媽媽和寶寶的最愛。

華為：超級電信巨頭，橫掃世界如卷席

華為集團的產品和解決方案應用於全球 170 多個國家和地區，服務全球營運商 50 強中的 45 家及全球 1/3 的人口，是世界第一大電信基礎設施供應商。2013 年，華為集團總銷售額為 390 億美元，共擁有近 4 萬項專利，大量專利都涉及最新的 4G 網絡技術。此外，華為集團還資助了英國薩里大學的 5G 網絡技術研發工作。

華為集團在海外設立了 22 個地區部，100 多個分支機構，這使其可以更加貼近客戶，傾聽客戶需求並快速回應。同時，華為集團在美國、印度、瑞典、俄羅斯以及中國等地設立了 17 個研究所，採用國際化的全球同步研發體系，聚集全球的技術、經驗和人才來進行產品研究開發，產品一上市就與全球最先進的技術同步。華為集團還在全球設立了 36 個培訓中心，為當地培養技術人員，並大力推行員工的本地化。

截至 2012 年年底，華為集團共擁有來自 156 個國家和地區的超過 15 萬名員工，其中研發人員占總員工人數的 45.36%，外籍員工人數接近 3 萬人。海外中高層管理人員本地化比例達 22%，全部管理崗位管理者本地化比例達 29%。

華為集團 2012 年全球員工保障投入達人民幣 58.1 億元。

聯想：個人電腦之王，IT 航空母艦

「人類沒有失去聯想，世界卻已大不一樣。」自從 2004 年收購 IBM 的個人電腦業務以來，聯想品牌在全球的認知度和地位一直不斷提高。用數年的努力，聯想集團打造了一個世界級的「電腦王國」，就出貨量而言，聯想集團已經趕超惠普公司，成為全球最大的個人電腦廠商。

聯想集團宣布斥巨資收購 IBM 低端服務器業務和谷歌旗下摩托羅拉移動智能手機業務。通過收購摩托羅拉移動，聯想集團智能全球手機市場份額總計達到 6%，成功躋身為第三大智能手機廠商，僅次於三星公司和蘋果公司。

美國《商業周刊》的一篇深度報導曾將聯想集團描述成科技界的「清道夫」，稱其總是敢於將別的企業避之不及的業務納入麾下。聯想集團負責人表示，對於聯想集團而言，競爭對手已經從惠普公司等個人電腦廠商轉為三星公司、蘋果公司等智能手機廠商，「聯想要打造的，是千億級美元的企業」。

聯想集團在國外設有歐洲區、美洲區，包括美國、英國、荷蘭、法國、德國、西班牙、奧地利七間子公司，銷售網絡遍及全世界，在全球有 27,000 多名員工。研發中心分佈在中國的北京、深圳、廈門、成都和上海，日本的東京及美國北卡羅來納州的羅利。

海爾：白色家電帝國，真誠到永遠

從一家資不抵債、瀕臨倒閉的集體小廠，30 年打拼發展成為全球白色家電第一品牌，海爾集團已成了不朽的傳奇。

在從國際化品牌戰略發展到全球化品牌戰略的過程中，依託「走出去、走進去、走上去」的「三步走」戰略，以「先難后易」的思路，海爾集團首先進入發達國家創名牌，再以高屋建瓴之勢進入發展中國家，逐漸在海外建立起設計、製造、營銷的三

位一體本土化模式,然后以創新的「人單合一雙贏」模式,開啓了「以用戶爲中心賣服務」,即用戶驅動的「即需即供」模式。

2013年,海爾集團全球營業額達1803億元,在全球17個國家和地區擁有7萬多名員工,海爾集團的用戶遍布世界100多個國家和地區。

2013年12月22日,世界權威市場調查機構歐睿國際(Euromonitor)發布最新的全球家電市場調查結果顯示,海爾集團在世界白色家電品牌中排名第一,海爾集團大型家用電器2013年品牌零售量占全球市場的9.7%,第五次蟬聯全球第一。按製造商排名,海爾集團大型家用電器2013年零售量以占全球11.6%的份額首次躍居全球第一。同時,在冰箱、洗衣機、酒櫃、冷櫃分產品線市場,海爾集團全球市場佔有率繼續保持第一。至此,海爾集團同時擁有全球大型家用電器第一品牌、全球冰箱第一品牌與第一製造商、全球洗衣機第一品牌與第一製造商、全球酒櫃第一品牌與第一製造商、全球冷櫃第一品牌與第一製造商共9項殊榮。

中聯重科:「挖掘」全球市場,「舉起」中國製造

2013年9月28日,世界品牌實驗室主辦的第八屆「亞洲品牌500強」發布最新「亞洲品牌500強」排行榜,中聯重科品牌價值爲232.68億元,排名第210位,成爲中國工程機械行業唯一上榜企業。

中聯重科集團生產具有完全自主知識產權的13大類別、86個產品系列,近800多個品種的主導產品,是全球產品鏈最齊備的工程機械企業,公司的兩大業務板塊混凝土機械和起重機械均位居全球前兩位。

僅在2011年,中聯重科集團就推出了全球最長碳纖維臂架泵車、全球最大履帶式起重機、全球最大塔式起重機以及全球最大噸位單鋼輪振動壓路機等世界領先產品。

依靠「融入當地人文,做本土化企業,打造總部在中國的全球化企業」戰略,中聯重科集團充分利用國內國際兩大融資平臺,用「兩條腿走路」:一是海外併購,在全球範圍內進一步整合資源;二是自建海外研發平臺、裝配基地、合資工廠、市場渠道、構建跨國營運體系。

中聯重科集團成功併購世界第三大混凝土機械製造商義大利CIFA案例入選哈佛大學案例庫。中聯重科集團成爲中國工程機械全球化的先行者和領導者。目前,中聯重科集團的海外市場已拓展到全球70多個國家和地區,出口實現了產品的全系列覆蓋。中聯重科集團在阿聯酋、澳大利亞、俄羅斯、印度、越南等10余個國家成立子公司,在阿爾及利亞、南非、沙特、智利、烏克蘭等20余個國家設立常駐機構,並以阿聯酋、比利時等爲中心,逐步建立全球物流網絡和零配件供應體系。同時,中聯重科集團還積極推進海外融資租賃業務,幫助客戶解決資金問題,獲得更高的客戶忠誠度。

中國企業已經走向世界,各家企業的全球化路徑雖然不盡相同,但創新、市場、品牌三位一體,卻是所有成功實現全球化企業的共性。在這個共性的基礎上,全球化的中國企業也正在成爲國際管理和技術精英心目中的「名牌」。

資料來源:剖析好孩子、華爲、聯想等五大行業領導者的全球化之路[J/OL]. www.bianews.com/news/63/n-435863.html.

國家圖書館出版品預行編目(CIP)資料

國際市場營銷 / 魯匯、李新忠 主編. -- 第一版.
-- 臺北市：崧博出版：財經錢線文化發行，2018.10
　面　；　公分
ISBN 978-957-735-569-0(平裝)
1.國際行銷
496　　107017082

書　　名：國際市場營銷
作　　者：魯匯、李新忠 主編
發行人：黃振庭
出版者：崧博出版事業有限公司
發行者：財經錢線文化事業有限公司
E-mail：sonbookservice@gmail.com
粉絲頁　　　　　　　網　址：
地　　址：台北市中正區延平南路六十一號五樓一室
8F.-815, No.61, Sec. 1, Chongqing S. Rd., Zhongzheng Dist., Taipei City 100, Taiwan (R.O.C.)
電　　話：(02)2370-3310　傳　真：(02) 2370-3210
總經銷：紅螞蟻圖書有限公司
地　　址：台北市內湖區舊宗路二段 121 巷 19 號
電　　話：02-2795-3656　傳真：02-2795-4100　網址：
印　　刷：京峯彩色印刷有限公司（京峰數位）

　　本書版權為西南財經大學出版社所有授權崧博出版事業有限公司獨家發行電子書及繁體書繁體版。若有其他相關權利及授權需求請與本公司聯繫。

定價：450元
發行日期：2018 年 10 月第一版

◎ 本書以POD印製發行